中国碳中和
50人论坛
CHINA CARBON
NEUTRALITY
FORUM

# 中国碳中和50人论坛文集 2022

2022

主编 杜祥琬 王金南 白重恩

中国经济出版社
CHINA ECONOMIC PUBLISHING HOUSE
北京

**图书在版编目（CIP）数据**

中国碳中和 50 人论坛文集 . 2022 / 杜祥琬，王金南，白重恩主编 . -- 北京：中国经济出版社，2023.5

ISBN 978-7-5136-7295-5

Ⅰ . ①中… Ⅱ . ①杜… ②王… ③白… Ⅲ . ①二氧化碳 - 排污交易 - 文集 - 中国 -2022 Ⅳ . ① X511-53

**中国国家版本馆 CIP 数据核字（2023）第 073332 号**

责任编辑　张梦初　高　鑫
责任印制　马小宾
封面设计　华子图文

**出版发行**　中国经济出版社
**印 刷 者**　北京科信印刷有限公司
**经 销 者**　各地新华书店
**开　　本**　710mm × 1000mm　1/16
**印　　张**　25.75
**字　　数**　300 千字
**版　　次**　2023 年 5 月第 1 版
**印　　次**　2023 年 5 月第 1 次
**定　　价**　98.00 元
**广告经营许可证**　京西工商广字第 8179 号

**中国经济出版社** **网址** www.economyph.com **社址** 北京市东城区安定门外大街 58 号 **邮编** 100011

本版图书如存在印装质量问题，请与本社销售中心联系调换（联系电话：010-57512564）

# 当前落实“双碳”战略中几个问题的探讨*（代序）

李毅中

人类生产和消费活动中的碳排放，主要源于化石能源的直接燃烧和化学变化，实现“双碳”目标，能源是源头，工业是重点，科技是动力，政策是支撑。

## 一、着力调整优化能源结构和工业产业结构

党的二十大报告强调指出，“推动能源清洁、低碳、高效利用，推进工业、建筑业、交通等领域的清洁低碳转型”。

第一，要大力调整优化能源结构。数据显示，近10年我国一次能源结构发生了明显变化，煤炭占比大幅下降，天然气和非化石能源比重明显上升，石油占比基本稳定。到2030年，非化石能源要由2022年的17.5%上升到25%，煤炭应从56.2%再降约8个百分点，石油消费要达峰，天然气要继续有所增加。立足我国的能源禀赋，要坚持先立后破，在积极发展水、风、光、核等非化石能源的同时，火电仍然起着兜底作用。还有要“加强煤炭的清洁高效利用，加大油气资源勘探开发和增储上产力度”，保障国家的能源安全和经济安全。

---

* 本篇序言由 2022年12月20日，中国工业经济联合会会长、工信部原部长李毅中在2022绿色发展峰会上发表的演讲稿修改整理得出。

第二，减少碳排放要抓住重点行业和领域。我国二氧化碳年排放量在2019年达到100亿吨，占全球30%，且每年增长2%左右。从行业看，主要分布在电力、钢铁、有色、建材、石化、化工等高耗能的工业行业和道路交通领域，其中电热气水生产供应业占44%，制造业占35%，交通运输业占10%，生活和其他占11%。行业不同，要因业施策，制定碳达峰的时间表和路线图。地区差异更大，要因地制宜，梯次有序推进，要防止层层加码、盲目攀比、急于求成。

第三，减碳减排实现“双碳”，行行有责，人人有责。“碳足迹”记载了商品在制造、运输、销售、使用、废弃、回收等全生命周期中所包含的二氧化碳排放量。查清碳足迹，有利于直接排放、间接排放、关联排放一并核算。目前，国内对碳足迹还重视不够，一些表述中没有提到，更没有查清不同层面不同主体的碳足迹含量，要下功夫摸清，全面落实各个行业的“双碳”责任。

## 二、实现“双碳”，科技创新和转化应用是主动力

党的二十大报告对“加快节能降碳先进技术研发和推广应用”提出重点要求，要认真做好以下工作。

一是要尽快建立完善碳排放、碳足迹的统计监测评价体系。要采用各种技术手段摸清楚地区、行业、企业不同层面的碳数据，包括碳排量、碳足迹、碳分布等，建立不同层面的碳数据库、碳资产、碳账户。要科学合理确定碳配额，建立科学可靠的“双碳”工作流程。

二是节约优先，推进各类资源节约集约使用。要持续抓紧

节能降耗、减碳减排，创新并且采用新工艺、新技术、新产品、新设备、新材料，降低在全生命周期中的能耗物耗。这要开拓思路，探索新路，做深做细。措施之一是信息技术与工业制造技术相融合，推进绿色化、低碳化、智能化改造，开辟新路径。如以电代煤代油，改变用能方式，如用绿氢耦合化工、钢铁等已有成功案例。

三是加大科技创新和成果转化。目前各个行业已有一批先进技术，要推广应用产业化。如第四代核电、高效光伏、智能电网、电化学储能、光热发电、绿氢的“制储输用”以及二氧化碳的捕集封存利用(CCUS)。还有一些前沿技术正在开发，如低碳、零碳新材料，高效太阳能电池、固体电池、可控核聚变以及二氧化碳原料化等，要加大加快研发。此外还要提升森林、草原、海洋等生态“碳汇能力”。有机构测算，到2060年实现“双碳”，需投入人民币300万亿元以上，基础应该是先进的、成熟的、可靠的科技成果。

## 三、注意政策导向，支持落实“双碳”目标任务

党的二十大报告明确，“实现碳达峰碳中和是一场广泛而深刻的经济社会系统性变革”，因此需要一系列的政策支持。

一是两个“双控”逐步转换要做好衔接。在能耗总量和强度双控方面，2022年我国总能耗54.1亿吨标准煤，增长2.9%。折算每万元GDP（国内生产总值）能耗约0.45吨标准煤，比上年下降了0.1%，仍是发达国家的两倍。2022年二氧化碳排放强度约每万元GDP对应1吨二氧化碳，目标2030年排放强度要比

2005年下降65%以上，“十四五”规划下降18%，总量尚未设定具体指标。能耗“双控”是促进节能减排的有效措施，但没有考虑能源结构的改善，需要进一步完善。而二氧化碳排放“双控”突出了能源结构的改善，因此这两个“双控”转换中要做好衔接和互补。

二是要健全碳排放市场交易制度。我国碳排放交易市场经过多年试点，于2021年7月正式开通，开局较好，尚待培育壮大。目前只有电力行业的大中型企业进入。碳交易量不高，碳价也偏低。在排放配额外应引入自愿减排碳市场交易（CCER）。

至于碳税，部分专家建议可以视情况，适时稳步推出，要把握好时间、范围和强度，实行碳税不是为了增加财政收入，而是为了促进减碳减排，征收的同时需要在其他方面适当减税，保持税负总量不要增加。

三是改进完善绿色产业金融服务。金融系统已制定了绿色金融标准，界定绿色低碳转型项目，提供专项投资基金、并购基金、绿色债券、绿色保险等，上述举措受到欢迎的同时仍有待改进完善，还要向那些极需转型但任务繁重的“高碳”企业提供支持。可将ESG信息系统融入信用评级和投资决策体系，扩大绿色金融规模，加大支持并提高项目的成功率。

四是要密切关注国际动向。“双碳”是全球的共识和行动，要加强国际交流合作。同时要注意不可避免地会出现新的贸易和技术壁垒。如欧盟已经决定从2023年1月份开始对部分进口产品实行碳关税，2026年对所有进口产品都要征收。实现“双碳”目标，一方面要加强交流合作，尽快低碳转型，另一方面也要重视争取国际话语权，维护好国家利益。

# 目　录

## 政策规划篇

## 能源转型篇



## 绿色金融篇

## 经典案例篇

# 政策规划篇

# 对我国实现碳达峰碳中和战略及路径的思考

杜祥琬
中国碳中和50人论坛主席
中国工程院院士
国家气候变化专家委员会顾问
应用核物理、强激光技术和能源战略专家
中国工程院原副院长
国家能源咨询专家委员会副主任
博士生导师

我国二氧化碳排放力争于2030年前达到峰值、努力争取2060年前实现碳中和的重要宣示，是中国政府深思熟虑作出的重大战略决策，是一场广泛而深刻的经济社会系统性变革，是对世界负责任的庄严承诺，事关中华民族永续发展和人类命运共同体的构建。中国共产党第二十次全国代表大会报告进一步指出："积极稳妥推进碳达峰碳中和，立足我国能源资源禀赋，坚持先立后破，有计划分步骤实施碳达峰行动；深入推进能源革命，加强煤炭清洁高效利用，加快规划建设新型能源体系，积极参与应对气候变化全球治理。"

## 一、对“双碳”目标的基本判断和认识

### （一）实现碳达峰碳中和是顺应绿色发展时代潮流，推动经济社会高质量发展、可持续发展的必由之路

“应对气候变化是我们自己要做，而不是别人要我们做！”积极应对气候变化已成为全球共识，正深刻影响全球的价值体系。以碳达峰碳中和驱动我国实现技术创新和发展转型，是经济社会高质量发展的内在要求，是生态环境高水平保护的必然要求，也是缩小与主要发达国家发展水平差距的历史机遇。同时，作为世界上最大的发展中国家和最大的温室气体排放国，我国实施积极应对气候变化的国家战略和碳达峰碳中和行动，将对保护地球家园作出关键的重要贡献，对实现碳达峰碳中和要保持战略定力。

### （二）“双碳”目标的规律性

各国发展的能源经济学数据表明：各发达国家在走向现代化的过程中，随着产业结构调整和能效提高，都会出现一个经济增长与碳排放量脱钩的拐点，即经济继续增长，而碳排放量却不再增加，这就是碳达峰。所以，碳达峰是国家进步的一个标志。碳达峰是与高质量经济发展同时的达峰，是产业结构优化和技术进步导致碳强度逐步降低实现的达峰，不是攀高峰，更不是冲高峰，而是瞄准碳中和的达峰。

碳中和则是基于应对气候变化和人类可持续发展提出的今后几十年全球的一个共同发展目标。碳达峰后，随着能源结构调整和技术进步，以及生产和生活方式的改进，通过温室气体排放绝对量的减少，使减排后的剩余排放量与人类活动增加的碳汇及碳吸收、利用量相平衡，这就是碳中和。碳中和是我国经济社会发展的新引擎，是要开创一条兼具成本效益、经济效益和社会效益的路径，是与实现国家第二

个百年奋斗目标同步的，经济社会低碳转型、深刻进步的里程碑。

**（三）我国碳达峰碳中和战略的实现面临着减排幅度大、转型任务重、时间窗口紧等诸多困难和挑战**

2020年，我国温室气体排放总量为139亿吨二氧化碳当量（$tCO_{2e}$），约占全球温室气体排放量的27%。二氧化碳排放总量为116亿吨，其中，能源活动排放量为101亿吨，占全球能源活动排放量的30%左右。

我国已经进入高排放国家行列，而未来经济社会持续发展还将驱动能源消费不断增长，温室气体增量压力依然巨大。以2020年数据为例，我国人均温室气体排放大于10吨二氧化碳当量，约是全球人均水平的1.5倍，超过欧盟人均排放量；我国人均二氧化碳排放大于7吨，约是全球人均水平的1.7倍，已经超过了英、法等发达国家。

我国面临的比较突出的问题：一是产业结构偏重，第二产业GDP贡献率约为40%，能源消费占比约为68%；二是能源结构偏煤，2021年煤炭消费量占能源消费总量的56.0%；三是综合效率偏低。我国从实现碳达峰到碳中和仅有30年时间，明显短于发达国家的50年到70年，亟须经济社会发展和能源系统全面绿色低碳转型，必须以更大的加速度实现转型，任务艰巨。

**（四）通过积极探索、主动作为，加快推动技术进步和发展转型，可实现高质量碳达峰和如期碳中和**

要坚持行业和地区梯次有序达峰的原则，鼓励已达峰地区排放不再增长，排放处于平台期和可再生能源丰富的地区尽早达峰，钢铁、水泥等行业率先达峰。在此基础上，进一步采取降碳、脱碳、碳移除等措施，加快结构转型和技术进步进程，推动发展模式实现根本性转变，可在 2060年实现碳中和，届时温室气体排放有望降至约26亿吨二氧化碳当量，其中二氧化碳排放量可控制在约20亿吨，同时，碳移除总量达到约26亿吨二氧化碳当量，与温室气体排放量基本相当。

实现“双碳”目标是一项复杂的系统工程，是一个长达几十年的科学的转型过程，人们呼唤有深度的管理创新、科技创新，金融支持和企业参与。“双碳”目标的政策性很强，需要把握好节奏，积极而稳妥，要防止两种倾向，即既要防止“一刀切”简单化，又要防止转型不力，带来落后和无效投资。我们要先立后破，把好事办好，深刻推动经济社会变革和进步。

## 二、实现“双碳”目标的八大战略

第一，节约提效优先战略。坚持节约优先的基本国策，“节能是绿色、低碳的第一能源”，是保障国家能源供需安全和能源环境安全的要素，在化石能源为主的能源结构下，节能、提效是减排的主力。坚持将节能减排作为关键指标纳入现代化能源体系和地区发展规划；通过有序推进产业结构调整、转型升级和合理布局，加快压减“双高”工业产能，提升整体用能效率；通过节能降碳科技攻关和示范应用，推进行业用能效率提升；健全能源管理和节能提效法律法规，加强能效标准制定，发挥法律法规和标准对节能的约束作用；加强对重点用能单位的余能、余热、余冷等的回收利用，提高综合利用水平。

图1是2019年全球平均及主要国家能源强度与碳强度数据图，最左边是中国，然后是全球平均及各个发达国家。从图1中可以看到，我国的能源强度约是世界平均水平的1.5倍，碳强度约是世界平均水平的1.7倍，相比发达国家高更多，因此能源强度和碳强度必须要下降，这两个强度的逐步下降是进步的表现。

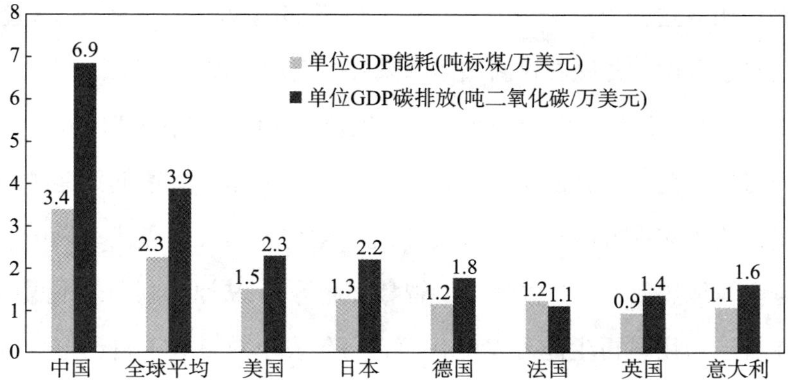


图1　2019年全球平均及主要国家能源强度与碳强度

第二，能源安全战略。高度重视实现碳达峰碳中和过程中的能源安全问题，传统能源逐步减退要建立在新能源安全可靠替代的基础上。积极推进煤炭清洁高效转化与利用；按照“增容控量”“控容减量”“减量不减容”3个阶段谋划煤电发展路径；稳油增气，加快天然气产业发展；以“科学供给”满足“合理需求”。化石能源与非化石能源协调互补非常重要，要采取多能互补、源网荷储、智能电网、储能技术和发展新能源等举措，统筹当前和长远能源安全。

第三，非化石能源替代战略。在新能源安全可靠且逐步替代传统能源的基础上，不断提高非化石能源（核能+可再生能源）的比重。加快核能、水电、光伏、风电、生物质、地热等新能源发展，用非化石能源逐步替代化石能源，加快清洁低碳安全高效的能源体系建设，逐步减少化石能源消费总量。积极推进沙漠、戈壁、荒漠地区大型风电、光伏基地建设；积极推进中东部地区分布式能源开发（可称为“身边取”），不够的由“远方来”补充，不同专家组的定量计算表明，电从“身边取”更加经济和安全，培育大批能源“产消者”（既是能源消费者，又是能源生产者），“自产直消”、寓电于民，提升能源自给率；如果跨省区大范围发展可再生能源，再加上风光的互补作用，就会产生平滑作用，这样可以降低其波动性，降低储能投资，使源、荷的空间格局趋于合理；开展农村新型能源系统的建设，加快分布式光伏建设、生物质能源、地热能发展，实现对散煤及其他化石燃料的取代。

河南省兰考县开展了农村能源革命试点工作，探索创新能源投资模式，构建多能互补分布式能源系统（生物天然气、光伏、风电、智能电网、地热取暖、垃圾发电、智慧交通等），从原来利用外来煤电到现在自己利用可再生能源发电，而且每年发电总量大于自己电力的需求量，靠自发电就可以满足一个县的所有电力需求，甚至还有富余，成效很明显。

第四，再电气化战略。电气化是促进能效提升和产业结构升级的重要手段，以电能替代和发展电制原料燃料为重点，大力提升重点部门电气化水平。工业领域：钢铁行业发展电炉炼钢、氢冶金。化工领域：发展电制原材料技术、高比例电能乙烯全流程技术。有色领域：发展再生有色金属冶金、低温低压电解铝新技术。交通领域：加快发展电动汽车、氢燃料电池汽车。建筑领域：推广炊事、生活热水的电气化以及夏热冬暖地区的热泵采暖技术。

第五，资源循环利用战略。由“无废城市”试点走向“无废社会”，“无废”并不是没有废物，而是废弃物源头减量化和高比例资源化利用，是循环发展的典型内涵。固废减量化和资源化利用水平是国家进步和现代化水平的标志。先由“无废城市”建设试点积累发展循环经济的经验，随后逐步向全国推广，经长期坚持不懈的努力，希望最终能实现“无废社会”的目标。

全面建立垃圾回收和清运体系，推行生产者责任延伸制度，探索建立消费者责任制，减少简单填埋，实现高比例资源化，就会减少填埋垃圾产生的温室气体，比如甲烷。垃圾焚烧发电或者做沼气，可增加可再生能源电力或生物质气。谋划好关键原材料回收利用顶层设计，突破锂、钴、镍等关键矿物原材料回收技术，保障关键矿产资源安全。固体废弃物中的再生资源，比如金属（包括黑色金属和有色金属）的利用，可以大幅降低冶金的煤炭消耗。能源转型中产生的新型固废，如光伏电池、新能源车电池、风机等，寿命到期后不能变成垃圾，要做好循环利用，这都将为“双碳”目标做贡献。

第六，固碳战略。坚持生态吸碳与人工用碳相结合，增强生态系统吸碳固碳能力，扩大吸碳固碳规模。增加森林、草原、土壤和湿地碳汇；重视碳捕集与封存（CCS）和碳捕集、利用与封存（CCUS）等碳移除技术的研发，努力降低成本，取得技术、经济和环保的综合效益。

第七，数字化战略。全面推动数字化降碳和碳管理应用，助力产业升级和结构优化，促进生产生活方式绿色变革。在能源、建筑、交通、制造业等各个方面，数字化都会发挥非常重要的作用。

第八，国际合作战略。以构建人类命运共同体的大国责任和担当，更大力度地推进和深化国际合作。

## 三、实现“双碳”目标的八大抓手

第一，提升经济发展质量和效益，以产业结构优化升级为重要手段实现经济发展与碳排放脱钩。要培育壮大战略新兴产业，推动数字化、绿色化协同发展，完善产业空间结构布局，如“东数西算”就很重要。

图2的横轴是人均GDP，表征一个国家的发展水平，纵轴是人均二氧化碳排放，欧洲、日本、美国、加拿大等国家（地区）和我国比较，可以看出这些国家在发展初期，趋势都是向上爬坡的曲线，表明随着

人均GDP的增加，人均排放也在增加。值得注意的是，这个曲线到一定的阶段（人均2万美元左右）后就变平了，美国是这样，欧洲也是这样，为什么有相同的趋势？首先，它们的产业结构有了大的调整，同时，能效水平有了明显提高。从变平的时候（人均2万美元）到现在人均4万、5万美元，经济继续发展，但是人均碳排放不再增加，这是很重要的规律。我国发展的初期曲线趋势比较陡，现在到了欧盟数据的上端，发展到达峰，达到欧洲的水平。什么叫碳达峰？可以理解为经济继续发展，人均碳排放不再增加，即经济发展和碳排放脱钩，是这样一个拐点。

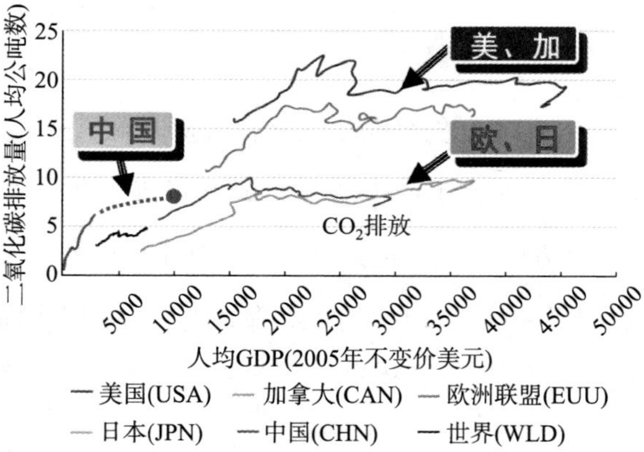


图2 各主要国家人均GDP与$CO_2$排放图

第二，打造清洁低碳安全高效的能源体系是实现碳达峰碳中和的关键和基础。坚持节能与提效“双轮驱动”，供给与消费“两端发力”，持续推动单位GDP能耗和碳排放下降。能源体系要安全平稳地向以非化石能源为主体转变，非化石能源占比要逐步提高，现在是16%，2035年大于32%，2050年大于64%，国家“1+N”文件提出，2060年非化石能源占比提高至80%以上。推进化石能源与非化石能源协调、融合发展。

对我国的能源资源禀赋，最耳熟能详的是“富煤贫油少气”，这是对化石能源的描述，忽略了我们丰富的可再生能源资源，这已和当前发展形势和客观情况不符。因此，需要根据最新实践和研究数据，完整准确理解我国能源资源禀赋：丰富的可再生能源资源是我国能源资源禀赋的重要组成部分，我国已开发的可再生能源不到技术可开发资源量的1/10，能源低碳转型的资源基础是丰厚的。此外，还需认识到，低碳转型和能源安全并行不悖，可再生能源资源的利用是我国自己可以掌控的，它不受国际地缘政治变幻的影响，有利于能源体系的独立性和安全性。重新认识我国的能源资源禀赋，为我国能源转型奠定准确的基础认知，是一个影响我国能源政策、能源战略的重大问题。

第三，加快构建新能源占比逐渐提高的新型电力系统，安全稳妥实现电力行业净零排放。通过横向多能互补和纵向源、网、储、荷，发、输、配、用协调规划，调动各种灵活性资源，发展各种商业化的储能技术，实现新型电力系统的安全可靠，新能源占比逐渐提高。经济的高质量发展要求高质量的能源。能源系统的安全可靠、经济可行、绿色低碳3个目标常常被称为“不可能三角”，但安全可靠是对能源系统的基本要求，经济可行的能源社会才会接受，绿色低碳是能源转型的大方向，碳达峰碳中和呼唤的新型能源系统必须逐步达到这3个目标，使之成为“可能三角”，才能成为高质量的能源系统。整个电力行业碳排放有望2028年达到峰值，2060年实现净零排放。

第四，以电气化和深度脱碳技术为支撑，推动工业部门碳排放有序达峰和渐进中和。通过产能控制、工艺升级、能效提升、能源替代等措施，工业部门有望2025年左右整体实现达峰，峰值约为79亿吨，2060年实现深度减排。持续推进工艺替代升级、电气化、深度减排技术攻关，工业部门2060年直接碳排放降低至约5亿吨，并可通过碳捕集、利用与封存（CCUS）、生物质能碳捕集与封存（BECCS）等技术完全脱碳，实现碳中和。

第五，通过高比例电气化实现交通工具低碳转型，推动交通部门实现碳达峰碳中和。通过能效提升、结构优化和燃料替代3个方面协同发力，交通部门可在2030—2035年间达峰，要提高运输工具电气化水平，推动铁路电动化，推进可持续航空燃料、氢燃料电池等航空燃料替代。

第六，以突破绿色建筑关键技术为重点，实现建筑用电用热零碳排放。加强新建建筑节能和既有建筑改造与延寿，倡导节约优先，避免“大拆大建”，加强建筑节能改造，突破和应用新技术。大力推行电气化，重点发展“光储直柔”新型建筑配电系统、以屋顶光伏为基础的农村新型能源系统以及电动车智能充放电系统。发展清洁供热供冷技术，包括核电余热的水热联产、跨季节储热和电热泵等技术，尽早完成清洁低碳供暖替代散烧煤。建筑部门2030年前实现碳达峰，2060年前实现碳中和。

第七，运筹帷幄，做好实现碳中和“最后一公里”的碳移除托底技术保障。多措并举发展碳汇和碳移除技术，包括林业碳汇、CCS、CCUS、二氧化碳驱油等技术，到2060年可实现年碳移除26亿吨。加快制定碳移除行动方案，加大碳移除技术攻关和产业培育力度，推进碳汇和CCS/CCUS工程集成示范工程，健全相关政策和制度体系。

第八，加快构建减污降碳一体谋划、一体部署、一体推进、一体考核的机制，建立健全减污降碳统筹融合的战略、规划、政策和行动体系。完善碳交易制度。促进低碳产品价值转化和碳资产价值实现，不断完善绿色低碳产品供给和消费等激励机制，培育全社会绿色低碳的生活方式和消费方式。

## 四、科技创新，支撑实现“双碳”目标

我国碳排放量基数大、碳达峰到碳中和时间短，必须以关键技术的重大突破支撑高质量可持续发展下的碳中和。

能源领域：在煤炭洁净高效利用方面，包括煤炭绿色智能高效开发利用、煤气化利用、煤粉预热燃烧技术、循环流化床高温后燃技术等；在核能方面，包括可控核聚变、固有安全核电、ADS、钍基熔盐堆等；此外，还有绿氢技术、高效太阳能电池、海上风电固定式漂浮式及全直流技术、新型储能系统（压缩空气、全钒液流）、可再生合成燃料（热催化、电催化）、液态阳光，以及新能源发电并网及主动支撑技术、超导电缆、光储直柔建筑、多能转换与综合利用、智能电网和农村光伏能源系统等。

工业部门：工业数字化、二氧化碳化工利用、氢冶金、氢能煅烧水泥熟料、全废钢电炉流程、关键金属矿物质开发循环利用等。

交通部门：可持续航空燃料、船舶电动化、新能源汽车电网互动、氢燃料航空发动机、氢燃料电池电堆、生物乙醇等。

规模化碳移除技术方面：生物质能碳捕集与封存、直接空气碳捕集与封存技术等。

同时，要健全绿色低碳科技创新体系，建立科技创新联合体，鼓励产学研用联合攻关，健全低碳技术的标准体系，建设低碳能源数字化发展的数据中心。

最后需要强调，碳中和是一个重要的里程碑，但也只是一个里程碑，它并不是终点，人类社会还要发展，未来社会要靠未来能源支撑，从未来能源的角度，我们可以更好理解“双碳”目标的意义和历史地位。

# 建议改革我国碳排放配额的初始发放方式 *

白重恩

中国碳中和50人论坛联席主席
中华全国工商业联合会副主席
清华大学经济管理学院院长
清华大学经济管理学院弗里曼讲席教授
美国加州大学圣地亚哥校区数学博士
哈佛大学经济学博士

2021年的拉闸限电充分说明，通过将减排任务层层定量下达的方式来实现“双碳”目标的成本很高。比如有些企业生产线停一次电需要长达三天的重新调试才能恢复生产。如果这些企业的产品是供应链中的关键环节，它们所受到的影响会传导到其他企业，造成的损失更大。价格机制可以引导减排成本低的主体承担主要减排任务，从而降低全社会的减排总成本。

2021年，我国从火电部门开始启动了碳排放权交易市场。每年相关部门将其核定的碳排放配额免费分配给火电企业。如果火电企业排放的二氧化碳超过了它在初始分配中得到的排放配额，就需要在市场上购买额外的排放配额，反之，如果火电企业排放较少，就可以出售节省下来的排

* 本文刊发于《中国经济时报》2023年3月9日第4版。

放配额。这样的价格机制形成了火电企业减排的动力。

但在现有的碳排放权交易体系中，配额初始发放方法存在弊端。如果电价不变，减排的压力不会传导到电力使用端，需求不减少，而供应受到排放配额的约束，就可能造成供不应求而不得不拉闸限电，造成很大的损失。如果提升电价，因为获得大量免费配额，电力部门或者燃料供应部门将获得更大的收益，而电力的使用者则面临更高的成本，利益分配不合理，居民对电价提升的抵触会尤其强。提升电价带来的利益分配不合理会增加电价改革的阻力。如果不改革电价，而又想避免拉闸限电，就只能依靠电力供给侧多采用清洁能源，而放弃需求侧节能减排的作用。

欧盟准备实行的碳边境调节机制，可能出现的气候变化俱乐部，以及一些国际机构提出的最低碳价机制，都要求将企业承担的碳排放成本显性化，更多地使用价格机制。建议改革我国碳排放配额的初始发放方式，从将配额免费发放给电力企业，改为免费发放给终端用户，特别是居民，电力企业在碳排放权市场上收购配额来满足其需求。

采取这种方式后，第一，电力企业仍然有激励减排，因为减排可以减少购买配额的支出；第二，电力企业更加全面地承担排放成本，如果我们允许电价进行相应调整，电力企业可以不用增加多少负担，电力价格能更好地反映排放成本，从而在使用端形成节能减排的动力；第三，电力消费者为电力付出的更高成本可以通过出售排放权的收益来对冲，降低对电价调整的抵触；第四，如果所有居民分配到同样的排放配额，低收入者通常用电较少，其出售配额的收益应该大于电价调整给他们带来的负担，从而获得净收益，有利于收入分配的改善；第五，排放配额的总量可以和之前一样确定。

新的机制需要有交易成本低的排放权交易市场来支撑。这可以通过推出排放配额发放和交易的APP来高效实现。我们在这一点上和其他国家相比有一定优势。为了防止发电企业购买不到足够的排放配额，可以考虑要求拥有配额者每月必须出售一定的配额，否则系统将自行根据市场价格执行交易。

新的机制也需要相应的电价改革。碳排放权交易如果扩围，也可以增加下游行业的减排，但如果电力价格不反映排放成本，需要对下游行业使用的电力中所隐含的排放进行核算，和电力价格反映排放成本相比，这样的核算所需要的投入比较大。

新的机制可以通过试点的形式来测试。如果国家拍卖碳排放配额，电力使用者负担加重，但如果进行补贴，需要考虑怎样确定补贴的水平，比较难定，未来退出也很困难。而这里提议的机制不需要额外补贴，因为居民可以通过出售排放配额的收益来对冲电价上涨的负担。

# 耦合工业系统深度脱碳思考


金　涌｜中国碳中和五十人论坛联席主席
中国工程院院士
清华大学化学工程系教授
胡山鹰｜中国碳中和五十人论坛特邀研究员
清华大学化工系生态研究中心主任
张臻烨｜清华大学化工系博士生


## 一、前言

近年来，以二氧化碳为主的温室气体引起了全世界的高度关注。为应对由温室气体排放引发的气候变化与环境问题，实现人类社会的可持续发展，截至2021年12月，全球已有136个国家制定碳中和目标。中国作为全球第一大碳排放国家，也已向国际社会作出“双碳”目标承诺，充分体现了大国担当与共筑人类命运共同体的决心[1]。

推进碳达峰碳中和具有重大的现实意义和深远的历史意义，推进“双碳”目标实现是破解资源环境约束突出问题、实现可持续发展、顺应技术进步趋势、推动经济结构转型升级、促进人与自然和谐共生、推动构建人类命运共同体的迫切需要，各行各业应统一认识、落实行动、多方发力，共同促进我国早日实现“双碳”目标。

碳达峰与碳中和是一个统一的有机整体，碳达峰是碳中和总路线中的阶段性目标。大量研究表明，早日实现碳达峰、以更小的碳排放总量达峰，将大幅降低实现碳中和目标的压力，早日实现碳达峰还将减少未来社会对负排放技术的依赖，也可减少低碳转型带来的社会福利损失[2]。然而，更快地实现更低的碳排放峰值需要大量的技术、资金等投入，尽管对长期减碳有利，却可能增大短期内的社会压力，造成财政难以支撑、技术转型挑战严峻等现象。因此，以怎样的力度与节奏实现碳达峰目标，需综合考虑短期与长期效益，要积极推进，却也不能操之过急。为推动“双碳”工作的高效、有序开展，需明确重点行业及相应减排路径。本文着重考虑工业碳排放，提出以耦合工业系统助力工业深度脱碳，为“双碳”工作建言献策。

## 二、工业是减碳关键

工业是最大的碳排放来源，根据国际能源署的统计数据，2019年中国53%的碳排放来源于工业，工业减碳在“双碳”目标中至关重要。为助力实现“双碳”目标，平衡发展与减碳的关系，中国加速构建“1+N”政策体系，对“双碳”工作作出系统部署与具体指导，其中“1”代表中国实现“双碳”目标的指导思想和顶层设计，“N”代表重点领域和行业实施方案。构成顶层设计的两个重要文件——《中共中央国务院关于完整准确全面贯彻新发展理念做好碳达峰碳中和工作的意见》及《2030年前碳达峰行动方案》明确指出了我国减碳的重点与难点，其中反复提及并着重突出工业领域在实现“双碳”目标中的关键地位，后续发布的《工业领域碳达峰实施方案》进一步识别重点行业、明晰减排方向与路径。

工业在减碳中的关键地位已被众多学者证实。Yang等利用物质流分析方法，绘制出中国2005—2015年自能源生产到终端消费的能量流与碳元素流，识别工业为最大、最关键的碳排放来源[3]。Zhang等采用概率优化模型，从能源消费的角度分析中国能源相关碳排放，结果表明工业部门减排潜力最高[2]。本团队利用驱动力模型研究表明，工业在全国及代表性省份（四川、福建、青海、海南、云南、上海、河北）碳排放增长中扮演着关键的角色，具有最显著的正向增排效应[4]。推动工业绿色转型，推进产业优化升级，在“双碳”目标背景下具有重要的战略意义。

工业碳排放可分为能源相关碳排放与过程相关碳排放。其中能源相关碳排放可通过优化工艺、提高能效、减少能源消费总量、优化能源结构等方式实现减排，在“零碳电力”蓬勃发展的未来，与能源相关的碳排放也将大幅减少。然而过程相关碳排放往往来源于工艺本身，如水泥生产中的石灰石分解、电解铝的碳负极氧化等，无法简单随能源系统改良而消除，是工业深度减排（尤其是当“双碳”工作进行到后期时）的重难点之一。过程相关碳排放具有排放强度高、二氧化碳浓度高等特点，适合采用CCUS等技术进行资源化利用，故本文基于其排放特点提出耦合工业系统深度脱碳思考。

## 三、耦合工业系统助力深度脱碳

耦合工业系统可助力工业领域深度脱碳，尤其是促进过程相关碳排放的减少。大量学者研究表明，集约化是未来社会增效减排的重要导向，以能源、物质串联形成耦合工业系统将提升资源利用率，构建良性工业循环[5]。本文提出将清洁能源、氢气、二氧化碳相连接的耦合工业系统（见图1），助力工业深度脱碳。

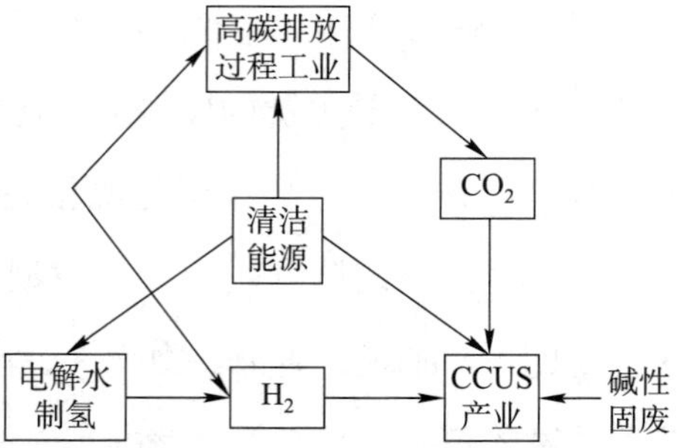


图1　耦合工业系统示意图

清洁能源为耦合工业系统提供充足的能量，支撑创新性的耦合生产路线。清洁能源包括风能、光能、水能、核能等，可使能源消耗与碳排放脱钩，并解决化石能源总量有限的问题，使得工业发展无需为能耗所限制。氢气为耦合工业系统提供充足的还原剂，而且，由清洁能源电解水制备的绿氢，不会造成生命周期碳排放增加等问题。可利用的二氧化碳主要来自过程相关碳排放，其主要来源为以钢铁、水泥、化工、电解铝、玻璃等为代表的高碳排放过程工业，具有排放量大、排放强度高、二氧化碳纯度高等特点。利用清洁能源与绿氢，可将二氧化碳还原为甲醇、乙醇等化学品，此外，利用电石渣、废水泥等碱性固废，亦可将二氧化碳固化生成亚微米粉体[6]，将废弃的、不可储存的碳转化为有价值的碳，不仅避免了该部分过程相关碳排放进入大气加剧温室效应，还实现了碳的资源化利用，提供了优良的生产方式，在化石逐渐退出原料投入的未来，可替代化石投入生产，支撑社会发展、保障生活质量。

耦合工业系统的主要挑战为技术与成本。其中，清洁能源在“双碳”背景下发展迅速，在技术与经济上已具备了替代化石能源的可能。为进一步实现清洁能源的大规模、高占比应用，需大力发展发电、规模储能、智能电网等前沿技术。此外，电解水制氢、碳捕集、碳利用等技术也面临着效率低、能耗大、成本高等技术瓶颈，其产业化依然任重道远。耦合工业系统的构建及发展需依靠学科交叉与产业融合，跨界协作是创新的根本途径。未来应着重关注相关技术的突破，研发低成本、高效能的温和条件下的高新技术，同时注重系统优化，构建技术-环境-经济综合效益最佳的耦合工业系统。

## 四、总结

“双碳”目标对我国而言既是挑战也是机遇，我国应把握绿色低碳转型的历史契机，推动传统产业与新兴产业协同创新、融合发展，开展绿色低碳技术研发攻关，推动产业链向中高端迈进，真正实现社会变革。耦合工业系统的构建便是助力深度脱碳的一种创新性举措，未来社会各行各业不可能孤立发展，跨界合作、行业耦合发展是消纳二氧化碳、实现资源化利用的优良路径，也是提升资源能源利用率、构建良性循环的必然选择。实现“双碳”目标不可一蹴而就，需平衡好发展与减碳的关系，以前瞻性的视角，以变革、优化、合作的方式，促进低碳社会的建成[7]。

## 参考文献

［1］张臻烨，胡山鹰，金涌. 2060中国碳中和：化石能源转向化石资源时代[J]. 现代化工，2021，41（6）：1–5.

［2］ZHANG S，CHEN W Y. Assessing the energy transition in China towards carbon neutrality with a probabilistic framework[J]. Nature Communications，2022，13（1）：87–97.

［3］YANG H H，MA L W，LIZ. A method for analyzing energy-related carbon emissions and the structural changes：a case study of China from 2005 to

2015[J]. Energies，2020，13（8）：2076–2086.

［4］ZHANG Z Y，HU S Y，LUO Z M. Systematic investigation of China's $CO_2$ emissions with driving force model：historical evolution and future trends[J]. ACS Sustainable Chemistry & Engineering，2022，10（33）：11050–11056.

［5］STEVEN J D，NATHAN S L，MATTHEW S，et al. Net-zero emissions energy systems[J]. Science，2018，360（6396）：9793–9802.

［6］MA M J，GUO R，BING L F，et al. Quantitative analysis of $CO_2$ uptake by alkaline solid wastes in China[J]. Journal of Cleaner Production，2022，363（1）：54–64.

［7］胡山鹰，金涌. 碳中和蓝图如何实现[N]. 中国科学报，2021-03-01（3）.

# 打好碳达峰碳中和这场硬仗 *

王金南｜中国碳中和50人论坛联席主席
农工党中央副主席
北京市政协副主席
中国工程院院士
生态环境部环境规划院院长
蔡博峰｜生态环境部环境规划院碳达峰碳中和研究中心执行主任

习近平总书记高度重视碳达峰碳中和工作，就我国实现“双碳”目标作出一系列重要论述。在2021年12月8—10日召开的中央经济工作会议上，习近平总书记强调要正确认识和把握碳达峰碳中和。推进碳达峰碳中和是党中央经过深思熟虑作出的重大战略决策，是我们对国际社会的庄严承诺，也是推动高质量发展的内在要求。在2022年1月24日十九届中央政治局第三十六次集体学习时，习近平总书记强调，必须深入分析推进碳达峰碳中和工作面临的形势和任务，充分认识实现“双碳”目标的紧迫性和艰巨性，研究需要做好的重点工作，统一思想和认识，扎扎实实把党中央决策部署落到实处。习近平总书记的重要论述，为打好碳达峰碳中和这场硬仗提供了根本遵循。

---

* 本文刊发于《求是》2022年第10期。

## 一、深刻认识实现碳达峰碳中和面临的形势任务

2020年9月20日，习近平在第七十五届联合国大会一般性辩论上发表重要讲话。习近平总书记指出，实现“双碳”目标，不是别人让我们做，而是我们自己必须要做。我国已进入新发展阶段，推进“双碳”工作是破解资源环境约束突出问题、实现可持续发展的迫切需要，是顺应技术进步趋势、推动经济结构转型升级的迫切需要，是满足人民群众日益增长的优美生态环境需求、促进人与自然和谐共生的迫切需要，是主动担当大国责任、推动构建人类命运共同体的迫切需要。党的十八大以来，党中央贯彻新发展理念，坚定不移走生态优先、绿色低碳发展道路，着力推动经济社会发展全面绿色转型，取得了显著成效。“十四五”时期，我国生态文明建设进入以降碳为重点战略方向，推动减污降碳协同增效，促进经济社会发展全面绿色转型，实现生态环境质量改善由量变到质变的关键阶段。推动建立以绿色环保为价值引领和增长动力的现代化经济体系，实现经济社会高质量发展与生态环境高水平保护相协同，与我国“到二〇三五年基本实现社会主义现代化”和“在本世纪中叶建成富强民主文明和谐美丽的社会主义现代化强国”的战略目标相适应，体现了我国走生态优先、绿色低碳高质量发展道路的必然要求。为推动实现碳达峰碳中和，2021年9月22日中共中央、国务院发布《关于完整准确全面贯彻新发展理念做好碳达峰碳中和工作的意见》，2021年10月24日国务院发布《2030年前碳达峰行动方案》，此外还制定出台能源、工业、建筑、交通等重点领域和电力、钢铁、水泥、石化、化工等重点行业的实施方案，以及科技、财税、金融等保障措施，共同形成我国碳达峰碳中和的“1+N”政策体系和时间表、路线图、施工图，彰显了以习近平同志为核心的党中央立足新发展阶段、贯彻新发展理念、构建新发展格局、推动高质量发展的坚定决心。

近年来，浙江诸暨姚江镇积极助推机床铸造业“煤转电”项目，助力企业实现硫化物零排放，低碳环保，高效节能。图为2021年4月15日，一名工人将浇铸包内的铁水倒入铸模内　郭斌/摄

力争2030年前实现碳达峰、2060年前实现碳中和，意味着我国作为世界上最大的发展中国家，将完成全球最大碳排放强度降幅，用全球历史上最短的时间实现从碳达峰到碳中和。碳达峰分为自然达峰和政策驱动达峰。自然达峰与国家经济发展、产业结构及城镇化水平有着密切关系，一些发达国家的达峰过程就是在经济发展过程中因产业结构变化、能源结构变化、城市化完成而自然完成的。相比发达国家，我国目前工业化、城镇化等进程远未结束，一半以上的城市第二产业占比超过50%，且以高耗能、高排放的建材、钢铁、石化、化工、有色金属冶炼等产业为主。在此条件下，我国提出力争2030年前实现碳达峰，一方面，要通过政策手段遏制高耗能、高排放项目盲目发展，快速缩短达峰时间和降低达峰峰值；另一方面，要在这一过程中保持经济社会平稳健康发展，特别要保证能源安全、产业链供应链安全和

粮食安全，这无疑是场硬仗。尽管如此，我国政府仍在2009年哥本哈根气候变化会议上郑重承诺"2020年单位国内生产总值二氧化碳排放比2005年下降40%~45%"。经过坚持不懈的努力，截至2020年底，我国单位国内生产总值二氧化碳排放比2005年降低48.4%，超过了向国际社会作出的承诺。作为制造业大国，2020年我国人均二氧化碳排放约为美国的一半，历史累计排放量也约为美国的一半。我国工业化、城镇化还在深入发展，发展经济和改善民生的任务还很重，能源消费仍将保持刚性增长，承诺实现从碳达峰到碳中和的时间仅有30年，远远短于发达国家所用时间，充分体现了大国担当的雄心和力度。

习近平总书记指出，作为全球生态文明建设的参与者、贡献者、引领者，中国坚定践行多边主义，努力推动构建公平合理、合作共赢的全球环境治理体系。[①]工业革命以来的人类活动，特别是发达国家大量消费化石能源所产生的二氧化碳累积排放，导致大气中温室气体浓度显著增加，加剧了以变暖为主要特征的全球气候变化。其中许多变化不可逆转，温度升高、海平面上升、极端气候事件频发给人类生存和发展带来严峻挑战，对全球粮食、水、生态、能源、基础设施以及民众生命财产安全构成长期重大威胁，应对气候变化刻不容缓。气候变化是人类面临的共同挑战，实现碳达峰碳中和是我国肩负的大国担当。我国是拥有14亿多人口的最大发展中国家，面临着发展经济、改善民生、污染治理、生态保护等一系列艰巨任务。为实现应对气候变化目标，我们迎难而上，积极制定和实施了一系列应对气候变化的战略、法规、政策、标准与行动，推动应对气候变化实践不断取得新进步。《联合国气候变化框架公约》（UNFCCC）第二十六次缔约方大会就《巴黎协定》实施细则达成共识，我们积极与各方沟通，贡献中国智慧

① 刘融，等. 共促人与自然和谐共生[N]. 人民日报，2023-01-25（03）.

和方案。我国实现碳达峰碳中和，必将为全球实现《巴黎协定》制定的目标注入强大动力，为进一步构建人类命运共同体、共建清洁美丽世界作出巨大贡献。

## 二、正确处理实现碳达峰碳中和进程中各方面重大关系

实现“双碳”目标是一场广泛而深刻的变革，不是轻轻松松就能实现的。要提高战略思维能力，把系统观念贯穿“双碳”工作全过程，正确处理好涉及经济社会发展各方面重大关系，科学谋划碳达峰碳中和实现路径。

处理好发展和减排的关系。习近平总书记指出，减排不是减生产力，也不是不排放，而是要走生态优先、绿色低碳发展道路，在经济发展中促进绿色转型、在绿色转型中实现更大发展。[①]我国发展不平衡不充分问题仍然突出，人均国内生产总值与世界中等发达国家相比还有较大差距，且我国正处在城镇化进程中，能源消费在一段时期内还将保持刚性增长，必须长期坚持节能减排和生态优先的发展方式。节能减排是当前最重要的转变生产方式、调整生产结构、降低碳排放的手段，应坚持从生产、流通、分配、消费和再生产全过程来促进发展方式和消费模式转变，长期坚持以生态优先、绿色发展为导向的高质量发展新路子，在完成碳达峰碳中和目标的同时实现发展方式和发展路径的根本性转变，加快促进发展全面绿色转型，推动经济社会实现更高质量更可持续发展。

处理好整体和局部的关系。习近平总书记指出，既要增强全国一

---

① 人民网. 深入分析推进碳达峰碳中和工作面临的形势任务 扎扎实实把党中央决策部署落到实处[EB/OL].（2022-01-26）[2023-02-27]. http://jhsjk.people.cn/article/32339885.

盘棋意识，加强政策措施的衔接协调，确保形成合力；又要充分考虑区域资源分布和产业分工的客观现实，研究确定各地产业结构调整方向和“双碳”行动方案，不搞齐步走、“一刀切”。[①]我国的碳达峰碳中和工作要坚持全国一盘棋、一体推进，不能简单层层分解和摊派任务，而要根据各地区战略定位、发展水平、资源禀赋、控排潜力，综合考虑行业发展需求、产业链关系、生产力布局、产业结构特点等因素，以自下而上为依据、自上而下为约束，统筹确定各地区梯次达峰目标任务。各地区各部门既要立足实际、因地制宜，结合自身特点科学设计碳达峰碳中和行动方案，又要充分考虑不同地区间、上下游产业链以及行业内部工序间的相互影响。工业是我国二氧化碳排放的主要领域，占全国总二氧化碳排放量的85%，因此实现重点行业尽早达峰并快速跨过平台期，是力争全国2030年前达峰的关键，要明确重点行业达峰目标，推动其尽快实现达峰。

处理好长远目标和短期目标的关系。习近平总书记指出，既要立足当下，一步一个脚印解决具体问题，积小胜为大胜；又要放眼长远，克服急功近利、急于求成的思想，把握好降碳的节奏和力度，实事求是、循序渐进、持续发力。[②]要在不到10年的时间内实现碳达峰、不到30年时间内实现从碳达峰到碳中和，既要制定远景目标和长期规划，又要设置阶段性任务和短期目标，以长远规划引领阶段性任务，以战术目标的实现支撑战略目标的达成。短期看，各地区各行业要结合实际科学设

① 人民网. 深入分析推进碳达峰碳中和工作面临的形势任务 扎扎实实把党中央决策部署落到实处[EB/OL].（2022–01–26）[2023–02–27]. http://jhsjk.people.cn/article/32339885.

② 人民网. 深入分析推进碳达峰碳中和工作面临的形势任务 扎扎实实把党中央决策部署落到实处[EB/OL].（2022–01–26）[2023–02–27]. http://jhsjk.people.cn/article/32339885.

置目标，明确碳达峰碳中和的时间表、路线图、施工图，以节能和遏制“两高”项目发展推动减碳任务落实；长期看，要通过经济发展方式转变、产业和能源结构转型促进经济社会系统性变革，建立清洁低碳能源体系。中国的碳达峰与碳中和紧密相连。碳达峰的时间和峰值直接影响未来碳中和的速度和难度，而碳中和又对碳达峰直接形成紧约束。要充分考虑实现碳中和愿景的需求，通过碳达峰积累经验、创新制度、变革技术，逐步建立低碳产业和绿色能源体系，为碳中和奠定坚实基础。

处理好政府和市场的关系。习近平总书记指出，要坚持两手发力，推动有为政府和有效市场更好结合，建立健全“双碳”工作激励约束机制。①这就要求我们积极建立和完善生态环境治理新型举国体制，强化科技和制度创新，加快绿色低碳科技革命，持续深化能源和相关领域改革，发挥市场在资源配置中的决定性作用，形成有效激励约束机制；更好发挥我国制度优势、资源条件、技术潜力、市场活力，加快形成节约资源和保护环境的产业结构、生产方式、生活方式、空间格局。

## 三、多措并举努力实现碳达峰碳中和战略目标

实现碳达峰碳中和目标，要统筹协调、明确路径、综合施策，能源体系改革是根本途径，重点领域转型是重要抓手，技术创新是关键引擎，碳汇能力提升是重要补充，治理体系变革是基础保障。

以融入经济社会发展全局为牵引。要把“双碳”工作纳入生态文明建设整体布局和经济社会发展全局，特别是把碳达峰碳中和目标融入经济社会发展中长期规划，作为美丽中国建设的重要组成部分，充

① 人民网. 深入分析推进碳达峰碳中和工作面临的形势任务 扎扎实实把党中央决策部署落到实处[EB/OL].（2022-01-26）[2023-02-27]. http://jhsjk.people.cn/article/32339885.

分衔接国家发展战略、能源生产和消费革命、国土空间规划、中长期生态环境保护、区域和地方规划。将绿色低碳全面融入长江经济带发展、粤港澳大湾区建设、成渝地区双城经济圈建设、黄河流域生态保护和高质量发展战略实施中，切实发挥重大区域规划引领带动作用。扩大绿色低碳产品供给，增强全民节约意识、环保意识、生态意识，倡导简约适度、绿色低碳、文明健康的生活方式，形成全民参与绿色低碳建设的良好局面。

以能源绿色低碳发展为关键。能源活动二氧化碳排放量占全国总二氧化碳排放量的87%，能源生产和消费革命是推动实现碳达峰碳中和目标的“牛鼻子”。充分考虑我国以煤炭为主的能源结构特点，在确保能源安全的前提下，以能源供给清洁低碳化和终端用能电气化为主要方向，坚持节能和结构调整双向发力，严格控制并逐步减少煤炭消费，大力推动煤电节能降碳改造、灵活性改造、供热改造“三改联动”，积极有序发展光能源、硅能源、氢能源、可再生能源，构建以新能源为主体的新型电力系统和清洁低碳安全高效的能源体系。全面实施节约优先战略，加快提高能源利用效率，持续推进工业、建筑、交通等重点领域节能，充分挖掘节能提效的减碳潜力。

以重点领域转变发展方式为抓手。工业领域长期以来是我国能源消费和二氧化碳排放的第一大户，是影响全国整体碳达峰碳中和的关键。要在坚决遏制“两高”项目盲目发展的基础上，围绕产业结构调整和资源能源利用效率提升，推动互联网、大数据、人工智能、第五代移动通信（5G）等新兴技术与绿色低碳产业深度融合。交通领域要加快“公转铁、公转水”建设，优化调整交通运输结构，全面提速新能源车发展，推进绿色低碳出行，形成绿色低碳交通运输方式。城乡建筑领域要通过乡村振兴推进县城和农村绿色低碳发展，坚持能效提升与用能结构优化并举，推进既有建筑节能改造和新建建筑节能标准提升，逐步建设超低能耗、近零能耗和零碳建筑。

以技术创新为引擎。技术创新是推动能源革命和产业革命、支撑实现碳达峰碳中和的核心驱动力。要基于碳达峰碳中和约束下的经济社会发展深度脱碳要求，系统谋划相关技术的实施路线图和时间表。围绕能源、电力、工业、交通、建筑以及生态碳汇等领域的技术发展需要，加强科技落地和难点问题攻关，汇聚跨部门科研团队开展重点地区和重点行业碳排放驱动因素、影响机制、减排措施、管控技术等科技攻坚，采用产学研相结合模式推进技术创新成果转化应用。加快先进成熟绿色低碳技术的普及应用，推进前沿绿色低碳技术研发部署，加强低碳零碳负碳关键技术攻关、工程示范和成果转化。

近年来，山东荣成坚持高质量绿色发展理念，推进风力发电、光伏发电等绿色经济产业发展，优化能源结构，助力推进碳达峰碳中和，实现生态保护和可持续发展。图为2021年8月24日，山东荣成北部海湾附近，风力发电机组在运转发电　李信君/摄

以碳汇能力全面提升为补充。强化国土空间规划和用途管控，构建有利于绿色低碳发展的国土空间布局。推进山水林田湖草沙一体化

保护和系统治理，实施重要生态系统保护和修复重大工程，巩固和提升生态系统碳汇能力。充分利用坡地、荒地、废弃矿山等国土空间开展绿化，努力增加森林、草原等植被资源总量，有效提升森林、草原、湿地、海洋、土壤、冻土等生态系统的减排增汇能力。

以治理体系变革为保障。加快建立完善支撑落实碳达峰碳中和目标的政策体系和体制机制，推动形成政府主导、市场调节、各方参与、全民行动的绿色低碳转型发展新格局。加快碳达峰碳中和相关立法进程和标准体系建设，强化碳达峰碳中和目标约束和相关制度法治化保障；加快建立碳排放总量和强度“双控”制度，完善全国碳市场建设，推动实施配额有偿分配，出台有利于绿色低碳发展的价格、财税、金融政策，引导经济绿色低碳转型；夯实政府主体责任，把碳达峰碳中和目标任务落实情况纳入中央生态环境保护督察、党政领导综合考核等范围，充分发挥考核指挥棒作用，提升治理效能。积极参与和引领全球气候治理，以更积极的姿态参与全球气候谈判和国际规则制定，推动构建公平合理、合作共赢的全球气候治理体系。

# 生物多样性保护和绿色低碳发展双目标下的转型路径

章新胜｜中国碳中和50人论坛联席主席
世界自然保护联盟（IUCN）总裁兼理事会主席
教育部原副部长
李建涛｜中诚信国际研究院研究员
张　奔｜中国人民大学环境学院博士

《联合国气候变化框架公约》第二十七次缔约方大会（COP27）11月20日在埃及沙姆沙伊赫闭幕。在本次气候大会上，发展中国家对气候适应问题高度关切，这与当前全球范围内新冠疫情冲击和气候异常密切相关。新冠疫情冲击和气候异常给本就脆弱的发展中国家经济造成很大的损害，因此这次大会迫切需要在气候资金和气候适应问题上有所突破，帮助发展中国家提升气候韧性，避免发展中国家在气候经济上“开倒车”，进而拖累全球经济低碳转型。

## 一、新的生态系统危机威胁到人类可持续发展

当前，新冠疫情依然在全球蔓延，新冠疫情的暴发使全球经济社会发展一度按下了暂停键。这种情况并非偶然，往前追溯20年，无论是过去的SARS或是禽流感，还是中东的MERS、东非的

埃博拉，等等，其实都是生态系统给人类敲响了警钟。从表面上看，这是新冠病毒与人类免疫之间的博弈，但从深层次分析，则是人类经济社会发展与生态系统保护的协调问题，不妨举两个事实：

第一就是“溢出效应”，人类无节制地追求发展和扩张，以为靠新技术、人工智能、大数据、元宇宙等就可以无限地增长，不知许多微生物一直以来都寄生在野生动物的身上，与其宿主本可以相安无事，而人类的工业化、城镇化等不断地无节制地扩张，使这些野生动物原有的栖息地越来越少直到无安身立命之地了，因此这些微生物为了生存不得不从其原有的宿主身上转移到人类身上以寻找新的宿主，这就是溢出效应。

第二是人类健康威胁直接关系到社会福利损失。根据国际有关方面的研究报告，过去数十年来，感染人类的传染病70%都是由野生动物带来的。因此研究报告指出，如果人类不彻底地转变增长方式和发展范式，妥善处理人和自然的矛盾，这类病毒今后必将会更频繁更严重地袭击人类。由此可见，生态问题是导致人类健康问题的根源。没有地球健康的生态系统，就不可能有人类的健康。地球生态系统生病了，人类也难以幸免，如果人类的健康整体上受到了威胁，就谈不上经济、社会的可持续发展，因为健康威胁会耗费巨额的医疗健康支出，由于健康损失带来的停工、社会矛盾等间接损失更大，这次全球性的疫情拖累全球经济就是最直接的证据。

中国已经高度重视生态系统危机并采取行动，强调实施经济建设、政法建设、文化建设、社会建设和生态文明建设“五位一体”的总体发展战略，积极采取行动致力于绿色低碳发展与能源转型，着力解决生物多样性严重丧失问题，推动实现碳中和目标。然而，全球仍然没有迎来真正合作和联合行动，仿佛温水煮青蛙一般，人类的生态意识觉醒仍处在初级阶段，没有意识到我们赖以生存的唯一的地球其生态系统的承载能力已接近极限和拐点，达到了国际上所谓的“行星边界”。人类需要深刻反思健康危机乃至地球危机背后的生态系统危机，找到应对全球危机的新治理模式。

## 二、生物多样性保护和绿色低碳发展双约束下亟待新的转型方式

今天的国际社会面临着一场由人类行为造成的气候、生物多样性和生态变化危机，其显然已经影响到人类未来的可持续发展。IMF估计，全球温度在22℃的全球平均气温基础上每提高1℃，会降低发展中国家人均年度GDP增长率0.9~1.2个百分点。这充分反映了推动绿色低碳发展对全球经济具有重要的影响。联合国政府间气候变化专门委员会（IPCC）强调，重大的环境变化是不可避免的，但现在采取行动限制温室气体排放（尤其是二氧化碳和甲烷的排放），应该可以在地球大部分地区为人类和其他物种保持令人满意的栖息地。为此《巴黎协定》制定了1.5℃目标，各国纷纷作出碳中和承诺，大多数发达国家在20世纪90年代基本实现碳达峰的情况下承诺在2050年实现碳中和。

在生物多样性方面，2022年12月19日通过的“昆明—蒙特利尔全球生物多样性框架”中的目标主要有两个：一方面是生物多样性的丢失、生态系统衰退的程度在2030年要触底然后曲线回升，对应碳排放在2030年要达峰，即在2030年之前遏止并扭转自然下降趋势，实现到2050年后“自然向好”；另一方面是将会提出两个“30”的目标，也就是陆地保护30%面积和海洋保护30%的面积，这些都将会是相当程度的硬约束。

因此，既要重视气候变化也要重视生物多样性。气候变化和生物多样性丧失是同一枚硬币的两面，都是自然界的危机，也都是人和自

然的根本矛盾。全球对生态环境问题的聚焦已经由气候变化逐渐转向地球生态系统的止衰，以及生物多样性止损的层面。联合国生物多样性大会和联合国气候变化大会都具有全球性约束作用，对政府、工商企业，以及经济建设、基础设施建设和社会生活的不少方面都会产生硬约束。

目前我国碳排放仍处于上升阶段，尤其是传统行业和基础设施的“碳锁定”问题，仍然是实现“双碳”目标的难题。中国作为最大的发展中国家，仅仅有8年的时间在推动工业化和城市化进程的同时实现碳达峰，困难之大可想而知，决心之大也前所未有。相比于发达国家的减排，中国碳减排时间紧、任务重、责任大，但依然承诺2060年实现碳中和，叠加生物多样性保护目标的约束，更加考验我们的转型智慧。

前两年拉闸限电、供暖气荒等运动式减碳行为造成经济急刹车，同时也带来社会矛盾，因此转型路径必须综合考虑社会承受能力、供应链安全、技术可行性、保增长等因素，尤其必须极力避免造成经济硬着陆风险。这就需要中国走一条不同于发达国家的低碳转型之路，走低碳工业化、低碳城市化的转型之路，需要在低碳转型的同时重视生态系统保护，摒弃先破坏后保护的生态保护路径，借鉴和挖掘有效的低碳解决方案。

## 三、基于自然的解决方案是不可忽视的绿色低碳转型路径

要实现碳达峰碳中和目标，中国在顶层设计层面已经出了“1+N”政策方案，中国科学院院士丁仲礼也提出中国碳中和需要在能源结构、能源消费、人为固碳“三端发力”，能源脱碳、工业领域等能源消费端减碳是实现碳中和的关键，同时固碳端也不可或缺。其中基于自然的解决方案对实现生物多样性保护和碳中和双重目标具有事半功倍的

效果。

首先，要将应用基于自然的解决方案（Nature-based Solutions，NbS）提到重要议程上来。NbS所倡导的是尊重自然、顺应自然，并通过借鉴自然的方式来保护和管理自然。在过去相当长的时间里我们主要是依靠经济解决方案、技术解决方案、工程解决方案等，但这些只可以在一段时间内解决问题，而NbS是可持续地管理和使用自然和自然资源，从而带来环境、经济和社会诸多方面的效益，帮助我们减缓气候变化，同时其也是成本最低、增效最持久的方案。自然生态系统在陆地和世界海洋中的碳固定潜力是不可估量的。世界自然保护大会（马赛）指出，在所有实现碳减排的路径中，大自然可以实现减碳、固碳量占全球的1/3，如森林碳汇、海洋碳汇、湿地碳汇等，且成本极低。其根本是顺应自然，靠自然规律支撑。在使用基于自然的解决方案的同时也要持续推动企业能源转型，因为两者是互补的关系，该方案不能替代企业减排。

其次，良好生态系统可以提高气候适应能力。生物多样性保护全球战略包括物种和栖息地行动计划，以及开发和维护全球保护区网络，不仅是为了保护物种，而且因为自然生态系统具有维持当地气候和调节水流，从而缓解洪灾等方面的作用。如果我们要实现碳中和社区，植被和土壤作为“汇”的作用将至关重要。例如，哪些树木或其他植物应种在何处，以及如何设计人类居住区，以便它们不太容易受到野火的影响，同时还可以与森林共存。

最后，积极推动基于全球共同体的协同治理。全球气候治理作为一个影响并重塑人类社会发展进程的全球行动，已经并将继续影响人类命运共同体的构建。一方面，由于全球气候变化影响的日益扩大，全球气候变化及其治理进一步增强和巩固了人类命运共同体的价值共识，从客观和主观两个方面强化了世界各国命运与共、休戚相关的价值认知。另一方面，全球气候变化及其治理已经成为构建人类命运共同体最为深远的宏观背景，它构成了构建人类命运共同体的现实基础。因此，面对全球的生态危机和气候危机，中国正在以坚定的决心和负责任的态度，积极参与和创新基于自然的解决方案，携手各国推动全球气候和生物多样性治理进程。

# 企业气候行动指数评价及发现 *

马　军｜中国碳中和50人论坛成员
公众环境研究中心主任
生态环境部特邀观察员
朱紫琦｜公众环境研究中心气候行动CATI指数评价负责人
丁杉杉｜公众环境研究中心绿色供应链项目总监

2022年，气候变化背景下的气象灾害呈现更加频繁的趋势，高温热浪席卷全球多个国家和地区，伴随严重的旱情和山火。中国长江流域发生历史罕见的“汛期反枯”现象，长江中下游江段及洞庭湖、鄱阳湖水位均降至历史同期最低。极端天气给能源供应、粮食生产、人民生活和健康都带来巨大压力，也直接对供应链的稳定造成影响。

与此同时，全球气候治理正遭遇巨大挑战。2021年全球二氧化碳排放量反弹至历史最高水

* 企业气候行动CATI指数报告编写组成员还包括：陈奇峰、代晓娟、马莹莹、Linda Greer、张慧、黎萌、徐昕、李赟婷。绿色江南公众环境关注中心、南昌青赣环境交流中心、芜湖市生态环境保护志愿者协会、中南大学王强教授团队，实习生王嘉澍、段林帅、张兰、李楠、魏娜、蔺海祥、张凯宸，兼职郭志豪、唐文艺、朱凤婷、徐文平、刘孜君、陈爱婷对报告亦有贡献。

平[①]，2022年不利趋势仍在延续。新冠疫情、能源短缺和地缘政治紧张持续加剧，各主要经济体纷纷释放化石能源产能，以强化能源资源安全、粮食安全和产业链供应链安全。面对全球应对气候变化不确定性大幅增加的复杂形势，中国抓紧制定“1+N”政策体系，积极稳妥推进碳达峰碳中和工作。

企业作为经济社会发展的主要贡献力量，也是践行绿色低碳发展的重要主体。在《巴黎协定》和《格拉斯哥气候公约》等多边合作框架的基础上，越来越多的企业和金融机构公开作出气候和环境承诺，其中总资产超过130万亿美元的近500家金融机构承诺致力于资助气候行动[②]。然而应对环境和气候危机不能止于承诺，更需要行动。

为引导和激励中外企业落实针对自身和供应链的温室气体减排承诺，实现减污降碳协同增效，借助中国环境科学研究院的技术支持，公众环境研究中心（IPE）于2021年将供应链气候行动SCTI指数全面升级为企业气候行动CATI指数。2022年，IPE在中国环境新闻工作者协会的指导下，对CATI指数进行了升级，将评价扩展到五大维度，即治理机制、测算披露、碳目标设定、碳目标绩效和减排行动（见表1）。

表1 企业气候行动CATI指数2.0版

| 一级指标 | 二级指标 | 三级指标 | 分值 |
|---|---|---|---|
| 1. 治理机制（10%） | 1.1 政策宣示（5） | 1.1.1 已作出气候行动的承诺，发布气候宣言 | 1 |
| | | 1.1.2 制定企业碳中和配套管理制度 | 1 |
| | | 1.1.3 将供应商温室气体核算与报送纳入供应商行为准则（如，要求供应商开展温室气体核算、设定减排目标并追踪进展） | 1 |

① IEA. Global Energy Review: $CO_2$ Emissions in 2021[EB/OL]. https://www.iea.org/reports/global-energy-review-co2-emissions-in-2021-2.

② https://grist.org/cop26/financial-institutions-climate-promises-are-met-with-skepticism/.

续表

| 一级指标 | 二级指标 | 三级指标 | 分值 |
|---|---|---|---|
| 1. 治理机制（10%） | 1.1 政策宣示（5） | 1.1.4 制定引导低碳环保生产和生活方式的政策，构建绿色低碳社会 | 2 |
| | 1.2 机制建设（5） | 1.2.1 将气候变化纳入商业决策并具有针对与气候相关方面的风险管理程序 | 1 |
| | | 1.2.2 将气候相关议题纳入董事会（最高决策层）监督职责 | 1 |
| | | 1.2.3 使用蔚蓝生态链或等效自动化系统追踪供应商的温室气体排放情况 | 1 |
| | | 1.2.4 通过赋能、开展创新项目、财务激励等机制引导供应商减排 | 2 |
| 2. 测算披露（17%） | 2.1 范围1&2（10） | 2.1.1 测算并披露范围1&2排放量 | 5 |
| | | 2.1.2 测算并披露碳强度（单位产品碳排放或单位产值碳排放） | 2 |
| | | 2.1.3 测算并披露能效（单位产品能耗或单位产值能耗） | 2 |
| | | 2.1.4 披露碳排放交易情况（如，碳配额、可再生能源电力证书及其他自愿减排核证等） | 1 |
| | 2.2 范围3（7） | 2.2.1 测算并披露范围3排放量 | 4 |
| | | 2.2.2 定期收集供应商实际排放数据 | 3 |
| 3. 碳目标设定（14%） | 3.1 范围1&2目标（7） | 3.1.1 设定并披露正在执行的范围1&2减排目标 | 3 |
| | | 3.1.2 设定并披露范围1&2碳中和目标 | 3 |
| | | 3.1.3 设定并披露可再生能源目标 | 1 |
| | 3.2 范围3目标（7） | 3.2.1 设定并披露正在执行的范围3减排目标 | 3 |
| | | 3.2.2 设定并披露范围3碳中和目标 | 3 |
| | | 3.2.3 设定并披露的目标涵盖：推动供应商设定减排目标（至少包括在华供应商，如，推动100家或数量或占采购支出80%的在华供应商设定减排目标） | 1 |
| 4. 碳目标绩效（17%） | 4.1 范围1&2目标绩效（8） | 4.1.1 披露范围1&2减排目标的完成进展 | 3 |
| | | 4.1.2 披露范围1&2碳中和目标的完成进展 | 3 |
| | | 4.1.3 披露可再生能源目标的完成进展 | 2 |

续表

| 一级指标 | 二级指标 | 三级指标 | 分值 |
|---|---|---|---|
| 4. 碳目标绩效（17%） | 4.2 范围3目标绩效（9） | 4.2.1 披露范围3减排目标的完成进展 | 4 |
| | | 4.2.2 披露范围3碳中和目标的完成进展 | 3 |
| | | 4.2.3 通过蔚蓝生态链或等效自动化系统跟踪供应商目标设定的进展（至少包括在华供应商） | 2 |
| 5. 减排行动（42%） | 5.1 企业自身运营减排（12） | 5.1.1 开展非化石能源利用（如，水、核、风、光、地热、潮汐、生物质能）或绿电采购项目，并披露项目减排量 | 4 |
| | | 5.1.2 开展能效提升技术应用项目，并披露项目减排量（如，LED、余热利用、工艺调整等） | 4 |
| | | 5.1.3 开展能源监测和管理项目（如，能源管理体系认证等） | 1 |
| | | 5.1.4 通过碳抵消机制减排，并披露减排量（如，碳捕集、利用与封存，基于自然的解决方案，或碳市场抵消机制） | 1 |
| | | 5.1.5 开展其他类型减排项目，并披露项目减排量（例如过程直接排放减少，物流优化等） | 2 |
| | 5.2 企业价值链减排（6） | 5.2.1 推动供应商开展企业碳管理或能源管理项目，并披露项目减排量（如推动开展温室气体核算、碳足迹认证、能源管理体系认证等） | 1 |
| | | 5.2.2 与供应商合作开展减排项目，并披露项目减排量 | 2 |
| | | 5.2.3 每年发布供应商减排最佳案例（如，IPE品牌故事） | 2 |
| | | 5.2.4 针对价值链上的其他排放源展开减排行动，并披露项目减排量（如商务差旅等价值链上其他类别） | 1 |
| | 5.3 关联企业自主开展碳管理（8） | 5.3.1 关联企业自主核算并公开披露年度排放数据 | 4 |
| | | 5.3.2 关联企业自主设定并公开披露目标与进展 | 4 |
| | 5.4 供应商企业自主开展碳管理（16） | 5.4.1 直接供应商自主核算并公开披露年度排放数据 | 2 |
| | | 5.4.2 直接供应商自主设定并公开披露目标与进展 | 3 |
| | | 5.4.3 间接供应商自主核算并公开披露年度排放数据 | 3 |
| | | 5.4.4 间接供应商自主设定并公开披露目标与进展 | 4 |
| | | 5.4.5 企业通过蔚蓝生态链或等效自动化系统赋能上游供应商开展供应链碳管理 | 4 |

由于不同行业直接和间接的热点排放源不同，一级指标中的测算披露（17%）、碳目标设定（14%）、碳目标绩效（17%）、减排行动（42%）依据不同行业范围1&2（自身运营）和范围3（价值链）上游的排放量赋权折算，以保障行业间气候行动的可比性。

2022年的CATI指数评价共涉及1000家中外企业，其中包括650家中外品牌企业，以及500家A股和AH股上市公司（见图1）。

图1　2022年度品牌企业气候行动CATI指数 TOP50

在对650家中外品牌企业开展的量化评价中，我们看到近百家参评企业利用基于大数据和互联网的创新解决方案开展供应链碳管理，推动供应链绿色低碳转型。其中苹果、戴尔、Inditex、思科、耐克、彪马、阿迪达斯、Levi’s、马莎百货进入CATI指数TOP10；富士康、立讯精密、鹏鼎控股、联想、华为领跑大中华区企业。

分项评价显示，在治理机制方面，多达482家企业作出气候承诺，超过300家的企业识别气候风险，将低碳议题纳入商业决策和董事会监督职责。

在测算披露方面，太吉、维他奶、朗诗等403家企业已核算并披露其范围1&2的碳排放数据，最近一年排放量总计约4.98亿吨二氧化碳当量；微软、达能、舍弗勒等243家企业测算并披露范围3的碳排放数据。

碳目标设定指标的评价显示，华为、巴斯夫、王子控股等262家企业设定并披露范围1&2减排目标，Primark、Lindex、沃尔玛等171家披露范围3减排目标；联想、亚马逊、三星等184家企业设定并披露自身运营（范围1&2）的碳中和目标；思科、优衣库、极星等103家企业设定并披露全价值链（范围1、2、3）碳中和目标。

碳目标绩效指标的评价显示，富士康、立讯精密、鹏鼎控股、丹麦绫致和露露乐蒙等191家企业在设定减排目标的基础上，持续追踪并披露范围1&2目标完成进展；VF、Tesco、惠普、佳能、宜家等88家企业披露范围3目标完成进展；微软、花王、H&M、书赞桉诺等22家企业披露全价值链碳中和目标进展。

减排行动指标的评价显示，松下、家乐福、迪卡侬、舍弗勒等超过半数的企业开展针对自身运营的减排行动，通过提升可再生能源利用率、提升能效、减少逸散等方式减排；达能、C&A、耐克、联合利华等企业开启“零碳工厂”建设；GAP、AEO、亚瑟士、英特尔等131家企业推动供应商开展碳管理或能源管理项目。

在苹果、戴尔、思科、Levi's、Inditex、New Balance、马莎百货等企业推动下，供应商自主开展碳核算工作，其中1541家供应商企业发布了2021年碳排放数据，范围1&2排放总计达6252.13万吨二氧化碳当量，承诺减排量总计102.5万吨二氧化碳当量。

上市公司CATI指数2022年的评价覆盖500家中国上市公司，所属行业既包括发电、石化、化工、建材、钢铁、有色金属、造纸和民用航空8个纳入全国碳市场交易的行业，也包括IT/ICT、纺织、汽车、房地产、电商、食品饮料等消费品行业。我们也看到，“双碳”目标，正在推动中国上市公司开启气候行动。其中约60%的参评企业已核算并披露其范围1&2的碳排放，最近一年排放总量约26.74亿吨二氧化碳当量[①]。

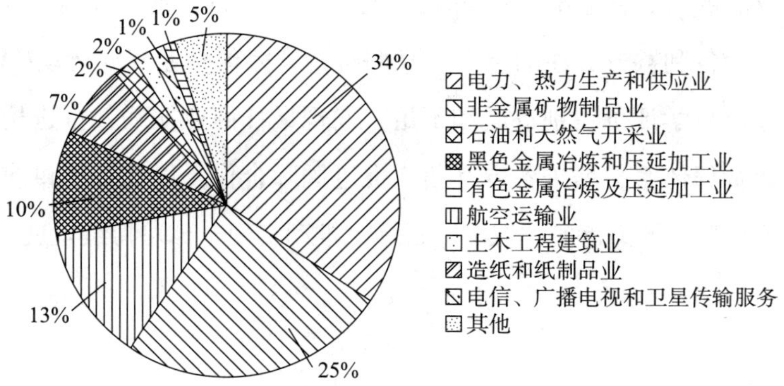


图2 上市公司CATI指数各行业温室气体排放量（范围1+2）

上市公司CATI指数年度评价结果将于2022年12月正式发布。

我们在评价中也看到，品牌企业中一批供应链环境影响与资源能源消耗大、范围3排放占比高的企业尚待采取切实行动，兑现应对环境和气候危机的承诺；上市公司中，多数企业亟待回应“双碳”目标，落实气候行动。

我们认为，推动企业承担减污降碳主体责任、遏制“环境漂绿”和“气候漂绿”，必须构建全球企业责任体系。为此IPE开发并上线了“全球企业责任地图”（www.ipe.org.cn），首批包括千家中外知名品牌、上市公司和大型企业。该地图不但呈现企业在应对气候变化、减少污染排放和保护生物多样性等方面公开作出的承诺，还呈现目标完成进度、温室气体排放水平，以及推进在华供应链减排方面的行动。

截止到2022年9月底，全球企业责任地图上呈现的1000家企业中公开披露的最近一年范围1和范围2（基于市场）温室气体排放总量超

① 电力行业企业与其他行业企业范围2排放有重复计算现象。

过29.64亿吨二氧化碳当量，占2021年全球温室气体排放总量的7.26%；公开披露的承诺减排量总计超过2.28亿吨二氧化碳当量。

面对地缘政治紧张加剧和逆全球化思潮泛起的形势，如何保障重要产业链供应链稳定安全，同时提升企业ESG表现，落实环境和气候承诺，成为各利益方关注的重点。我们将持续完善企业气候行动CATI指数，通过科学评价识别进展和不足，发现最佳商业实践，推进构建全球企业责任体系，增进各方互信，促进国际合作，以此加速供应链绿色低碳转型，助力落实“双碳”目标，推动实现全球可持续发展。

# 切换赛道，赢向未来 *

潘家华

中国碳中和50人论坛成员
国家气候变化专家委员会副主任
中国社会科学院学部委员
北京工业大学生态文明研究院院长

《巴黎协定》规定在21世纪后半叶实现温室气体的人为排放和人为移除达到平衡，即所谓的碳中性[①]，也称碳中和。2018年以来，《联合国气候变化框架公约》的所有缔约方不断提振气候雄心，多数发达国家经济体明确承诺在2050年或之前实现碳中和，发展中国家的自主贡献目标总体上在2050年或之后。例如印度的目标年是2070年，比中国滞后10年。

人为的温室气体排放，主要是化石能源燃烧和毁林引致排放的二氧化碳，以及甲烷等其他非二氧化碳温室气体。由于非二氧化碳温室气体占比相对较小，减排的重点和重心显然是二氧化碳。

---

* 本文部分内容基于2022年11月1日在北京举办的“零碳使命国际气候峰会2022”上的演讲材料。会议由世界自然基金会（瑞士）北京代表处（WWF）、凤凰卫视等主办。

① 英文Neutrality，字面解读为中性，即相互抵消的状态。

根据测算，2012—2021年所排放的二氧化碳，化石能源燃烧占89%，毁林占11%。人为的移除，一是CCUS，一是生态系统尤其是森林碳汇。CCUS成本较高，利用和地质封存空间较为有限，碳汇原则上为自然碳循环的一个环节，也不可能无限增加。CCUS和碳汇加在一起，有助于中和难以管控的非二氧化碳温室气体，减少和吸收化石能源燃烧排放二氧化碳的能力十分有限。这也是为什么国际气候谈判中的焦点在化石能源，CCUS没有纳入谈判的主题，碳汇鲜有涉及，关注的是减少毁林和退化而引致的排放（REDD）[①]。

在现行的政策、文献分析中的碳中和路径主要包括：①能效提升即节能；②零碳可再生能源替代高碳化石能源；③通过CCUS与碳汇的碳移除。人为移除潜力和空间较为有限，不改变能源结构的能效途径就不可能实现净零碳。这是因为，化石能源能效提升可以实现低碳，但只要有化石能源消费，就必然有二氧化碳排放。绝对的零碳排放[②]，是实现净零碳最为主要的路径。

欧美等发达地区（国家）将100%可再生能源电力作为碳中和的核心指标，中国2060年前实现碳中和，也明确非化石能源在一次能源中的占比将超过80%。这也就意味着：实现碳中和，国民经济和社会发展所需的能源服务，需要从化石能源的赛道整体切换到零碳可再生能源的赛道[③]。

我们是不是可以切换赛道呢？现在的赛道基本上或主体上是在

① Reduced Emissions from Deforestation and Degradation.

② 一些采用生命周期分析的研究认为，光伏组件、风机的制造，使用了化石能源。但是，如果光伏组件和风机生产或废弃处置全部采用零碳风光电力，也就是净零碳了。

③ 核能属于非化石能源，但在各国的自主贡献承诺中，少有高调发展核能的计划。原因在于核能自身的一些局限性。

化石能源上，从全球角度分析，化石能源占能源消费的比例高达85%甚至更多。为了走向碳中和，化石能源就要转向零碳的非化石能源，前者占比为15%左右，后者需要达到85%甚至以上，化石能源大略上基本退出，也就是说，要从化石能源切换到零碳的可再生能源的赛道。

能否切换呢？经济社会运行所需要的是能源服务，并不需要碳。碳自然就可以归零。以前我们之所以不切换，原因在于零碳可再生能源只有水电，显然不能满足要求，现在我们有无限风光的电力，从发展态势和潜力上，能够满足我们经济社会发展和居民生活需要。

零碳可再生能源既然有这样一种潜力，是不是有市场竞争力呢？2011年至2020年10年间，太阳光伏发电的成本降低了90%以上，风电降低了2/3以上，光热和储能技术的发展日新月异，从当初的难以承受的高成本到现在已经具有相当的市场竞争力。如果是这样的话，我们是不是可以就用无限风光的零碳电力替代化石能源电力呢？应该说这个前景非常广阔。风光电力作为自然现象不可控，具有间歇性、不稳定性，10年前，乃至于当前，很多人称之为“垃圾电”。犹如春华秋实，一年一度的粮食生产满足全年乃至于多年的粮食需求一样，风光电力是不是也可以储存备用呢？化石能源呈现固态、液态、气态，储存运输便捷。水电具有化石能源一样的灵活性。但是，风光电力有风就有电，有光才有电。我们是否可以把这样一种电力通过储能的方式，包括物理的、机械的，抑或化学的方式，跟水库蓄水一样，储存起来随时取用？水电可以储能，抽水蓄能，具有可调节性，这些是传统的、常规的，但是，它受地形地貌约束。电池作为化学储能方式，单体储能有限，尽管可以大量生产，但储存时间不够长。压缩空气储能不仅可以长时间储能，而且效率和成本也已经有市场竞争力[①]。固态的化石能源可以储存，通过技术创新，电力当然也是有现代技术可以储存，这样就不是“垃圾电”了。

能源革命的生产侧问题解决了，消费侧是不是也能够切换赛道呢？举个例子，我们认为，没有燃油，交通基本上就会瘫痪。但过去10年，我们学习发展的速度非常快，纯电动汽车的续航里程从不足200公里到现在达到500公里乃至600公里以上，各种基础设施包括充电桩正在快速普及。我们讲的能源安全更多的是石油安全，现在我们石油对外依存度已经达到3/4甚至更高。中国目前的汽车拥有量只有220辆/千人，美国是870辆/千人，欧洲和日本是550辆/千人。现在我们的石油已经难以保证需求，那么，能源安全怎样才能保证？

从消费者的福祉来看，按每百公里行驶里程耗电12度[②]计算，燃油至少需要8升，按照8元/升计算，100公里就是60多元，现在电动车是100公里12度电，光伏发电每度电是0.2元左右，也就是说3元左右就可以跑100公里，这是多大幅度的一种消费者福祉的提升！

路面交通可以进行电力替代，北方建筑供暖呢？有人说不行，北方必须集中供暖，可再生能源不具备这个条件。但现在的热泵技术完全可以保障城市的供暖。举个例子，北京的石景山在首钢搬迁以后，热源短缺。大家都有这种感受，夏天在地铁里感觉很凉爽，冬天在地铁里感觉很温暖，如果能把地下的热采集出来，地下的冷采集出来，供热制冷的问题不就解决了吗？空气源的热泵空调，可以制冷，也可

---

① 中国科学院空城热物理研究所2022年在山东肥城建设的30万千瓦装机容量的压缩空气储能项目，能源转换效率达到70%，内部收益率更是高达16.38%。见中科院工程热物理研究所网站。

② 见国务院办公厅2020年11月2日印发的《新能源汽车产业规划（2021—2035年）》。这是2025年的目标。

以供热。所以从消费侧来说也没有问题。

当然有人会说，现在有些技术还不成熟，比如炼钢需要焦炭，还有飞机必须要用航空燃油，但我觉得这些不算什么大问题，我们要相信技术的发展，现在做不到零碳，我们就先提升效率，慢慢地技术就成熟了，就像我们的风光电力和纯电动汽车一样，要相信技术、相信未来。

我们能够切换赛道，但我们还有许多事情需要做。我们有很强大的学习、改进、放大、复制的能力，但还需要进一步提升我们的原创能力。如果没有原创能力，我们就缺乏话语权、缺乏规则制定的能力。在零碳可再生能源的生产和终端利用方面，无论是产能还是竞争力，中国已经做大了，但是大而不强。我们要引领世界、推进全球的碳中和转型。现在我们在产能上可以做贡献，如零碳能源生产设备、光伏、风机和纯电动汽车电池，应该说产能在世界上是一个巨无霸，但在原创技术特别是革命性技术方面还要继续发力。

只有这样，我们才可以在切换赛道以后走得更快、走得更远、走得更稳，因为我们不再依赖化石能源。无论是就业、技术、安全还是环境，我们都有可能引领未来。

# 企业的ESG绩效、碳中和与供应链管理

钱小军
中国碳中和50人论坛成员
清华大学绿色经济与可持续发展研究中心主任
清华大学苏世民书院副院长

党的二十大报告指出："中国式现代化的本质要求是：坚持中国共产党领导，坚持中国特色社会主义，实现高质量发展，发展全过程人民民主，丰富人民精神世界，实现全体人民共同富裕，促进人与自然和谐共生，推动构建人类命运共同体，创造人类文明新形态。"按照党的二十大要求，我国要加快构建新发展格局，着力推动高质量发展，到2035年，"广泛形成绿色生产生活方式，碳排放达峰后稳中有降，生态环境根本好转，美丽中国目标基本实现"。

在加快发展方式绿色转型的过程中，商业企业是重要的甚至是决定性的力量。近年来，可持续发展、低碳转型、新冠疫情等成为全球性话题，与之相关的ESG（环境、社会与治理）也已经从当初金融投资领域的企业社会责任履行，逐渐成为影响所有商业企业的行为准则要求，受到中国以及全世界商业企业的广泛重视。国际上，关于

ESG信息披露的监管正在从“半强制+自愿”向“强制或不遵守就解释”转变。港交所对上市公司的要求也已经从“自愿性披露”上升到“不遵守就解释”，并在2019年增加了ESG关键绩效指标，扩大了强制披露和“不披露就解释”的要求范围。

2022年1月，上海证券交易所发布《上海证券交易所股票上市规则（2022年1月修订）》，要求上市公司“加强生态环境信息披露、按时编制和披露社会责任报告等非财务报告、及时披露公司治理信息与重大风险信息等内容”。[①] 2022年4月，国资委成立社会责任局，以“抓好中央企业社会责任体系构建工作，指导推动企业积极践行ESG理念，主动适应、引领国际规则标准制定，更好推动可持续发展”为重要工作任务。2022年5月，国资委发布《提高央企控股上市公司质量工作方案》，明确提出央企要贯彻落实新发展理念，建立健全ESG体系。该方案特别强调央企要积极参与构建具有中国特色的ESG信息披露规则、ESG绩效评级和ESG投资指引，为中国ESG发展贡献力量，力争到2023年相关专项报告披露做到“全覆盖”。

完善ESG体系建设，普及ESG并深化ESG认知水平，提高ESG管理绩效，改善企业ESG评级表现等，已经成为业界共同关注的话题，成为企业在新的发展阶段赢得竞争优势的一个契机。

然而，面对中国“3060”目标，企业的ESG绩效离不开其在低碳转型方面的表现。本文将对以下两个问题进行分析和阐述：一是企业要想改善ESG绩效必须加强供应链管理；二是企业该如何加强供应链管理。

---

① 财新智库莫尼塔研究报告. 碳排信息强制披露，开启ESG新发展[R/OL].（2022-01-17）[2023-01-31]. https://pdf.dfcfw.com/pdf/H3_AP202201181541101628_1.pdf? 1642504983000.pdf.

## 一、提升ESG绩效必须加强供应链管理

碳排放是企业环境表现的重要指标。党的二十大报告指出："推动经济社会发展绿色化、低碳化是实现高质量发展的关键环节。"自从国家主席习近平代表中国向国际社会作出碳达峰碳中和庄严承诺以来，"双碳"目标在中国已经深入人心，众多企业开始思考如何响应国家号召，努力减少自身生产运营过程中产生的碳排放量，包括节约用电或尽量采用可再生能源，减少废料废物，等等，还有些企业对外宣布了企业实现"零碳"的时间表。然而，绝大多数企业在做这些承诺或表态的时候，还只是涉及"范围1"和"范围2"的排放，并没有包含"范围3"的排放。

"范围3"排放的概念来源于温室气体核算体系（GHG Protocol）①，这是目前国际上应用最为广泛的企业排放核算标准工具。范围1排放是公司自身运营直接产生的排放，范围2排放是公司所需能源的生产及传输过程产生的排放，而范围3排放则是前两类排放以外公司价值链上下游产生的所有间接排放。虽然范围3排放并非企业直接产生，但也是企业生产运营等活动的结果。从图1中不难看出，提供电子、建筑、汽车、食品、时尚以及快消品等终端产品服务行业的企业，其来自范围3上游（供应链）的排放占到行业总排放的77%~90%。大部分减少碳排放的机会重点不在于企业的自身生产运营，而在于范围3，在于供应链上企业的减碳表现。

---

① 温室气体核算体系制定是全球最早开展温室气体排放核算标准研发的项目之一。温室气体核算体系由位于美国的环境非政府组织世界资源研究所（WRI）和涵盖 170 家国际公司的位于日内瓦的世界可持续发展工商理事会（WBCSD）联合建立。该体系是企业、非政府组织、政府以及其他组织等利益相关方合作的产物。

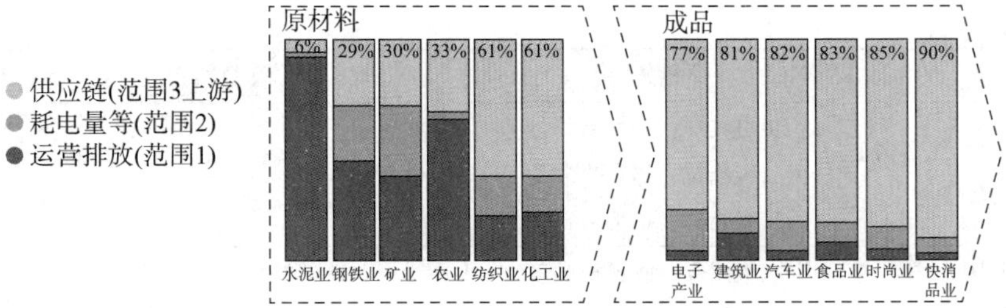


图1　特定行业在范围1、2和3上游(供应链)的排放占比($CO_2e$，2019)

注：公司均根据企业上报的范围3上游排放类别和行业契合度所选择。

资料来源：世界资源研究所（WRI）官网，https://wri.org.cn/insights/scope-3-lab；世界经济论坛（WEF）. Net-Zero Challenge：The supply chain opportunity[Z]. 2021.

分析当前国内乃至国际主要ESG第三方评级机构的评级指标体系，不难发现，主流ESG评级机构对一家公司的ESG表现评估，不但着眼于该企业自身社会责任、环境责任和治理责任的履行表现，也看重其对整个供应链ESG表现的管理状况。以数家国内外ESG评级机构为例，考察其ESG评价体系和相关指标，在3个一级指标——环境、社会与公司治理之下，选择与碳排放相关的二级指标和三级指标及具体考察内容，情况汇总见表1。

表1　ESG评级机构评价体系供应链减排相关指标考察汇总

| 机构 | 相关指标 | 下级指标/具体考察内容 |
| --- | --- | --- |
| MSCI | 二级指标：气候变化 | 三级：碳排放、产品碳足迹等 |
| 富时罗素 | 二级指标：（环境）供应链 | 考察供应链环境风险 |
| 汤森路透 | 二级指标：低碳减排 | 三级：在生产运营过程中降低排放 |
| 商道融绿 | 二级指标：环境管理<br>二级指标：供应链责任<br>二级指标：社会负面事件 | 三级：温室气体排放管理，绿色采购政策；<br>三级：负责任的供应链管理，供应链监督体系；<br>三级：供应链负面事件 |
| 嘉实基金 | 三级指标：供应链责任 | 考察供应商集中度，供应链管理制度和供应商审计 |

续表

| 机构 | 相关指标 | 下级指标/具体考察内容 |
| --- | --- | --- |
| 中财绿金院ESG指数 | 二级指标：节能减排措施<br>二级指标：绿色供应<br>二级指标：供应商 | 定性考察 |
| 中国证券投资基金业协会（中证） | 三级指标：碳排放强度<br>三级指标：供应商管理 | 衡量企业碳排放数据；<br>考察供应链/供应商管理的制度和措施 |

从表1可以看出，无论国际还是国内的主流ESG评估体系，都把对供应链的环境表现管理纳入其中。如果企业希望在ESG评级中取得好的结果，就必须在传统供应链的管理维度——如价格、质量、交货期等——中增设ESG要素，对碳排放情况、环境效益、对供应商的治理架构、员工福利、利益相关者管理等提出要求和明确的考核指标，并通过数字化转型，加强自身以及供应链甚至整个价值链的ESG表现，特别是对碳排放绩效进行考察、记录、跟踪、监督等。

因此，要想改善企业的ESG评级表现，就不能在低碳发展的过程中仅仅做到“独善其身”，企业不仅需要切实减少范围1和范围2的碳排放总量，还必须认识到范围3减排的重要性，需要带动供应链上的所有企业一起努力。加强对供应商减碳表现的监督和考核，将其作为选择供应商的重要标准之一，才能够改善企业自身的减碳表现，从而提高ESG绩效。

## 二、企业该如何加强供应链碳排放管理？

企业加强供应链碳排放管理以改善自身ESG绩效，可以从以下几个方面入手：

第一，评估供应链中的排放重点企业和环节，识别其中的资源和环境风险；然后，在采购标准和要求、供应商评价体系中明确碳减排相关的内容，或向已经建立合作的供应商提出目标和具体的减排要求。

例如，2021年9月，西门子启动“零碳先锋计划”，提出至2025年在中国帮助超过500家重点供应商加速减碳步伐，并计划从2022财年（2021年10月1日至2022年9月30日）起，正式将低碳相关指标纳入其采购决策过程。“零碳先锋计划”在提高能源效率、现场发热和供电、购买绿色电力、实施节能流程、优化物流、减少商务出行、应用再生和可回收材料等七大领域，帮助中国重点供应商实施节能减排。①

再如，沃尔玛为解决上游范围3排放的问题，于2017年启动了Gigaton供应商管理项目（“十亿吨计划”），倡议供应商与非政府组织和其他利益相关方在6个领域（能源使用、可持续农业、废物、森林砍伐、包装和产品使用）一起采取行动。根据沃尔玛2022年的ESG报告，超过2500家供应商已经签署了“十亿吨计划”，2017—2021年累计成功减少了5.47亿吨的温室气体排放。②

第二，建立数据管理系统平台，建立对供应链的过程管理；要求供应商对其碳排放相关的表现进行披露和追踪。

例如，联想集团结合多年ESG实践，建立联想绿色供应链数据管理平台（Green Supply Chain Data Management，GSCDM），以FMD（全物料披露）和LCA（全生命周期评价）的管理模式为基础解决方案，收集与评估产品在生产、制造、运输、使用、废弃回收等产品各生命周期阶段的信息；要求主要供应商提供与气候变化、水和废弃物相关

① 西门子：2025年前将帮助500家供应商降碳[N/OL]. 中国能源报.（2021-09-20）[2023-01-31]. http://news.hexun.com/2021-09-20/204412091.html.

② 沃尔玛2022年ESG报告[EB/OL].（2023-01-03）[2023-09-31]. https://corporate.walmart.com/esgreport/media-library/document/walmart-fy2022-esg-summary/_proxyDocument? id=00000182-21ec-d591-afe2-2bfcb4df0000.

的环境数据，制定专门供应商可持续发展指数。[①]

再如，西门子公司通过“供应商碳减排”计划，支持供应商制定减少其气候足迹的目标和行动计划；给供应商提供碳排放在线评估数字化工具——碳排放在线评估（CWA）系统，不仅帮助供应商量化和评估当前碳足迹，使其能够了解自身在重点领域的减碳潜力，同时还为供应商提供实现减碳详细路径的建议，以帮助供应商更好地推进其绿色转型。[②]

第三，为供应商提供能力建设、技术、资金等方面的各类支持，帮助供应链企业提高对ESG特别是低碳发展的认知以及低碳管理的能力，帮助其通过创新实现技术进步。

例如，作为Gigaton项目的一部分，自2019年以来，在汇丰银行的支持下，沃尔玛全球采购团队建立了可持续供应链融资计划，当供应商减少“10亿吨减排项目”相关的温室气体排放，汇丰就会为该供应商提供更优惠的融资条件。[③]

再如，2019年，苹果公司开展了与中美绿色基金的合作，设立一亿美元专用基金支持供应商的能源投资和转型，包括为供应商提供

① 引领新一代绿色智能供应链，联想集团供应链再获大奖[EB/OL].（2022-06-28）[2023-01-31]. http://prnews.techweb.com.cn/qiyenews/archives/337027.html.

② 西门子首席可持续发展官：将碳排放相关指标纳入全球采购决策[EB/OL]. 界面新闻.（2022-01-28）[2023-01-31]. https://baijiahao.baidu.com/s? id=1723167555761724373&wfr=spider&for=pc.

③ 第一财经. 汇丰绿色纽带|绿色先行者沃尔玛，共享地球再生价值[EB/OL].（2022-07-09）[2023-01-31]. https://baijiahao.baidu.com/s? id=1737805578568176320&wfr=spider&for=pc.

解决方案和前期资金投入，很大程度上缓解了供应链碳中和的资金压力。[①]

总之，供应链上的下游企业对上游企业有很大的影响力。在环境、社会与治理维度上，企业对供应链管理能发挥很大作用，能做的事很多。唯其如此，才能在保证企业产出的产品和服务高质量的同时，多维度提升企业的市场优势、品牌影响力和竞争力，从供应链环节降低各种潜在风险，并提高自身的ESG评级。希望我们的企业能够在加强对供应链管理的过程中，不但响应国家可持续发展理念和更好地履行企业的社会责任，更能切实从“高速发展”向“高质量发展”和低碳清洁模式切换，从而实现自身的可持续发展。

① 腾讯研究院. 互联网企业碳中和：怎么看？怎么办？[EB/OL].（2021-03-26）[2023-01-31]. https://baijiahao.baidu.com/s？id=1695225548955391963&wfr=spider&for=pc.

# 积极稳妥推进碳达峰碳中和

沈满洪

中国碳中和50人论坛成员
浙江农林大学党委书记
经济学博士、教授、博士生导师
碳中和研究院院长
浙江省习近平新时代中国特色社会主义思想研究中心研究员

习近平总书记在党的二十大报告中旗帜鲜明地提出了“积极稳妥推进碳达峰碳中和”的命题。何谓“积极稳妥推进”、如何“积极推进”、如何“稳妥推进”碳达峰碳中和是需要认真思考和回答的三大问题。

## 一、准确理解积极稳妥推进碳达峰碳中和

坚定不移履行碳达峰碳中和的庄严承诺。生态环境保护和应对气候变化的国际合作往往建立在和平环境之下。当今世界正处于百年未有之大变局，也面临世纪疫情的严峻考验。生态环境管制、资源能源管制等政策举措的实施往往在经济繁荣时期比较容易，在经济衰退时期比较艰难。而且，当前中国正处于全面建设社会主义现代化国家开局起步的关键时期，面临新型工业化和深度绿色化交织的形势。在这种背景下，依然强调

“推进碳达峰碳中和”（以下简称“双碳”目标），充分说明：应对气候变化是中国的主动选择，而不是被动选择，应对气候变化是发达国家的事情，也是包括中国在内的发展中国家的事情，中国将严肃履行“力争2030年前实现碳达峰、2060年前实现碳中和”的庄严承诺，中国在应对气候变化事务中将充分体现大国担当并将积极参与和引领国际气候治理。这有力地驳斥了有的学者所说的“碳达峰碳中和只是政治表态未必真正实施”的错误论调。

积极推进而不是消极应付碳达峰碳中和。“积极”与“消极”相对应。“积极推进”是对“消极推进”的纠偏。中央提出“双碳”目标以来，不同地区、不同行业、不同部门呈现出截然不同的“积极”和“消极”两种态度。“积极”就是要按照“双碳”目标，积极谋划时间表和路线图、积极创造必需的相关条件、积极推动低碳科技创新、积极推进低碳制度设计、积极采取实质性推进的举措。“消极”就是做表面文章，“雷声大，雨点小”，甚至试图利用最后的机会抓紧实现碳排放“攀高峰”。“积极推进碳达峰碳中和”就是对“消极者”敲响了警钟。

稳妥推进而不是冒失推进碳达峰碳中和。“稳妥”与“冒失”相对应。“稳妥推进”是针对“冒失推进”的纠偏。中央提出“双碳”目标以来，不同地区、不同行业、不同部门也呈现出截然不同的“稳妥”和“冒失”两种态度。“稳妥”就是要统筹兼顾经济发展和“双碳”目标，就是要坚持“先立后破”而不是“先破后立”，就是要顾及经济基本面特别是民生保障。“冒失”就是不顾经济基础、不顾现实条件、不顾民生保障，例如在天然气没有准备充足的情况下就实施“煤改气”，导致工作的被动。有的地区在缺乏足够科学论证的前提下扬言“2025年实现碳达峰，2030年实现碳中和”。殊不知，发达国家的碳达峰是经济发展到一定阶段后的“自然达峰”，是经济结构和经济质量自然演化的结果，而我国的碳达峰则需要人为控制；发达国家的碳中和时间大多确定于2050年，以我国及各个地区的发展阶段、排放基数条件，怎么可能在2030年实现碳中和？“稳妥推进碳达峰碳中和”就是对“冒失者”敲响了警钟。

## 二、统筹兼顾推进碳达峰碳中和

如何做到“稳妥推进碳达峰碳中和”？答案是：坚持系统观念、系统思维、系统方法，统筹兼顾各方面工作和全过程工作。这是方法论问题。

统筹兼顾“双碳”目标和经济发展目标。实现“双碳”目标是生态文明建设的需要，也是现代化建设的需要，因此，要把“双碳”目标置于人与自然和谐共生的现代化高度进行统筹谋划。实现“双碳”目标不是只要应对气候变化、不要推动经济发展，而是既要应对气候变化，又要促进经济发展。这就要求我们：一方面，努力追求在“双碳”目标给定下的经济成本最小化；另一方面，努力追求在发展目标给定情况下的碳排放最小化。既不能不惜一切代价追求经济目标，又不能不惜一切代价追求“双碳”目标，而要追求社会福利最大化。

统筹兼顾碳达峰和碳中和。“双碳”目标是一个体系，也要进行系统谋划和优化选择。“双碳”目标分为碳达峰和碳中和两个相对独立又相互联系的目标。碳达峰的时间节点确定后，关键就是确定“峰值”。峰值定低了，近期发展压力加大，远期碳中和目标的实现就容易了；峰值定高了，近期发展压力相对较小，远期碳中和的目标实现难度就加大了。碳达峰的峰值确定后，关键就是确定“时间”。达峰时间早，近期难度加大，远期难度减小；达峰时间迟，近期难度减小，远期难度加大。所以，国家层面要统筹确定碳达峰的峰值及达峰时间，区域层面要统筹确定各地的碳达峰时间及峰值。这已经成为燃眉之急。科学确定峰值和时间就是“路线图”和“时间表”。

统筹兼顾碳减排和增碳汇。碳中和是人为排碳量与人为增汇量相等时的状态。碳排放量趋于零，即使没有碳汇增量，仍是碳中和；碳排放量减少到一定程度，被新增碳汇所吸收，也是碳中和。达到碳零排放的边际成本极高甚至是无穷大。如果增碳汇的边际成本是每吨50元，而碳减排的边际成本是每吨60元，那么选择增碳汇每中和一吨碳可以节省10元。如果增碳汇的边际成本是每吨70元，而碳减排的边际成本是每吨60元，那么选择碳减排每中和一吨碳可以节省10元。因此，实现社会利益最大化的边际点是二氧化碳边际减排成本与碳汇边际增汇成本相等。这就意味着：一方面（也是主要的方面）是碳减排。通过能源结构优化和能源效率提升实现碳减排；通过产业结构优化从高速度增长转向高质量发展实现碳减排；通过消费结构优化从高碳消费转向低碳消费实现碳减排。另一方面是增碳汇。通过森林生态系统、湿地生态系统、农地生态系统、海洋生态系统的生态修复和环境治理，提升生态系统碳汇能力；通过碳捕集、碳封存、碳填埋、碳利用等工程技术手段实现工程系统增汇。

其实，还存在一系列的统筹兼顾，如统筹兼顾调整能源结构和提高用能效率、统筹兼顾工程技术碳汇和生态系统碳汇等。总之，“统筹兼顾推进碳达峰碳中和”才是真正意义上的“稳妥推进碳达峰碳中和”。

## 三、创新驱动推进碳达峰碳中和

如何做到“积极推进碳达峰碳中和”？答案是：创新驱动，大力推进低碳科技创新和低碳制度创新。

积极推进低碳科技创新。无论是生产的低碳化还是消费的低碳化，无论是优化能源结构还是提高用能效率，无论是碳减排还是增碳汇，都离不开低碳科技创新。低碳科技创新的意义就在于，通过创新提高收益，降低成本，实现从高碳科技向低碳科技的转变，进而实现从高碳经济向低碳经济的转变及低质量发展向高质量发展的转变。低碳科技创新不到位，要么是“经济不低碳”（内部成本加外部成本大于收益），要么是“低碳不经济”（成本大于收益）；低碳科技创新到位，才能实现从“低碳不经济”向“低碳且经济”的转变，才能放弃“经济不低碳”的模式。我国太阳能光伏发电的成本从2010年每度1.1元下降到2020年的每度0.3元以下，完成了从依靠财政补贴度日到依靠市场获利的转型。这就是低碳科技创新的威力。理论上讲，低碳科技创新的潜力是无限的。低碳科技创新是实现“双碳”目标的根本驱动。

积极推进低碳制度创新。在技术状况给定的情况下，低碳制度创新也可以改变生产者和消费者的行为选择。征收碳税，可以遏制高碳产业的发展和高碳产品的消费；提供低碳补助，可以激励低碳产业的发展和低碳产品的消费。2010年，内蒙古煤炭资源就地利用的火力发电，只需每度电0.16元的成本，存在高额利润，这是建立在没有征收碳税情况下。现在，如果每度火电征收0.14元以上的碳税，那么，其竞争力就不如太阳能光伏发电了。这样新能源就可以替代老能源了。实施碳排放权交易制度，可以激励企业将稀缺的碳排放权配置到能够带来更高碳生产率的区域、行业或企业，从而实现社会福利的最大化。到底选择碳税制度还是碳权制度、到底选择碳减排还是增碳汇，均面临着制度的优化选择问题。低碳制度创新是实现“双碳”目标的根本保证。

以低碳制度创新驱动低碳科技创新。低碳补贴制度可以激励企业低碳科技创新积极性，进而加快低碳产品的研发和生产，丰富市场的低碳产品，促进低碳消费形成时尚。碳税制度可以约束企业高碳技术的应用，进而加快淘汰高碳产品的生产，遏制高碳产品的消费。这时，低碳制度就成为低碳技术替代高碳技术、低碳产品替代高碳产品、低碳消费替代高碳消费的驱动力量。而且，低碳制度可以激励低碳科技创新以及低碳科技成果的转化和应用。从这个角度看，低碳制度创新是实现“双碳”目标的终极保障。

# 构建多元化碳普惠机制 创新引导公众绿色生活

张　立　中国碳中和50人论坛创始秘书长
北京师范大学生态学教授
绿普惠碳中和促进中心主任

## 一、我国公众碳普惠的探索与实践

《巴黎协定》引领下的碳定价时代，碳市场发展和碳资产开发正迎来新机遇。碳普惠是一种新型的碳减排市场化机制，其实质是核算碳减排量，通过积分挂钩，运用积分兑换、交易赋值等激励方式，充分调动以社会公众、社区家庭、小微企业为重点的市场主体自觉参与碳减排行动。

2014年，我国碳普惠机制率先在武汉试点，随后广东、南京、北京、成都、泸州、上海、抚州等城市均尝试开发了当地的城市碳普惠平台。随着消费对经济增长的带动作用日益提升和新一代信息技术的崛起，国内很多平台企业积极投身绿色产品的设计和研发，通过碳普惠方式引导和激励个人选择绿色低碳生活。

近年来，在党中央、国务院加强推动绿色消费的相关政策引导下，我国公众碳普惠逐步形成了政府和企业主导的双向发展格局，在二者的积极带动下，我国绿色消费宣传教育深入开展，绿色低碳的消费理念和消费方式得到广泛推广，绿色消费产品和服务市场供给大幅增加，支撑绿色消费的基础设施供给水平明显增强。

来自生态环境部宣传教育中心的研究报告显示，我国公众碳普惠机制是结合了数字化技术和市场化手段，外加政策推动的综合性绿色碳减排行为激励机制，具有绿色金融属性。政府和企业主导的碳普惠平台在引导和激励个人选择绿色低碳生活的过程中均体现出各自的优势，但也存在一些现实挑战。

其中，政府主导的地方碳普惠平台以“碳惠天府”“广东碳普惠”“北京碳普惠”等为代表，其优势是公益性强，对个人用户来说可信度比较高，但这类平台面临参与人数少、物质激励小、公众感知度低以及平台持续性不强等挑战。企业主导的碳普惠平台主要以“蚂蚁森林”“滴滴绿洲”等为代表，覆盖衣、食、住、行、游等多个领域，具有易推广、好参与等优势，但同样面临无统一适用标准、用户减排量重复计算、无法与政府激励举措有效对接等挑战。

为了进一步推动碳普惠机制的创新发展，近年来，我国逐步将碳普惠机制的探索与实践列入国家顶层设计考虑。2022年6月，生态环境部等七部门印发的《减污降碳协同增效实施方案》明确提出，“探索建立碳普惠等公众参与机制”。碳普惠正式上升为推动生产端、消费端“减污降碳”协同增效的重要国家举措。

笔者认为，解决目前碳普惠实践中存在的主要问题，要紧紧抓住数字中国建设与绿色新政的窗口期、机遇期，充分调动全社会参与绿色低碳全民行动，积极探索多主体参与、多标准体系、数据互联互通、激励形式多样的多元化、可持续碳普惠运作模式，进一步激发公众参与绿色生活的热情。

## 二、数字碳中和理论的提出及创新运用

碳达峰碳中和目标的提出正逢我国进入数字时代。运用数字技术促进生产方式、生活方式和社会治理方式的转变，是实现“双碳”目标、推动经济社会高质量发展的必然选择。2021年2月，生态环境部等六部门联合编制的《“美丽中国，我是行动者”提升公民生态文明意识行动计划（2021—2025年）》指出，“结合移动互联网和大数据技术，建立和完善绿色生活激励回馈机制，推动绿色生活方式成为公众的主动自觉选择”。

“数字碳中和”是数字中国建设与经济社会数字化、绿色化协同转型发展过程中产生的新概念。这一概念由我国专家学者提出并定义，旨在推动数字化和绿色化两个领域有机结合，通过数字化的手段实现碳达峰碳中和目标，促进经济社会绿色转型发展。

“数字碳中和”理论强调，引领数字生活绿色低碳新风尚，加快建设绿色低碳普惠网络平台，大力推广绿色低碳产品与标准认证，促进数字政务、电子商务、在线医疗、线上办公、远程教育、网约出行、社交活动等数字生活低碳化，探索建设“家庭碳账本”，让“互联网+”低碳生活成为社会新风尚，让绿色发展造福人民美好生活。

在“数字碳中和”理论的引领下，我国政府部门、社会组织、高校、科研机构、企业等社会各界力量逐步展开碳普惠机制创新，共同推动数字化碳普惠多元机制探索，建立了统一的“公民绿色行为碳减排量化标准”体系，搭建了全社会共同参与的数字化绿色生活减碳计量底层平台——“绿普惠云-碳减排数字账本”，成立了全国碳普惠合作推动机制——“碳普惠合作网络”，探索建立了个人生活碳减排量市场化运行机制，发起设立了数字碳中和专项基金，我国绿色生活回馈激励机制的多元化运作模式初步形成，相继在北京、山西、泸州等省市

开展应用落地工作并取得积极成效。

## 三、多元化碳普惠机制及应用案例

多元化碳普惠机制由政府部门负责顶层设计，多元企业参与提供减排场景及市场化的激励模式。该机制不仅为生态产品价值实现和绿色低碳生活激励提供了市场化工具和手段，还广泛调动了各类市场主体参与降碳的积极性，对探索形成“政府主导、企业主体、社会组织和公众”共同参与的现代环境治理体系有着非常重要的借鉴意义。

总的来看，多元化碳普惠机制具有主体多元、标准多维、数据互通、激励多样等鲜明特点，具体表现为：一是政府顶层设计，建立平台，企业积极参与提供减排场景及市场化的激励模式，公众广泛参加。二是应用碳普惠领域多维标准体系，包括团体标准、行业标准、地方标准、国家标准等。三是在政府主导下，实现了公众在各个账户减排量的融合汇总，公众、企业、政府之间的数据互通，企业之间公众的减排量与制造商、金融业之间的数据互通。四是公众的减排量融合汇总后，形成绿色资产、绿色信用，助力个人从“减碳”公益到“卖碳”生意，全社会参与用户激励，用户的减排量价值就可以提高，就会不断激励用户持续践行绿色低碳行为，形成可持续的碳普惠机制和绿色生产、绿色生活的闭环。

目前，多元化碳普惠机制已经应用在北京2022年冬奥会“低碳冬奥”、北京市“绿色生活季”、山西省“三晋绿色生活”、泸州市“绿芽积分”等国家级和地方级碳普惠平台，并取得良好的社会效益。

### 案例一：冬奥碳普惠平台——“低碳冬奥”

北京2022年冬奥会期间，生态环境部宣传教育中心与中华环保联合会共同发起“践行绿色生活 共赴冰雪之约”碳普惠行动，引导公众践行绿色低碳生活，助力低碳冬奥。此次碳普惠行动由“绿普惠云–碳减排数字账本”提供技术服务，先后开发了包含步行、骑行、机动车停驶、光盘行动、垃圾分类等七大场景在内的绿色行为减排量算法，建设了便于市民使用的前端应用及互联互通的后端系统，推动建立了多元化碳普惠激励机制，实现了北京冬奥碳普惠减排量的市场化交易。截至2022年2月28日，270余万人参与北京冬奥碳普惠活动，产生减排量1.9万吨，成为本次冬奥会碳中和的一大亮点，被写入冬奥遗产报告。

**案例二：北京市碳普惠平台——绿色生活季**

2022年8月，由北京市发改委指导，北京节能环保中心发起“2022北京绿色生活季”活动，正式上线北京“绿色生活季”小程序。小程序由“绿普惠云–碳减排数字账本”提供技术服务，依托中华环保联合会《公民绿色低碳行为温室气体减排量化导则》团体标准，开发了包含衣、食、住、行、游、用等场景在内的绿色行为减排量算法，建设了便于市民使用的前端应用及互联互通的后端系统，实现了个人绿色行为的多元化激励，有效促进了碳普惠和绿色消费的融合发展。截至2022年9月，活动累计吸引670余万人参与，产生减排量约4万吨，带动绿色消费1.5亿元。

**案例三：山西省碳普惠平台——三晋绿色生活**

2022年9月18日，由山西省生态环境厅指导的山西省碳普惠机制——“三晋绿色生活”小程序暨个人碳账本在“第三届大河文明旅游论坛世界旅游联盟·黄河对话暨首届黄河流域生态保护和高质量发展重要实验区峰会”上正式发布上线。小程序由“绿普惠云–碳减排数字账本”提供技术服务，多家“碳普惠合作网络”单位参与建设，依托中华环保联合会《公民绿色低碳行为温室气体减排量化导则》团体标准，开发了包含衣、食、住、行、游、用等场景在内的绿色行为减排量算法，建设了便于市民使用的前端应用及互联互通的后端系统，实现了个人绿色行为的多元化激励，有效促进了碳普惠和绿色消费的融合发展。截至2022年10月21日，小程序参与人数累计达108万人，产生减排量8900余吨。

## 四、碳普惠机制的发展建议

党的二十大报告提出要加快发展方式绿色转型，推动形成绿色低碳的生产方式和生活方式。在我国消费结构总量增加和持续升级的大背景下，利用碳普惠机制减缓个人因生活和消费产生的碳排放增长，关系到美丽中国和“双碳”目标的全面达成。当前，各行业领域的碳普惠产品纷纷涌现，但缺乏全局性、系统性、整体性的创新协作和机制设计。笔者认为，推动碳普惠机制在我国快速落地应用，应从以下几方面做进一步的完善：

一是推动多元化碳普惠机制有效落地。建议从顶层设计层面，不断完善碳普惠相关政策、方案和办法，筑牢引导公众养成绿色低碳生活习惯的根基。同时要进一步深化改革试点工作，整合更多社会资源，做好多元化碳普惠机制的落地，并在更多省市尝试推广多元化碳普惠平台建设，以社会良性互动的方式来促进碳普惠的发展。此外，通过发布税收、碳交易等利好政策，吸引各类主体广泛参与到碳普惠的建设中，给予参与主体更多便利，打通企业碳排放和个人碳普惠资产的转换通道，把个体行为转化成社会性整体行为，把个体的零散、小额的碳资产规模化以带来社会的经济利益。

二是推动碳普惠标准体系的出台落地。建议碳普惠标准从减排算法的非标准量化，逐步过渡形成团体、地方、国家标准及国际标准等多层级标准体系。由政府主导支持社团组织、行业协会、企业形成合力，出台适用性高的碳普惠领域国家标准、行业标准、团体标准、地方标准，并探索和国际上的VCS标准、黄金标准等对接，用于指导碳普惠平台的建设，确保不同参与主体的相同绿色行为得到科学的减排量，以便逐渐形成碳普惠标准体系，保障碳减排量核算的公信力和公平性。

三是推进第三方数字化绿色生活减碳计量底层平台持续应用。建议在生态环境部批复的“绿普惠云—碳减排数字账本标准开发及地方试点项目”项目成果基础上，借鉴“绿普惠云—碳减排数字账本”支持北京市、山西省等多个地区多元化碳普惠机制模式和经验，持续鼓励底层平台及碳普惠合作网络上众多企业和机构以数字化方式共同支持地方政府建设碳普惠平台，从而实现量化和记录个人绿色低碳生活的全消费场景，推动不同平台下碳减排量的互通互认，最终形成生活消费端综合碳账本（即个人、企业、政府“三位一体”碳账本）。

四是推动现有碳普惠激励机制持续优化。整合社会资源，建立政府、公益组织、商业和金融机构等多主体共同参与的多元化碳普惠激励机制，把阶段性的激励措施变成长效的运营机制，推动全社会参与碳普惠平台的可持续运营。目前不管是全国还是地方对碳普惠减排量的抵消需求十分有限，因此，需要加大碳普惠激励模式的探索力度，充分激活个人减排量的交易属性，逐步突出“个人碳账本”（即个人减排量的汇总）的碳资产和金融属性，分阶段推进碳普惠激励机制的优化。

五是加强对碳普惠平台的宣传。建议从国家各有关部门到地方政府部门，大力倡导绿色低碳生活方式和消费模式，加强对公众参与碳普惠机制的宣传引导，营造良好的全民低碳社会氛围。

# 碳定价机制：最新国际实践与我国选择 *

冯俏彬

中国碳中和50人论坛特邀研究员

国务院发展研究中心宏观经济研究部副部长

2022年11月7日，《联合国气候变化框架公约》第二十七次缔约方大会（COP27）气候落实峰会在埃及沙姆沙伊赫开幕，百余位国家元首和政府首脑参会。这再次表明全球正协力应对气候变化对人类生存和发展所带来的威胁。一般认为，加快实现能源生产和消费结构的清洁化、促进生产生活方式从高碳向低碳转化，是达成将全球升温控制在2℃以内的目的的主要方式，对碳排放权进行定价、以价格机制引导全社会降低碳排放，则是推动经济社会低碳发展、实现“碳达峰碳中和”目标的具体手段。为此，需要设计科学合理、成本可承受、相互协调的碳定价机制，这已成为当今世界应对气候变化的重要议题之一。

* 本文在写作过程中，得到国务院发展研究中心宏观部董倩副研究员、中国人民大学财政金融学院博士生白雪苑的支持，在此一并致谢。

## 一、碳定价机制的相关理论基础辨析

碳定价机制指对温室气体排放以每吨二氧化碳当量为单位给予明确定价的机制，包括碳税、碳排放交易体系（ETS）、碳信用机制和气候金融（RBCF）等。一般认为，碳排放交易体系（以下简称“碳市场”）的理论基础源于科斯的产权理论，只要界定清楚初始产权，市场主体总是能通过自愿交易达到资源的最优配置。碳税的理论基础则源于更古老的“庇古税”，即政府可以通过税收手段，强制性地拉平社会成本与企业成本之间的差距。虽然理论基础不同，但两者均着眼于使用价格机制将碳排放产生的负外部性“内化”，其实质都是“污染者付费”，本质上是相同的。但由于运作方式不同，碳市场和碳税存在以下显著差别。

### （一）碳市场偏重数量调控，而碳税偏重价格调控

碳市场建立在政府确定的减排配额基础之上，参与企业据此进行交易，政府可根据需要确定需要减排的总量和发放方式，掌控性较强。碳税则是政府通过税收的形式，改变企业的成本收益比，间接引导企业采取措施减少排放。比较而言，碳市场更有利于政府循序推进减排目标，但碳税更有利于形成市场主体主动减排的长效机制。

### （二）碳市场比较灵活，有利于满足多元化需求；而碳税相对固定，有利于稳定预期

作为一个市场，碳市场以碳排放配额为交易对象，有交易对手众多、价格随供求起落、时间空间都可以根据需要灵活组合等特点，有利于满足各类主体形形色色的需求，但由于碳价格随行就市、自由浮动，也会使参与主体面临成本不确定的问题，而且如果出于某种原因碳价一直处于低位，企业的减排行为就会相应放缓，2020年欧盟就曾经出现过这种情况。比较而言，碳税属于“税”，具有税收

所特有的强制性、固定性、无偿性的基本特征，难以根据情况变化随时进行调整，但好处是税率稳定，市场主体不确定性小，有长期减排激励。

**（三）碳市场比较“外向”，而碳税则相对“内向”**

作为市场，碳市场边界富有弹性，可以相对自由地与不同国家、不同区域的市场进行连接，有利于在较大的范围内达成一致行动。比如，2020年1月瑞士国内碳市场已正式实现了与欧盟碳市场的连接，双方互认碳配额。相对而言，碳税属于一国主权，国家与国家之间的衔接面临更加多元的考量、更加复杂的程序，特殊情况下甚至可以成为区域和产业保护的新壁垒，欧盟近期提出的“碳边境调节机制”就是生动一例（见表1）。

表1　碳市场与碳税的主要差异

| 分类 | 碳市场 | 碳　税 |
|---|---|---|
| 碳价水平 | 市场决定 | 政府决定 |
| 碳排放水平 | 政府决定 | 市场决定 |
| 实施范围 | 主要针对大型排放源 | 大中小型排放源、家庭和个人 |
| 实施阻力 | 较小 | 较大 |
| 行政干预 | 多 | 少 |
| 价格水平 | 不确定 | 确定 |
| 减排激励 | 时大时小 | 长期、稳定 |
| 国际协调 | 比较容易 | 很难 |

资料来源：笔者整理。

## 二、国际碳市场和碳税的组合模式

根据世界银行2022年5月发布的《2022年碳定价现状与趋势》报告，目前全球运行的直接碳定价机制共计68种，有36种碳税和32种碳排放交易体系，共涉及120亿吨二氧化碳，约占全球温室气体排放量的23%。经分析，各国碳市场和碳税的组合模式大体有以下3种。

### （一）二选一式

要么是碳市场，要么是碳税。目前，一些国家只有碳市场，没有碳税。典型的如德国、英国、新西兰、韩国、美国等。其中又分几种情况，一是只有国内的区域性市场，如美国加利福尼亚市场、区域温室气体倡议组织（RGGI，主要由东北部各州的电力企业参与的一个区域性碳市场），以及交通与气候倡议组织（TCI，由12个东北部州和华盛顿特区组成，计划为交通部门制定碳定价机制）。二是全国性市场，如韩国、新西兰、瑞士等国家的碳市场。三是跨国市场，主要指欧盟碳市场，这是当今世界上最大的碳市场，不仅覆盖了27个欧盟国家，还纳入了一些欧盟之外的国家。一些国家在参与欧盟碳市场的同时还设立了国内碳市场，将没有纳入欧盟碳市场但本国认为有必要管控的行业或企业纳入，如德国自 2021年1月1日起，为现行欧盟碳排放交易体系未覆盖到的供热和道路运输部门建立了国内碳排放交易体系。另有一些国家只有碳税，没有碳市场，如挪威、冰岛、新加坡等，新兴经济体中的南非目前也只开征了碳税。

### （二）并行式

碳市场和碳税同时存在，但两者基本不重合。这是目前比较主流的模式。具体而言，又包括两种情况，一是碳市场和碳税所覆盖的地理范围不重合，如加拿大有的省设有碳市场，有的省征收碳税，大体相互之间不重合，但联邦兜底机制保证了每个省都能被覆盖。二是征收对象不重合，如欧盟碳市场已将能源、工业、建筑、交通等排放大户纳入，各国在征收碳税时就会有意避开这些行业，仅对没有纳入碳市场的主体征收碳税。

### （三）交叉式

碳市场和碳税同时存在，而且相互之间有一定的交叉。如瑞典早在1991年就开征了碳税，2005年成为欧盟碳市场的成员国后，一方面继续对没有纳入欧盟碳市场的一些行业——如供热业——征收碳税，另一方面甚至对已纳入欧盟碳市场的采矿用柴油、热电联产设施等，也要部分征收碳税。日本于2014年在全国范围内开征了“气候变化税”，但在东京、琦玉两地同时也有碳市场在运行。墨西哥碳市场覆盖电力、石油、天然气以及工业部门，涉及全国温室气体排放总量的40%左右，但碳税覆盖所有产业排放的二氧化碳。

以上3种模式各有优劣，服从于不同国家、不同时期的政策目标。简要而言，如果政策目标偏重严格控制碳排放，可以同时运用碳市场和碳税两种政策工具，既可以交叉也可以并行，必要时甚至可以叠加。但如果政策目标重点是在经济发展与减排之间寻求某种平衡，则可根据需要选择其中的一种，或者虽然两种都有，但彼此并行而不交叉，以防止企业的成本负担过于沉重。

## 三、碳定价机制的国际协调——国际货币基金组织（IMF）的碳底价方案

随着近年来极端天气不断出现，国际社会加快了应对气候变化的合作步伐。《巴黎协定》重申要在2030年以前将全球气温上升幅度控制在2℃以内，并努力实现1.5℃的目标，得到各国的原则性赞同。国际货币基金组织（IMF）进一步认为，实现这一目标建立在195个缔约国的共同行动和各国完全履行自主减排承诺的基础之上，具有极大的挑战和不确定性，因此还需要一个补充和强化机制。为此，IMF在2021年6月提出了《在大型排放国之间建立国际碳价格底线的建议》，试图借

2021年国际税收成功实现合作的东风，将国际税收合作进一步推进到气候领域。

### （一）IMF建议的主要内容

1. 设立三级碳底价

该建议提出，到2030年，以每吨二氧化碳当量计算的碳价格，高收入国家的下限为75美元，中等收入国家为50美元，低收入国家为25美元（按2018年美元计算汇率）。考虑到各国的不同情况，上述价格下限将在2022年至2030年之间分阶段实施、渐进式达到。

2. 主要适用于少数几个排放大国

与《巴黎协定》所需要的全球共同行动相比，该建议将重点集中于少数几个大型排放国（地区），以降低执行难度。所谓少数大型排放国（地区），主要指中国、欧盟、印度、美国等，这4个国家（地区）的碳排放占到全球碳排放的63%。如果再加上其余的G20国家，其碳排放占到全球碳排放的84%（见图1）。

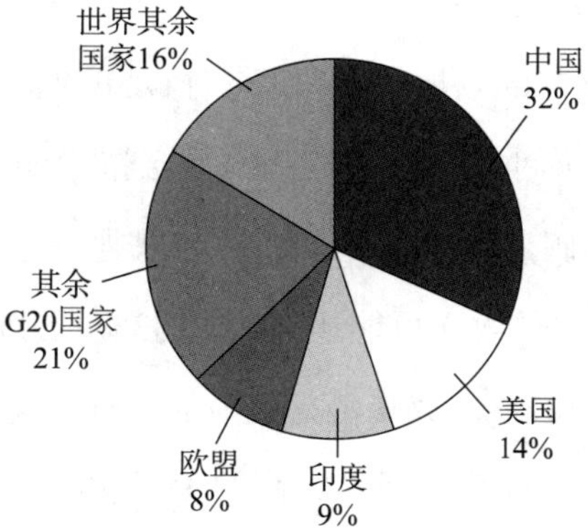


图1　2030年按国家和区域分列的全球基准$CO_2$排放份额

注：基准是指在没有新的政策或现有政策未收紧下的预计排放量。

资料来源：IMF工作人员计算。

**（二）IMF国际碳底价建议可能达到的成效与全球经济影响**

国际货币基金组织委托专业机构对这一建议的环境与经济影响进行了测算。主要结论如下：

1. 能提升应对气候变化目标达成的可能性

IMF认为，如果只依靠《巴黎协定》下的各国自主减排机制，是达不到将温升控制在2℃以内的减排目标的。但如果引入75美元、50美元、25美元的差别碳底价机制，将使全球二氧化碳排放量比在自愿减排的情况下再减少23%~24%，从而超出控制温升2℃目标所要求的上限（20.8吨），达到39~46吨二氧化碳当量。

2. 有利于减少碳泄漏

所谓碳泄漏是指碳排放从高碳价国家向低碳价国家的转移。IMF认为，如果没有国际碳底价机制，各国之间将发生严重的碳泄漏。如果引入碳底价机制，将大大降低碳泄漏的水平。这有利于克服“以邻为壑”“搭便车”等现象，从而减少摩擦，协调各国的减排行动。

3. 对全球GDP的影响小于1%

在该建议所设定的4种情景下，全球GDP的损失为0.1%、0.3%、0.4%、0.6%不等，均小于1%，但各区域受到的影响并不均衡。报告指出，通过推行国际碳定价机制，各国还将获得一定的经济收入，最高的如欧亚大陆可获得的收入可能达到GDP的3%（2030年），南非可能达到GDP的2.8%（2030年）。如果考虑到应对气候变化目标达成所带来的地球环境、健康、可持续发展等方面的无形收益，则该方案的经济效果更好。

**（三）国际碳底价建议中的“中国部分”以及可能产生的影响**

由于我国碳排放的基数高、体量大，IMF的国际碳底价建议对我国特别关注，多处提及我国。归纳起来，主要有3个方面。

1. 我国是该建议最主要的参与国

IMF协议对适用碳底价的国别（地区）范围有两种考虑，一是核心六国（地区），即中国、欧盟、印度、美国、加拿大、英国。二是再加上其余G20国家。其他国家自愿加入。无论哪种方案，中国都包括其中，是最主要、最重要的参与国，没有之一。

2. 我国适用的碳底价为50美元

基于GDP和人均收入等因素，该建议将参与国（地区）分为高收入国家（地区）、中等收入国家（地区）和低收入国家（地区）三档，分别对应的碳底价为75美元、50美元、25美元。从报告上看，该建议将我国界定为中等收入国家，适用的碳底价为50美元（印度为25美元，欧盟、美国、加拿大、英国为75美元）。

3. 国际碳底价建议对我国可能产生的影响

IMF认为，该建议对我国可能产生两个正面影响：一是到2030年多减排25亿吨二氧化碳，是所有国家中最高的；二是将获得相当于GDP 1.7%的碳定价收入。但是，对我国经济和企业的负面影响，该建议则存而不论。

笔者的研究表明，该建议对我国的负面影响十分显著。一是影响我国经济增长。据测算，在该机制下，我国GDP增长率将较正常情况下减少0.7个百分点。二是传统能源价格上升。初步测算表明，在50美元的碳价水平下，到2030年我国煤炭价格将较2022年上涨114%，天然气价格上涨25%，电力价格上涨46%，汽油价格上涨12%。三是企业成本急剧上升。据笔者测算，在50美元的碳价水平下，2022—2030年，我国企业总成本每年将增加3万亿元左右，其中又主要集中在能源部门和高排放的工业部门，企业成本平均每年增加15%~18%（见表2）。但可能的好消息是，该建议能在一定程度上化解欧盟碳边境调节机制对我国的压力。因为如果该框架协议成行甚至仅仅启动谈判进程，则欧盟的碳边境调节机制将失去存在的理由并自然中止。

表2　2022—2030年各年按碳底价测算的上涨成本对我国企业成本的影响比例（以2021年企业收入为基期）

| 年份 | 碳排放量（亿吨） | 按碳市场收盘价[1]（亿元） | 占企业收入的比例（%） | 按碳底价[2]（亿元） | 占企业收入的比例（%） | 上涨成本[3] | 占企业收入的比例（%） |
|---|---|---|---|---|---|---|---|
| 2022 | 99.60 | 5400.31 | 3.21 | 31473.60 | 18.72 | 26073.29 | 15.50 |
| 2023 | 102.44 | 5554.30 | 3.30 | 32371.04 | 19.25 | 26816.74 | 15.95 |
| 2024 | 103.68 | 5621.53 | 3.34 | 32762.88 | 19.48 | 27141.35 | 16.14 |
| 2025 | 105.59 | 5725.09 | 3.40 | 33366.44 | 19.84 | 27641.35 | 16.44 |
| 2026 | 107.60 | 5834.07 | 3.47 | 34001.60 | 20.22 | 28167.53 | 16.75 |
| 2027 | 109.31 | 5926.79 | 3.52 | 34541.96 | 20.54 | 28615.17 | 17.02 |
| 2028 | 110.54 | 5993.48 | 3.56 | 34930.64 | 20.77 | 28937.16 | 17.21 |
| 2029 | 111.86 | 6065.05 | 3.61 | 35347.76 | 21.02 | 29282.71 | 17.41 |
| 2030 | 115.02 | 6236.38 | 3.71 | 36346.32 | 21.61 | 30109.94 | 17.91 |

注：1. 按碳市场2021年最后一天收盘价测算的成本；2. 按50美元碳底价测算的成本；3. 表示按碳底价测算的成本–按碳市场收盘价测算的成本。

## 四、加快完善我国碳定价机制的主要建议

根据《中华人民共和国气候变化第二次两年更新报告》的数据，2019年我国碳排放总量为102.75亿吨，其中能源利用碳排放为89.25亿吨，工业过程碳排放为13.3亿吨，分别占碳排放总量的83.94%、12.94%。因此，我国实现“3060”目标的主要抓手是将能源生产与消费中的碳排放降下来，以碳市场为主、碳税为辅的碳定价模式基本上能满足需要。

### （一）建立健全全国统一的碳交易市场

2021年，我国在原有7个区域性碳市场的基础上，建成全国统一

的碳市场，首批已将2000多家能源企业全部纳入，截至2021年12月31日，全国碳市场碳排放配额（CEA）累计成交量达1.79亿吨，成交额突破76亿元。今后待条件成熟时，可陆续将工业、交通、建筑业、农业等逐步纳入。要综合考虑我国经济社会的承受能力，合理确定碳排放总量并逐年降低。科学、公平确定碳排放指标的分配原则，早期以免费发放为主，渐进式引入拍卖机制，逐步加大价格机制对企业减排的调节力度。建立碳储备机制，防止碳市场上价格的大起大落。鉴于碳市场的多样性和复杂性，还可鼓励各地在全国碳市场之外，发展一些特殊品种的碳交易市场。

**（二）适时开征碳税**

在建设全国统一碳市场的同时，可考虑适时开征碳税，以实现碳定价的全覆盖，促进各行业、各地区、各产业的碳公平。由于开征新税的程序多、时间长，较为可行的办法是通过修改现行环境保护税的相关内容来达到与新征收碳税相同的目的。概括而言，我国的碳税应掌握以下几个要点。一是新增“温室气体”税目，将二氧化碳和其他6种温室气体一并列入，但实施上可先针对二氧化碳，以后再扩展到其他温室气体，以保证立法的前瞻性，防止频繁修改。二是原则上要将所有碳排放达到一定标准的企业和个人纳入征税范围，做到全覆盖，当然还要辅以起征点、免征额方面的税收优惠。三是实行从量计征，以二氧化碳当量为征收单位。四是实行区间税率，只确定碳税税率的上下限，给地方政府留下一定的相机决策空间。五是与现行环保税保持一致，将碳税收入明确为地方财政收入，中央不参与分成分享。

**（三）建立碳税和碳市场相互协调配合的体制机制**

结合我国实现“双碳”目标的要求，在总结借鉴世界经验的基础上，建立并逐步完善我国碳市场和碳税“并行但不重复”的体制机制。

一是要全覆盖，所有碳排放主体，要么纳入碳市场体系，要么纳入碳税体系，不能有遗漏。二是“最多交一次”，不重复增加企业负担。比如，企业从政府那里分配到的免费额度、在碳市场上购买的排放额度，应免于征收碳税。三是碳价、碳税协调联动。从欧盟碳市场的运行情况看，如果经济低迷，碳市场的价格可能随之跌到地板上，这就可能使企业在一个时期内丧失减排的动力。为此，可考虑以碳税作为企业碳排放的最低价，当市场上碳价过低时，企业应当缴纳碳税。

**（四）将碳价收入纳入财政管理**

碳定价机制不仅可能促使企业减排，而且可以获得相应的政府收入。数据显示，2019年全世界通过碳定价机制共筹集了450亿元的资金，其中将近一半用于环境或更广泛的发展项目，超过 40% 的收入用于一般预算，其余部分用于减税和直接转型。在我国，无论是碳市场还是碳税，所产生的收入都是公共收入，应当全部纳入财政预算，由财政部门统一管理。为了保证稳定投入，可通过基金、专项等方式，将其中相当部分专门用于与碳排放相关的支出需求，如能源基础设施更新投入、减排技术研发等。

**（五）在国际碳定价机制中发挥积极作用**

我国是世界上最大的碳排放国，无论主观意愿如何，都是国际碳市场不可或缺的主要角色，要认真分析这一角色的双重效应。我国已向全世界作出“3060”目标承诺，并在全球应对气候变化中发挥着越来越重要的领导作用，其中就包括促进各国之间碳定价机制的建立与协调。因此，我们要以开放态度应对IMF提出的国际碳底价建议，与各国特别是国际组织一起，在探索能获得最大公约数的国际碳定价协调机制中积极发挥领导作用，主动抑制而非被动应对一些地区“以邻为壑”的碳自保行为。要努力协同各国在达成减碳目标与减缓企业成本过快上升、引发经济社会动荡之间找到一条可行的中间道路，控制好时间与节奏，稳妥有序推动减碳减污染全球行动，为共同应对气候变化贡献中国力量和中国方案。

## 参考文献

［1］冯俏彬，白雪苑，李贺.支持碳达峰、碳中和的财税理论创新与政策体系构建[J]. 改革，2022（7）.

［2］世界银行. 2022年碳定价发展现状与未来趋势报告[EB/OL].（2023-01-24）[2023-03-01]. http://www.worldbank.org.

［3］鲁书伶，白彦锋. 碳税国际实践及其对我国2030年前实现“碳达峰”目标的启示[J]. 国际税收，2021（12）.

# 实现“碳中和”确保人类社会可持续发展

冯士芬 | 中国碳中和50人论坛特邀研究员
中国科学院研究院教授
中科院等离子体物理所原所长助理

在浩瀚宇宙之中，人类无非是小小地球上的万物之一，只有在一定的自然环境中才能生存，当自然环境发生不利于人类生存和发展的变化时，人类就会灭亡，这是人类的自然属性。人类在自然界长期演化中超越了其他物种，形成了独特的智能特征，有思维、有思想、有情感，并建立起极其复杂而严密的社会组织体系，这是人类的社会属性。

人类社会发展至今，带给地球自然环境的变化已严重地影响到人类社会的继续生存和发展，这就是要实现碳中和的缘由。

## 一、能源是人类社会进化和发展的基础

人类的进化与人类社会的发展都是与能源息息相关的。是能源的使用加速了人类的进化（由猿人进化到现代智人），是能源的变革推动了人类社会文明的发展（从原始文明到农业文明进而到工业文明，现已走向生态文明），与此同时，人类

对地球的影响也越来越大，见图1、图2[①]。

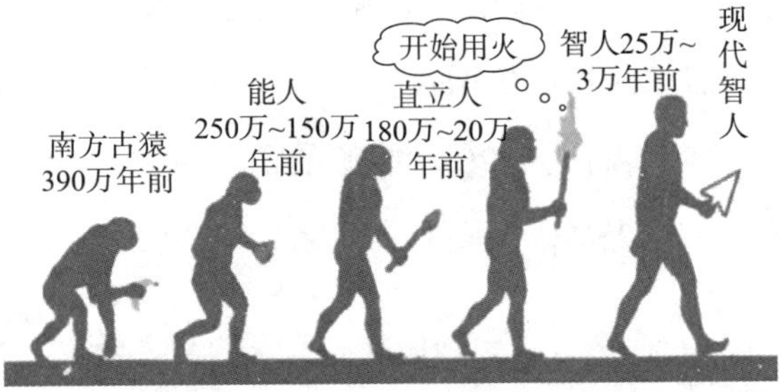


图1 人类进化历程示意图

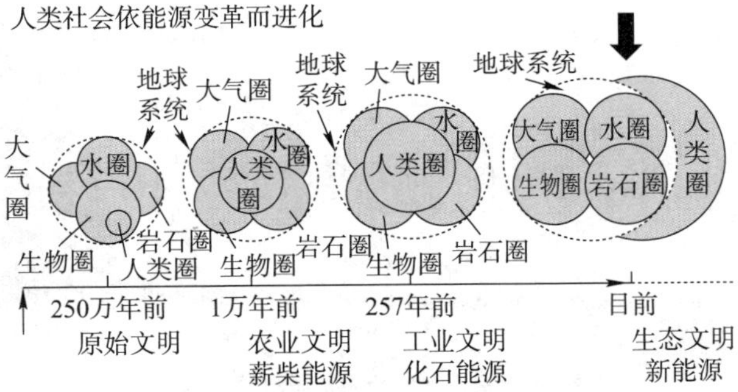


图2 人类社会文明与能源变革相关示意图

18世纪，伴随着世界上第一次工业革命，煤炭逐渐成为主体能源，人类也从漫长的农业社会进入工业社会。随着石油、天然气的应用，工业社会得以快速发展。所以能源是人类社会赖以生存和发展的基础。人类的进化和发展史是不断向自然界索取能源的历史，人类的进化和人类文明的每一次重大进步也都伴随着能源的改进和更替。

## 二、从“碳排放”演变到“碳中和”

从18世纪到21世纪的近300年中，由于化石能源的使用，人类社会完成了三次科技革命，现已进入新一轮科技革命之中……

① 本文引用的数据、图表参照国家统计局、国际能源署、《BP世界能源统计年鉴》及网络查询。

由于科技的快速发展、人类社会文明程度的提高，人类对能源的需求也在飞速增长，尤其近几十年占世界人口80%的发展中国家的兴起，使全球能源需求总量成倍增长，2021年全球能源消费总量达595.15艾焦，其中化石能源占比为82%。能源的消费总量是1980年的2倍，与2011年相比增长了14.25%，见图3。

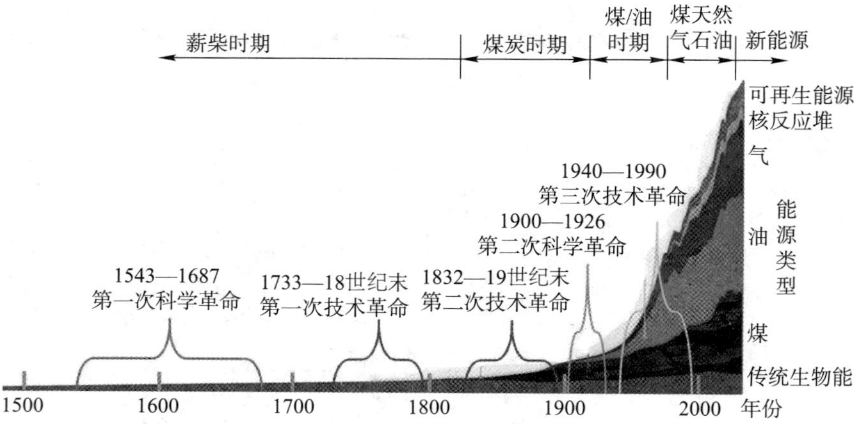


图3　全球科技进步与能源消费变化示意图

近百年来化石能源消费总量远远超越了人类社会数百万年来的能源消费总量，而化石能源的消费为自然界和人类社会带来两大严重后果：化石能源的枯竭与碳排放导致地球环境日益恶化。

根据《BP世界能源统计年鉴》数据，全球化石能源的储户比见图4。

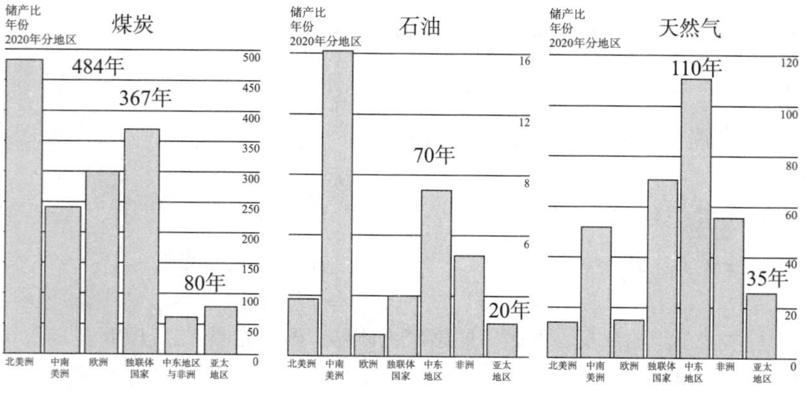


图4　全球分区域化石能源储产比（可使用年限）

从图4中可知化石能源能为人类所用年限已不多，尤其是亚太地区包括中国在内化石能源更显危机。随着技术进步与经济发展，更显地域性的能源缺失，亚太地区包括中国在内无论目前还是未来都是能源最短缺的地域。

化石能源带来的人为气候变化的影响在全球范围内日渐明显。因温室气体排放，自工业革命以来，全球平均气温不断攀升：1880—1930年温度变化在零度左右，1930—1980年温度变化0.1℃~0.5℃，1980—2021年温升已达1.09℃。大量的温室气体排放造成温室效应加剧，使两极地区冰川融化，极寒地区的冻土、冰川解冻，海平面升高，极端天气出现次数增多，环境的改变已极大地影响了地球的生存环境。IPCC警告说，目前全球已经有33亿人生活在极易受气候变化影响的环境中，带来的危害见图5。

图5　温室效应产生的各种极端气候现象

2021年全球碳排放总量已高达363亿吨，比2020年增加12.4%。以2020年数据为例，中国碳排放量高居世界之首，为99.7亿吨，占全球的30.9%（见图6）。

中国成为全球碳排量最大的国家，这与我们的能源结构有很大关系，以2020年为例，中国的能源结构与其他国家（地区）相比，占比最高的是煤炭。

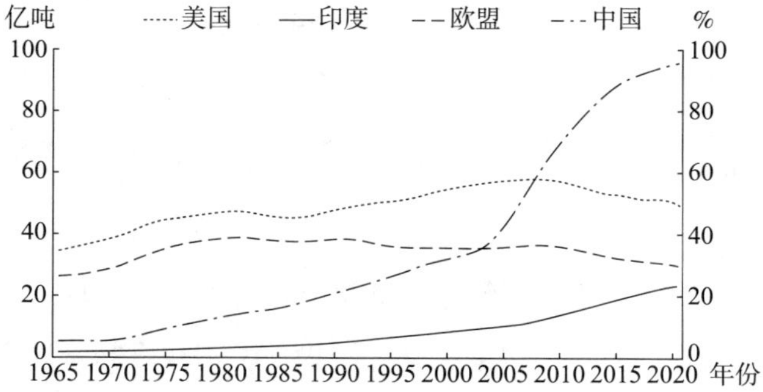


图6　2020年全球主要国家（地区）碳排放量与占比

资料来源：世界银行。

全球能源需求总量持续增长，而化石能源仍是当前能源消费的主体，因此必须促使能源向低碳化、多元化再生能源转型，控制碳排量，以达到控制地球温升的目的。

众所周知，在第21届联合国气候变化大会上，全世界178个缔约方共同签署了《巴黎协定》，明确了全球共同追求的“硬指标”：各方将加强对气候变化威胁的全球应对，把全球平均气温较工业化前水平升高幅度控制在2℃之内，并为把升温控制在1.5℃之内而努力。只有全球尽快实现温室气体排放达到峰值，21世纪下半叶实现温室气体净零排放，才能降低气候变化给地球带来的生态风险以及给人类带来的生存危机。从表1可以看到，温升控制在1.5℃之内与2℃之内对地球环境的影响程度是截然不同的，破坏性会成倍增长。

为此，国际能源署2021年10月13日发布《2021年世界能源展望》报告，并就净零排放与1.5℃温控目标的实现向与会国提出有关能源转型措施的建议。2022版的《BP世界能源展望》再次给出了符合《巴黎协定》要求的地球温升限制对碳排放的要求，见图7。

表1　温升为1.5℃与2.0℃对环境的影响比较（仅供参考）

| 领域 | 极端高温 | 北极无冰 | 海平面上升 | 动物消亡 | 植物消亡 | 昆虫消亡 | 生态系统 | 永久冻层 | 粮食产量 | 珊瑚礁体 | 海洋渔业 |
|---|---|---|---|---|---|---|---|---|---|---|---|
| 1.5℃影响 | 全球每5年将经历1次极热 | 北极无冰夏天数量 | 2100年前海平面上升高度 | 丧失一半栖息地的脊椎动物 | 丧失一半生长范围的植物 | 至少丧失一半栖息地的昆虫 | 转为新生物群系的土地面积 | 将要融化的北极永冻层面积 | 热带地区玉米减产数量 | 珊瑚礁进一步减少 | 海洋渔业捕捞数量减少 |
| 2℃影响 | 更糟，2.6倍 | 更糟，10倍 | 再增0.06米 | 更糟，2倍 | 更糟，2倍 | 更糟，3倍 | 更糟，1.86倍 | 更糟，38% | 更糟，2.3倍 | 更糟，29% | 更糟，2倍 |
| 2℃<br>1.5℃ | 37%<br>14% | 10年1次<br>100年1次 | 0.46米<br>0.40米 | 8%<br>4% | 16%<br>8% | 18%<br>6% | 13%<br>7% | 6.6万$km^2$<br>4.8万$km^2$ | 7%<br>3% | 90%<br>70% | 300万吨<br>150万吨 |

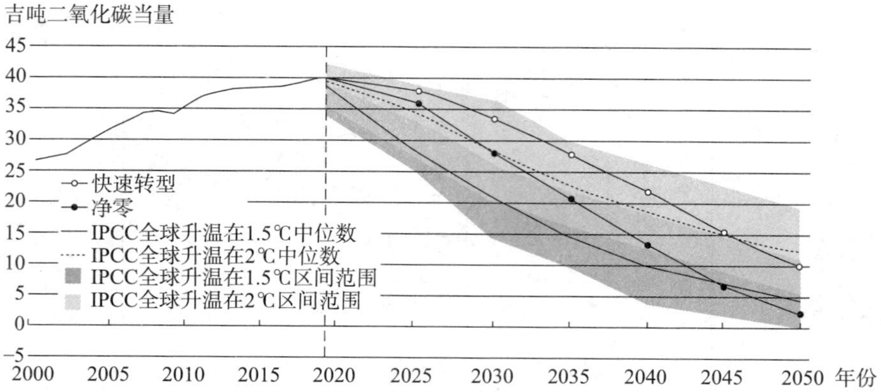


图7 地球温升限制在1.5℃与2℃对碳排放的要求

注：碳排放包括能源使用、工业生产过程，天然气燃烧产生的二氧化碳排放以及能源生产过程中产生的甲烷排放。

截至目前，195个国家签约了《巴黎协定》。其中有137个国家提出了净零排放或碳中和的目标。不同国家和地区由于经济状况与能源结构的不同，在碳减排与碳中和过程中所面临的困难程度是不一样的，见图8。

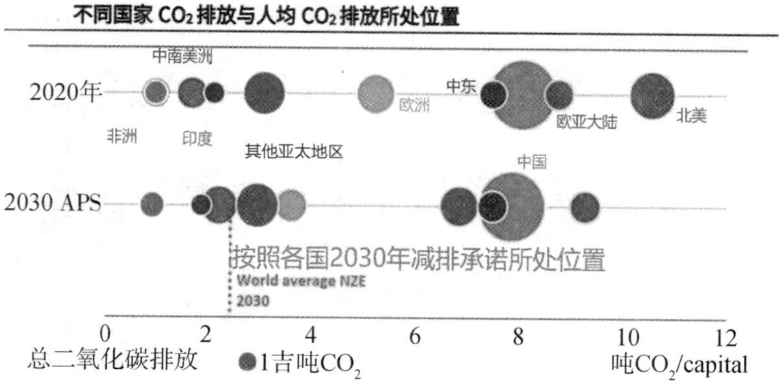


图8 不同国家（地区）碳排放现状及2030年碳排放承诺值

注：2030 APS为按照各个国家2030年的减排承诺所处的位置；NZE为全球碳中和情境。
资料来源：国际能源署（IEA）。

中国作为经济高速发展中的国家，作为全球能源消费量最多、碳排放量最大的国家，肩负着构建人类命运共同体的重任。2020年9月，国家主席习近平在第七十五届联合国大会一般性辩论上，向世界作出实现“双碳”目标的中国承诺，“二氧化碳排放力争于2030年前达到峰值，努力争取2060年前实现碳中和”。

联合国秘书长安东尼奥·古特雷斯在第26届联合国气候变化大会上发出红色警报，DNV的预测显示：到2100年地球将升温2.2℃。全球二氧化碳排放必须每年削减8%，到2050年实现每年减少近370亿吨二氧化碳排放，才能在2050年实现净零排放。

## 三、能源变革是实现碳中和的必由之路

历史上人类曾经历多次重大能源变革，每一次能源开发利用和技术的新突破，都极大地促进了生产力的提高和文明的进步。碳达峰碳中和就是人类实现新能源变革，使人类社会从工业文明走向生态文明的过程。目前可供人类使用的能源见图9。

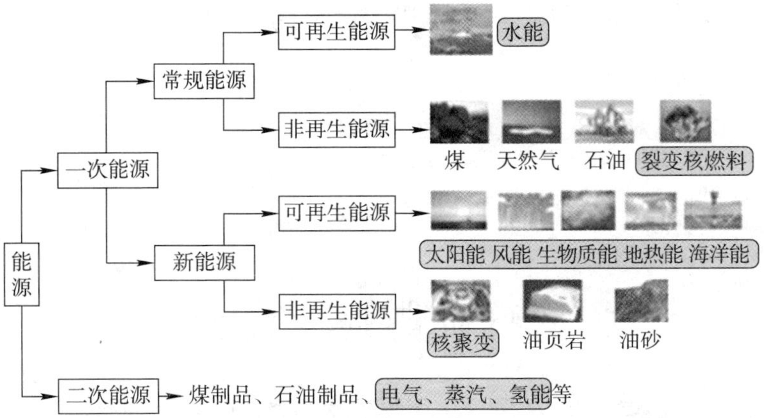


图9 能源分类示意图

能源变革的关键在于改变结构，在“双碳”目标下中国一次能源结构中非化石能源占比要显著提高，要从2020年的约16%升至2060年的80%（见图10）。

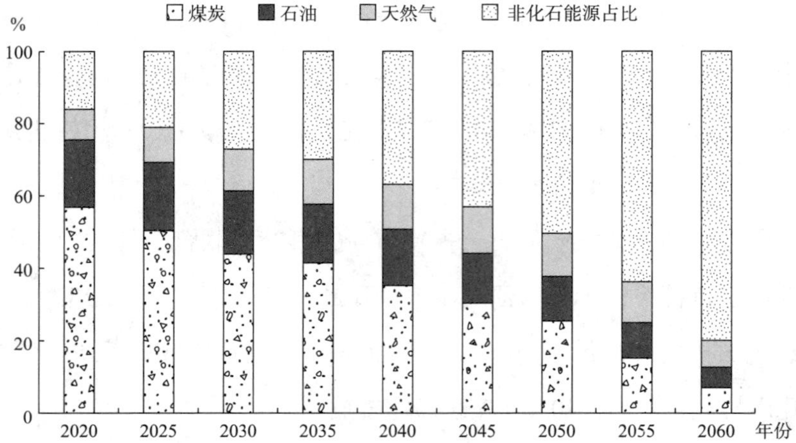


图10　2020年至2060年各类能源占比变化示意图

这是一场能源体系的系统性、根本性变革，突出体现在：

第一，能源供给结构的深度变革。以非化石能源——水能、太阳能、风能、生物质能、海洋能等可再生能源以及核能替代化石能源发电、制氢，构建“新型电力系统或绿色能源供应系统”，有序减少煤炭、石油、天然气等化石能源在能源供给中的占比。到2060年前新能源发电的占比应超过50%。预计电力装机容量见图11。

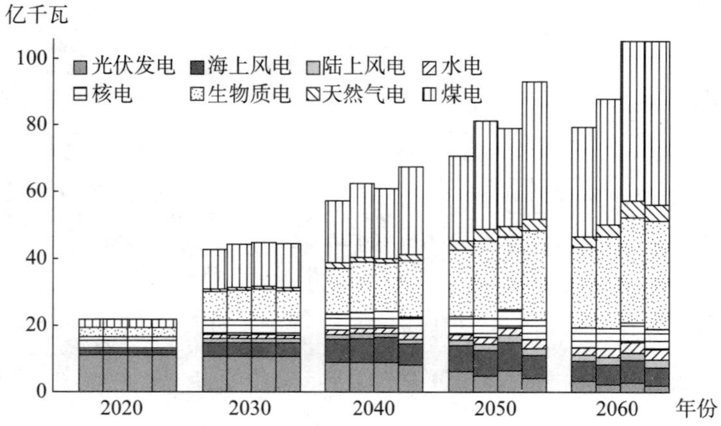


图11　新型电力系统变革趋势示意图

注：柱子从左到右表示低速、中速、高速-长平台期、高速-短平台期。

第二，能源消费方式的深刻变化。以非化石能源发电、制氢，再用电力、氢能替代煤、油、气，用于居民生活、工业、交通、建筑、农业等领域，从而实现消费侧的低碳化甚至非碳化。预计到2030年、2060年，电能占终端能源消费比重将分别增至39%和70%左右。消费侧电气化率变化趋势见图12。

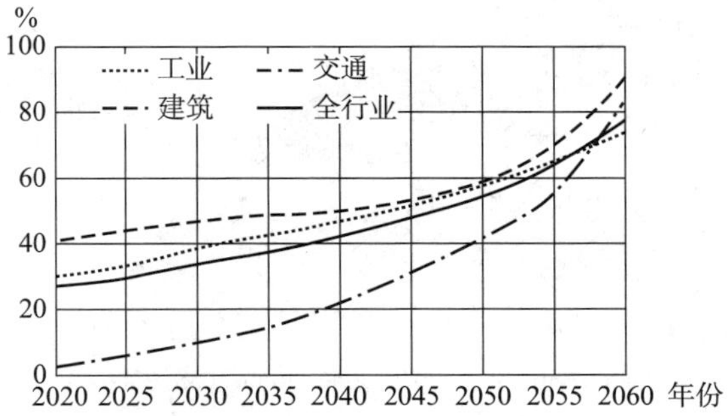


图12　消费侧电气化率变化趋势示意图

第三，能源系统的智能化、数字化与网络化。现代网络、大数据、智能化技术为以电为主，电、氢、气、冷、热等多种能源互补互济、综合利用提供了技术手段，也为大电网成为主导，多种电网形态相容并存、高效率配置与调节电能资源起到关键作用。

第四，加强生态建设，实现“固碳”目标。恢复被破坏的生态环境、增强土壤固碳能力、发展CCUS等碳固存技术，将碳人为地固定在地表、产品或地层中。

第五，通过技术进步提升能源使用效率。能源使用效率的提升，可以大大降低能源的消费量。中国粗犷式的经济发展模式，通过技术进步与经济转型在能源使用效率上是有较大提高空间的，为此预计2060年单位GDP能耗会从目前约0.3千克标准煤/美元下降为0.119千克标准煤/美元。

目前，中国在党的二十大指引下，坚定地以经济社会发展全面绿色转型为引领，以能源绿色低碳发展为关键，加快形成节约资源和保护环境的产业结构、生产方式、生活方式、空间格局，坚定不移走生态优先、绿色低碳的高质量发展道路，相信中国一定能如期实现碳达峰碳中和目标。图13显示了中国碳排放的减排转化趋势。

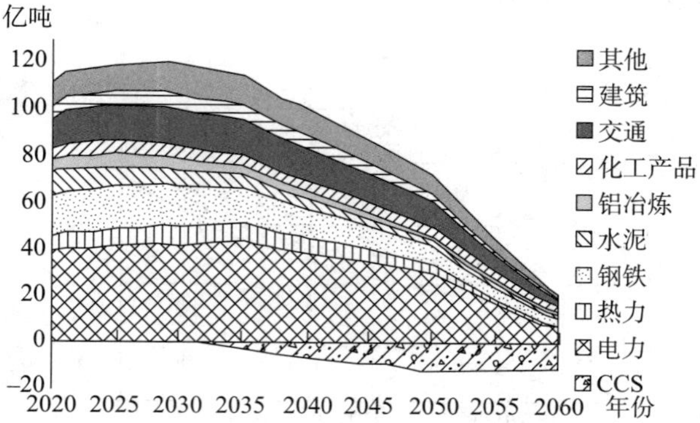


图13　中国2020年至2060年碳减排趋势图

# 开创后疫情时代的“双碳”新格局

靳国良

中国碳中和50人论坛特邀研究员

国合规划院副院长

中交所（北京）科技公司总裁

目前，世界正在经历百年未有之大变局，全球地缘政治格局重构，新冠疫情肆虐，在低碳先驱欧洲出现阶段性能源危机、粮食危机的背景下，令人欣慰的是全球气候安全是为数不多的普遍共识之一。近期结束的联合国COP27气候大会在实施减排、气候变化与生物多样性保护等方面取得了进展。2015年12月签订的《巴黎协定》，标志着世界低碳转型是大势所趋。英国能源与气候智库近期统计数据显示，全球已有超过136个国家、115个地区、235个城市和2000家企业中的682家以不同形式提出了碳中和目标，覆盖了全球90%的经济体、88%的温室气体排放和85%的世界人口。特别是欧盟、美国、中国等主要国家（地区）再次重申实施既定的碳中和目标行动，未来全球势必在全球化竞争、能源贸易、投资产业等方面围绕碳中和目标形成新的规则，将为人类社会与经济发展带来广泛而深刻的变革。中国切实遵循并落实联合国《气候变化框架公约》及《巴黎协定》的目标和原则，积极履行构建人类命运共同体的气候治理责任，坚持实施“双碳”目标和不懈地推进“1+N”气候治理行动，砥砺前行，实现了减污降碳协同增效的绿色转型新局面。现阶段我国光伏发电应用技术已是一骑绝尘，发电并网总容量实现了全球七连冠；风能发电量处于国际第一位，已超第二位美国2倍多；核能技术应用也跨入国际先进行列，风水电站的建设水平更是无出其右者，成功地在能源和产业革命的新赛道上弯道超车。

当下全球化深受地缘政治危机加剧的影响，这使得欧洲能源价格高度耦合进了碳交易与天然气、电力市场，触及历史高点继而传导到消费侧，导致欧洲物价水平整体升高。而且美国还在拉帮结派地搞贸易保护主义（禁运制裁等），世界逆全球化风险和局部金融危机频现。此时西方灵活的道德底线和双重标准再次上线，部分国家气候政策出现回摆，重新使用化石能源，不断推迟碳中和承诺时间，有计划合伙“掀翻桌子”并在环保议题上大倒退。

2022年6月，荷兰表示取消燃煤能源生产上限；美国最高法院裁决限制了国家环境保护局（EPA）依据《清洁空气法》（*Clean Air Act*）对燃煤燃气发电厂温室气体排放的监管权力。7月，德国初步计划放弃电网接近100%可再生能源目标；英国国家电网已经延长燃煤发电机组的使用寿命，决定放弃2025年实现碳中和目标。8月，德国彼得斯哈根的海登煤电厂重启并接入电网，政府宣布取消2035年实现碳中和的目标；环保之都哥本哈根因为碳捕集与封存项目政府补贴不到位，宣布放弃2025年前实现碳中和目标。奥地利、法国等国家纷纷宣布重启燃煤发电或推迟清洁进程，政府也正在就是否取消碳中和目标进行讨论。特别引人注意的是，欧盟委员会（2021年7月15日提案）、欧盟理事会

（2022年3月15日通过）和欧洲议会（2022年6月22日修正案通过）正拟建立具有国际性质的碳边界调整机制（CBAM）的碳关税法律文本。美国、加拿大、日本、澳大利亚等也在谋划推出类似的方案，而且在7月G7和11月结束的G20峰会期间表现出气候治理议题的政策不确定性，意图支持在2022年底前成立全球“气候俱乐部”，旨在利用发达国家在金融投资、国际贸易、全球治理方面的组织优势，采用“小院高墙”式俱乐部机制，实则行碳关税同盟之实，将减排成本通过贸易渠道从西方国家向发展中经济体转移，客观上加剧了减排的不公，有悖《联合国气候变化框架公约》确定的共同但有区别的责任原则，不利于全球在应对气候变化上开展国际合作，影响全球减排控温和碳中和目标的实现，对全球化进程也将造成深层次的伤害。

中国是全球最大的碳排放经济体，也是全球人口最多的发展中国家，人均GDP只有欧盟的1/3、美国的1/6左右，而且“双碳”行动时间表的实施要晚于大多数发达国家约10年，为此承受的压力却要大得多。这意味着中国经济需要长足发展，人民生活仍需持续改善，这是我国落实“双碳”目标的前提和实现民族复兴的首要任务之一。为此，我们需要客观面对全球化变局及其应对气候治理现状，推动全球可持续发展目标实现，重振多边主义应对发展挑战，考虑后疫情时代及碳边界调整机制对“双碳”目标的影响，努力实现减碳与发展双赢新格局，我们需要三思而后行，虽然道阻且长，只要行而不辍，中国未来可期。

首先，重新厘定和约束人类的行为，是应对和解决气候变化问题之根本，碳达峰碳中和的实践，是人类减碳行动的共同约定，碳排放权对国家而言实质上就是发展权之争。中国作为推动构建全球气候治理新体系的重要参与者、贡献者、引领者，积极推动《巴黎协定》签署、生效、实施，承诺实现从碳达峰到碳中和仅30年的行动时间，远远短于发达国家40~70年的时间，用历史上最短的时间完成全球最大碳排放强度降幅，而且言必行，行必果。仅这些年来，我国单晶硅、光伏板、电动汽车做到了销量全球第一，风、光、水、核等新能源都处于世界前列，特高压输电技术领先全球，经济结构正在从以煤炭为主导和石油、天然气、新能源为辅助的“一大三小”能源消费体系向以新能源为主的“三小一大”能源消费体系自主可控转型。其中我国的举国体制发挥了重大作用，取得了巨大的成就。

反观西方地缘问题此起彼伏，俄乌冲突升级，又遭遇能源、粮食、难民危机的反噬，欧洲部分国家在碳中和履约过程中出现了短期违约收益超过了成本，继而长期违约的收益会低于成本的行为，待过几年欧洲能源问题稍有改观性恢复，在权衡利弊后其定会高调地重启气候道德议题。借此时机，我国也正好可以大力发展新能源产业，在推动全球绿色发展和构建绿色“一带一路”、南南合作框架下，提升我国能源系统治理韧性以及能源基础设施的气候适应力，保持发展战略定力和足够的耐心，统筹国内国际两个大局的战略决策，制定未来的绿色和数字双重转型机制在能源领域转型升级中发挥决定性作用的改革时间表、路线图、施工图，实现真正意义上的高质量发展。

其次，西方在全球应对气候变化治理探索的博弈过程中夹带着政治因素，无论其反倾销还是反强迫的说法，本质皆为经济霸凌主义，表现出技术不够、法案来凑的市场争夺策略。在目前的国际分工体系下，欧盟委员会通过实行逆全球化贸易保护措施，拟在钢铁、铝、水泥、化肥和电力等行业碳定价的基础上，新增有机化学品、塑料及其制品、氢和氨等更广泛行业的碳泄漏工具，并将间接排放（外购电力产生的排放）纳入排放范围。据高盛测算，如果对商品碳足迹征收100美元/吨的碳税，我国对欧盟的出口每年可能面临高达350亿美元的碳边境调节税。如果后续继续扩大机制覆盖范围，对机电产品、纺织及其制品等我国更多产品和优势出口产业征收边境调节税，在一定程度上将削弱我国相关出口产品竞争力，对全球贸易格局及产业竞争带来普遍冲击和影响。

欧盟开征碳边境调节税，不会是西方国家唯一和最后的绿色贸易门槛，其碳边界调整机制的实施，将会在全球产生示范效应。现阶段，尽管作为欧盟单边的贸易跨境措施的碳边界调整机制存在广泛争议，面临国际减碳泄漏效果存在不确定性，亦与联合国气候治理共识和WTO规则不兼容等问题，但不妨碍美国、英国、日本等发达国家正考虑紧随欧盟，以“气候俱乐部”形式建立碳关税联盟，嵌入贸易中。现行国际商品生产地与消费市场分离，承受碳排放成本的生产国不一定能够获得碳税带来的福利，这意味着减排责任将通过贸易渠道转嫁给作为贸易伙伴的发展中国家，这将对全球气候治理的有效合作带来冲击，尤其会对全球自由贸易和福利造成不可估量的破坏，全球化格局和走向的改变将不可避免。对于中国这样的贸易大国而言，这将会对钢铁、有机化学品、塑料、纺织等相应出口贸易产业政策产生重大影响，而且伴随着我国碳市场机制逐步完善，排放边界成本不断上升，我国也将会面临碳泄漏的难题。如此情况下，中国面对现实应尊重历史的辩证法，理性判断和主动应对碳边界调整的管控影响，利用欧盟碳边界调整机制修正案的过渡（2023—2026年商品碳排放申报准备）时期，密切跟踪碳关税的变化趋势，对可能出现的贸易负面因素制订充足预案，尽快建立必要的监测报告和核证（MRV）系统，审慎评估气候治理成本和降碳路径策略，研究减少产业贸易碳税基的相关措施，构建我国碳市场和碳边界调整的并行机制，这不仅是未雨绸缪，而且是确已迫在眉睫。

再次，IPCC发布的《气候变化2022：影响、适应和脆弱性》报告认为，气候危机常态化时代已经提前到来，全球有33亿~36亿人正居住在因气候变化影响高度脆弱的生态中，到2100年全球有50%~70%的人口将暴露在极端湿热和生态污染严重的有害生产条件或是生活环境里，对人类的生存与发展造成了空前影响。世界经济论坛也在《2022年全球风险报告》中强调，就未来10年全球最紧要的风险而言，减缓与适应气候变化行动的失败已经成为影响深远的首要风险，而其他风险如生物多样性减损、传染性疾病、水资源污染也同气候变化密切相关。在气候危机下，能源安全保障已经更加深入地内嵌到多因素安全体系之中，特别是同水与粮食密切相关，从而形成了水、粮食和能源安全纽带（Water-Food-Energy，WFE）。自2020年3月11日世界卫生组织正式宣布新冠疫情全球大流行以来，人类活动突然前所未有地减少，全球大部分地区处于隔离封锁状态，工厂停止运营、汽车引擎关闭、飞机停飞等对气候治理态势没有显著影响，全球平均气温比工业化之前的时代升高了1.2℃。气候研究工作者基于简单情景的气候模型评估证实，不论从短期还是长期来看，人类疫情隔离禁足措施不是主动性气候行动计划，而且是不可持续的短暂行为，效果是微乎其微的，新冠疫情对全球气候变化的影响小于预期。展望后疫情时代的2030年，依照各国遵循疫情高峰期碳排放数据表现，情景气候模型研究显示全球气温仅会降低0.01℃，该结论近来得到各缔约方国家自主贡献（NDC①）更复杂气候模型的验证支持。

中国作为全球气候变化的敏感区和脆弱区之一，人口数量约占全球的1/5，生态危害和社会风险隐患度高于全球平均水平。中国坚持生

① NDC，即国家自主贡献，是一个旨在减少排放、适应气候影响的气候行动计划，《巴黎协定》各缔约国都必须设定国家自主贡献方案，每五年更新一次。

态文明建设就是要提升到绿色发展高度以践行“双碳”目标，牢记高质量的可持续发展需要兼顾经济效益和社会效益的使命。2022年6月国家发改委、生态环境部等十七部门联合印发《国家适应气候变化战略2035》，旨在在“双碳”目标下将适应气候变化全面融入经济社会发展大局，全面提升应对气候升温、新冠疫情等的韧性治理能力。保障社会系统性稳定关乎到国家生态安全和中华民族的未来。正因如此，人民至上、生命至上，我国得以快速有效处置局部地区聚集性疫情，最大限度保护了人民生命安全和身体健康，疫情防控和经济发展保持全球领先地位。但不可忽视的是，受新冠病毒疫情持续反复的影响，我国大量经济活动放缓甚至停摆。从短期来看，疫情造成中国$CO_2$排放强度降低，但随着政府涉疫局部静默政策和坚持持续抗疫的“动态清零”行动，实施了大面积、多批次普筛的新冠肺炎筛检（始于一次性抛弃式棉花棒在患者鼻腔或口中采样，密封于病毒输送保存管内送到临床实验室，提取核糖核酸（RNA）、放大核酸检验，最后是消毒并焚毁医疗废弃物），完整筛检的组织生产、运输存储、检验过程与废弃物处理，都会造成环保问题。北京化工大学与美国密歇根大学刊登于美国《环境科学与技术》期刊的研究成果认为，在中国做一次新冠肺炎核酸检测会产生612.9克$CO_2$排放，相当于每人每日所需用电量的碳排放的50%。估计我国自新冠疫情暴发以来已超100亿次核酸检测，产生约600万吨的温室气体排放。虽然新冠病毒对最脆弱群体的打击最为严重，但仍需迫切找到不受隔离措施影响的减少碳排放的方法，并能同时促进个人健康、企业福利和实现社会永续发展。寻求实现最大战略协同效应的科学解决方案，对我国后疫情时代“双碳”目标的路径实施，仍至关重要。

最后，中国需开创后疫情时代碳中和的技术需求清单，实施有效减排措施和增加碳汇能力是实现“双碳”目标的重要路径，其中有效的自然气候解决方案中的海洋负排放新路径引人注目。联合国《蓝碳：健康海洋固碳作用的评估报告》认为，海洋是人类发源的摇篮和赖以生存的家园，覆盖全球表面积的70.8%，是地球上最大的碳库和应对气候变化的主要贡献者，其储碳量达40万亿千克，约为地球上$CO_2$量的93%，是陆地碳库的20倍、大气碳库的50倍；人类排放$CO_2$量的1/4都由海洋吸收；科学研究表明，全球自然生态系统通过光合作用固碳中超55%由海洋生物完成，单位面积固碳量比陆地植被森林高10~20倍。全球海岸带系统的红树林、海草床和盐沼三大生态系统仅占全球海床面积的0.2%~0.5%，植物生物量也仅占陆地的0.05%，海洋碳储量却占到50%以上。海洋在应对气候变化中发挥了决定性作用，海洋碳汇对于全球碳中和而言，是极为重要的增汇途径。研究数据表明：全球范围内基于海洋的增汇方案，可解决全球缔约国自主贡献概算和现行褐碳-黑碳-绿碳体系减排能力不足问题，足以在2030年实现全球每年减少近40亿吨$CO_{2e}$的排放，到2050年每年减少约110亿吨$CO_{2e}$的排放。国际社会对提供了人类生存之本、生产之基、生活之源的海洋及其蓝碳作用机制开始情有独钟，其已成为各国政府和科学家追逐的焦点和热点。

中国作为世界第二大经济体，具备国际最大的碳排放体系和独特丰富的气候资源禀赋。全球典型海洋三大海岸带蓝碳生态系统——红树林、盐沼、海草床体系在我国分布广泛，我国拥有漫长的1.8400千米海岸线和14247千米长丰富的边缘海，海洋国土面积达2997000平方千米，横跨22个地理纬度带，沿海湿地约6700000平方千米，占全国总面积的13%，按内陆向海伸展10千米等深线计算，我国40%的人口和60%的GDP集中受惠。我国是世界最大的海洋水产养殖国，具有最大规模渔业碳汇产业资源。近年来，《中共中央 国务院关于加快推进生态文明建设的意见》《全国海洋主体功能区规划》等相应对发展蓝碳作出部署，相继发起“21世纪海上丝绸之路蓝碳计划”和“全球蓝碳十年倡议”，推出了“中国蓝碳行动计划”，旨在在生态资源基础上充分挖掘蓝碳的固碳增汇潜力，有助于完善“1+N”政策体系的生态完整性，实现气候治理和海洋可持续发展等多重效益联动，为海洋强国建设决策提供支撑。目前，国际蓝碳体系研究初见端倪，中国蓝碳增汇研究刚刚起步，蓝碳发展正处于从理论到实践的关键阶段，我国亟须通过陆海统筹策略，沿着我国碳中和路线推动蓝碳资源资本化进程，构建以蓝碳增汇体系为核心的海洋碳汇标准和计量方法学，创新实施减排增汇—量化生态补偿机制，解决蓝碳资源保护领域长期的资本误置和融资约束问题，以海洋强国家强的理念发展蓝碳增汇新途径，其战略意义深远。

中国作为全球最大的能源生产国、消费国以及世界清洁能源发展引领者，已成为全球能源结构优化过程和绿色低碳转型中最重要的推动者。2022年11月18日，国家发改委、国家统计局、国家能源局联合发布《关于进一步做好新增可再生能源消费不纳入能源消费总量控制有关工作的通知》(以下简称《通知》)，现阶段主要包括风电、太阳能发电、水电、生物质发电、地热能发电等新增可再生能源电力消费量不纳入能源消费总量控制，这是完善能源消费强度和总量双控制度的重要举措，为进一步发挥政府市场培育优势，推动制定绿证、绿电和蓝碳确权、技术创新、价值核算、交易机制、运营投资等核心机制并提供理论支撑。提供绿证和蓝碳市场差异化的减排交易机制选择，有效把控能源电力化、数字化和清洁化日益成为全球能源转型的主要态势。《通知》也进一步完善我国“双碳”目标实施路线，为全球碳中和的实现提供中国智慧和解决方案。

# “双碳”目标下中国工业低碳转型研究 *

毛 涛
中国碳中和50人论坛特邀研究员
工业和信息化部国际经济技术合作中心研究员

工业在国民经济发展中发挥着重要作用，是立国之本、强国之基。新中国成立后，中国在几乎一穷二白的基础上，建立起了独立完整的现代工业体系，实现了历史性突破，2010年以来制造业总体规模稳居全球第一，有力支撑了国民经济发展。然而，不容忽视的是，中国工业快速发展的也带来了大量的资源能源消耗以及污染物和温室气体排放。工业是碳排放的主要领域之一，其低碳发展水平对全国整体实现碳达峰碳中和具有重要影响。因此，工业需要对标国家碳达峰碳中和时间表和路线图，加快推动低碳发展。

## 一、中国工业低碳发展的进展

工业低碳发展是一个系统工程。中国通过制定、完善相关法律法规和政策，加强了工业低碳发展的顶层设计；通过制度建设，形成了保障工

* 本文首发于《改革》2022年第8期第67—75页，此版本有删减，且略去了参考文献。

业低碳转型的制度体系；通过关键领域的重点推动，加快了工业低碳转型步伐。

### （一）进行顶层设计

中国高度重视工业领域的低碳发展问题。“十三五”期间，工业和信息化部制定的《工业绿色发展规划（2016—2020年）》作为工业领域推动低碳发展的纲领性文件，提出了规模以上企业单位工业增加值能耗、二氧化碳排放下降比重，以及绿色低碳能源占工业能源消费量比重等指标；明确了推进重点行业低碳转型、控制工业过程温室气体排放、开展工业低碳发展试点示范等重点工作。2020年9月，“双碳”目标提出后，工业低碳发展的顶层设计进一步加强。2021年9月，中共中央、国务院印发《关于完整准确全面贯彻新发展理念做好碳达峰碳中和工作的意见》，提出要推动产业结构优化升级，坚决遏制高耗能、高排放项目盲目发展，大力发展绿色低碳产业等重点工作。2021年10月，国务院印发《2030年前碳达峰行动方案》，提出了工业领域的碳达峰行动，明确了推动工业领域绿色低碳发展，推动钢铁、有色金属、建材、石化和化工等行业碳达峰，坚决遏制“两高”项目盲目发展等重点工作；在碳达峰碳中和“1+N”政策体系下，计划推出的能源、工业等重点领域和钢铁、水泥、化工等重点行业的实施方案，以及科技、财税、金融等保障措施，将进一步强化工业低碳发展的顶层设计。2021年11月，工业和信息化部印发《“十四五”工业绿色发展规划》，将实现碳达峰作为“十四五”时期工业绿色发展的工作重点，提出单位工业增加值二氧化碳排放降低18%、规模以上工业单位增加值能耗降低13.5%等目标，实施包括制定工业碳达峰路线图、明确工业降碳实施路径、开展降碳重大工程示范、进行非二氧化碳温室气体管控等重点工作在内的工业领域碳达峰行动。

## （二）开展制度体系建设

为推动工业低碳发展，中国制定出台了《中华人民共和国环境保护法》《中华人民共和国大气污染防治法》《中华人民共和国节约能源法》《中华人民共和国可再生能源法》《中华人民共和国清洁生产促进法》《碳排放权交易管理办法（试行）》《温室气体自愿减排交易管理暂行办法》等相关法律和政策，推出了一系列工业低碳发展制度。其中，排放标准、能耗限额、能效标识、节能监察、碳核查、碳排放总量控制、碳排放强度控制、固定资产投资项目节能审查、重点用能单位节能管理等属于行政手段，是最为基础的制度，是企业最低限度节能减碳的刚性约束；合同能源管理、节能量交易、用能权交易、碳排放权交易、绿色电力证书、新能源汽车双积分等专业化制度工具，以及绿色税收、绿色金融、绿色采购等辅助措施，属于市场化手段，其与行政手段进行必要协同，可以通过“数量”和“价格”调控，在行政要求的最低限度上进一步挖掘企业的节能减碳潜力；签订节能自愿协议、温室气体自愿减排等，属于社会化手段，其适用完全基于企业自愿，主要是一些社会责任感比较强的大型企业会主动为之。随着这些制度的实施，工业节能减碳取得了一定成效。比如，2019—2020 年工业和信息化部组织实施的国家重大工业专项节能监察，共监察高耗能企业（如钢铁、有色、石化、化工、建材等）和重点用能数据中心等8067家；截至2021年底，全国碳排放权交易市场共运行114个交易日，碳排放配额累计成交量达1.79亿吨，累计成交额达76.61亿元；截至2021年9月30日，自愿减排交易累计成交量超过3.34亿吨二氧化碳当量，成交额逾29.51亿元。

## （三）推动重点领域转型

在工业低碳发展方面，针对当前存在的能源结构偏煤、用能效率偏低、产业结构偏重等问题，中国通过优化用能结构、提高用能效率和调整产业结构等工作，大力推动减少源自工业领域的碳排放。

一是优化用能结构。改革开放以来，在中国经济快速发展的同时，能源消费也在增长，1978年中国能源消费量为5.7亿吨标准煤，2021年达52.4亿吨标准煤，增长约8.2倍。工业作为能源使用大户，能源消耗量超过全国的65%。在高碳能源结构下，工业生产势必会带来大量的碳排放。为调整能源结构，中国大力推动非化石能源的使用，2020年中国非化石能源占能源消费总量的比重提高到15.9%，比2005年提升了8.5个百分点。在推动整体用能结构优化的同时，中国也通过绿色产品、绿色工厂、绿色供应链建设等工作，引导企业通过自建光伏和风电等手段减少化石能源的使用。

二是提高用能效率。提高能源使用效率，可以减少企业单位产品的能源消耗和碳排放。国家通过开展重点用能单位节能管理、节能监察、节能诊断、节能技术推广、节能改造、合同能源管理等工作，使企业用能效率显著提高。《“十四五”工业绿色发展规划》显示，“十三五”时期规模以上工业单位增加值能耗降低约16%。随着用能结构优化和用能效率提升，工业领域的碳排放在下降。据统计，截至2020年，中国单位工业增加值二氧化碳排放量比2015年下降约22%。

三是调整产业结构。在工业各部门中，以钢铁、有色金属、建材、石化、化工为代表的重点行业碳排放量占工业的近80%。这些“两高”行业附加值不高，但是能源消耗量和碳排放量很大，是产业结构调整的重点领域。《“十四五”工业绿色发展规划》显示，“十三五”期间，钢铁行业于2018年提前完成了去产能1.5亿吨的目标；高技术制造业、装备制造业增加值占规模以上工业增加值的比重分别提高了3.3个和1.9个百分点。

## 二、中国工业低碳发展存在的问题

随着“双碳”工作的开展，工业低碳转型步伐明显加快，但是，由于存在认识偏差、制度体系不健全、重点领域任务依旧艰巨等问题，还难以充分调动企业参与的积极性，也难以深度挖掘企业的减碳潜力。

### （一）认识上存在一些偏差

习近平总书记在党的二十大报告中指出，“实现碳达峰碳中和是一场广泛而深刻的经济社会系统性变革”。实现工业领域的碳达峰碳中和，需要开展能源结构转型、产业结构优化、用能效率提升、先进技术应用等方方面面的工作，同样是一场系统性变革。虽然习近平总书记有大量关于碳达峰碳中和的重要论述，国家也出台了推动工业低碳发展的相关法律和政策，但是由于一些地方和企业对于“双碳”目标的理解和认识不到位，部分工业低碳发展实践出现了偏差，具体表现为：

一是部分地方没能处理好发展与减排的关系。一些地方只看到发展与减排对立的一面，而忽视了它们统一的一面：要么一味“攀高峰”，借碳达峰之机盲目上马高耗能、高排放项目；要么简单“一刀切”，不考虑高耗能、高排放项目低碳发展水平的差异性，武断地一概关停。

二是部分地方没能处理好局部和整体的关系。一些地方未树立全局观念，忽视了整体的主导地位，未将局部放在整体中考虑，造成了局部和整体的割裂：要么选择“齐步走”，简单对标国家提出的工业领域碳达峰碳中和时间表；要么提出过早过高或过晚过低的碳目标，没有充分考虑当地与其他地方工业发展和碳排放状况的差异性。

三是部分地方没能处理好当前和长远的关系。一些地方缺少战略思维，主要表现为只顾当前、不管长远，或者好高骛远、脱离实际：要么不考虑工业发展实际，选择“运动式”减碳，急功近利，进行跟风式表态；要么只考虑工业低碳发展的某个方面，出台“头痛医头，脚痛医脚”急于求成的“短效疗法”；要么只考虑工业发展、不考虑环境保护，无动于衷，认为碳达峰碳中和是未来的事，呈观望态度。

四是部分地方没能处理好政府和市场的关系。一些地方在开展碳达峰碳中和工作时，行政调控和市场调节未能协同发力：要么为完成能耗总量和强度“双控”目标，简单粗暴地利用行政手段“拉闸限电”；要么不能有效利用金融信贷等手段解决企业低碳转型发展面临的问题。

**（二）制度体系建设尚不健全**

当前，中国虽然初步形成了集行政、市场、社会化手段于一体的工业低碳发展制度体系，但是现有制度仍不健全，突出表现为市场化制度建设滞后，主要问题如下：

一是部分制度缺乏协调。市场化手段主要基于价格和数量控制，由此导致相关制度设计出现交叉重合问题。近些年，中国开展的用能权交易、节能量交易和碳排放权交易就存在上述问题。用能权交易、节能量交易关注的重点是能源使用量，碳排放权交易关注的重点是二氧化碳排放量，企业节约的能源使用量以及二氧化碳排放量都可以通过市场进行交易。当前，中国已经启动全国碳排放权交易市场，用能权交易将在浙江、河南、福建、四川等原有试点基础上进一步推广应用，部分地方的节能量交易也已展开。这就有可能出现1个企业同时进入2个甚至3个不同的交易体系的现象，不仅会造成不必要的资源浪费，而且会加重企业负担。

二是部分制度实施效果不佳。一些制度型工具的实施效果尚不理想。例如，绿色电力证书交易活跃程度不高，截至2022年2月底，累计成交量仅占核发总量的3.0%，其中补贴绿证累计成交量仅占补贴绿证核发总量的0.2%。又如，全国碳市场涵盖的行业范围过窄，市场活跃度不高，碳交易价格较低，2021年每吨二氧化碳的平均交易价格还不到45元。此外，税收、金融、财政等相关措施对于企业，特别是中小企业节能减碳的激励尚不充分，绝大多数企业减排动力依旧不足。

三是一些领域制度管制缺失。在推动工业低碳发展方面，碳排放权交易市场发挥着重要作用。随着全国碳排放权交易市场建设的加快，除电力外，还将纳入石化、化工、建材、钢铁、有色、造纸、航空等重点行业。进入碳市场的企业主要是碳排放量超过一定门槛的大型企业，而非中小企业。虽然单个中小企业的碳排放量不大，但是与大企业相比，中小企业的资金实力、管理能力、技术水平等都存在着一定差距，具有较大的碳减排潜力。在中小企业减碳方面，由于缺乏像碳排放权交易那样有针对性的减排工具，广大中小企业减碳意愿普遍不高。

**（三）部分重点领域积重难返**

在工业低碳发展方面，中国围绕优化能源结构、提高用能效率和调整产业结构等重点领域做了大量工作，取得了明显进展，但是按照"双碳"目标的要求，依旧有较大的改进空间。主要问题如下：

一是工业用能结构依旧偏煤。在中国的能源消费构成中，煤炭长期占据首位，煤炭占能源消费总量的比重虽然已经从2005年的72.4%降至2021年的56.8%，但是依旧远高于2020年全球27.2%的平均水平。基于此，工业领域短期内也将很难改变用能结构偏煤的状况。

二是工业用能效率依旧偏低。总体来看，中国能源强度虽然已经从2010年世界平均水平的2倍下降至2021年的1.3倍，但是依旧高于世界平均水平，更是经合组织（OECD）国家平均水平的2.7倍。就工业领域而言，钢铁、建材、有色、化工等碳排放相对集中的领域，与国际先进水平相比还存在差距。比如，以废钢作为原料的电弧炉短流程能耗和碳排放量仅为长流程的1/3，中国钢铁生产工艺主要为长流程，而以电弧炉短流程炼钢工艺生产的粗钢约占总产量的10%，远低于美国的68%、欧盟的40%、日本的24%。

三是产业结构依旧偏重。2021年，全国工业产能利用率为77.5%，虽然是近年来的较高水平，但是依旧可以反映出工业发展所存在的传统产业供给过剩的结构性问题。其中，以钢铁、电解铝、水泥、平板玻璃等为代表的附加值相对较低的高耗能、高排放行业，产能过剩问题依旧存在。总体上看，中国产业结构偏重的问题尚未发生根本性改变，附加值较低的“两高”行业依旧占比较高，供给过剩；而附加值较高的高新技术产业发展明显不足，还难以保障有效供给。当然，产业结构调整不可能一蹴而就，短期内我国很难改变产业结构偏重的状况。

## 三、推进中国工业低碳转型的建议

在“双碳”目标下，加快工业低碳发展，需准确认识“双碳”目标，加强制度体系建设，并深入推进用能结构优化、用能效率提高和产业结构调整等工作。

### （一）以准确的认识引领科学实践

在“双碳”目标下，工业领域的低碳发展有了新的要求。对此，我们要有正确认识，既要充分认识到工业低碳发展的重要性和紧迫性，又要清楚看到其复杂性和艰巨性。我们要切实做到科学推进，不能因为怕出问题而止步不前，也不能盲目行动，更不能坐而论道，应有干事创业的担当精神，用科学理论引领工业低碳发展实践。我们需要深刻领会、准确把握习近平总书记关于处理好“双碳”工作“四对关系”

的重要论述，进而科学引导工业低碳发展实践。

一是正确认识发展和减排的关系。在处理发展和减排的关系时，要清楚地认识到，不是不发展工业，而是要走工业低碳发展的道路，通过加强技术创新、调整产业结构、优化用能结构、提高用能效率等，使工业在低碳转型中实现更高质量的发展；同时，要确保工业用能的稳定供应以及产业链供应链安全，降低工业低碳转型的潜在风险。

二是正确认识整体和局部的关系。在处理整体和局部的关系时，全国需要一盘棋推进，尤其是地方在制定工业低碳发展政策时，应将自身放在全国整体中考虑，立足当地工业发展和碳排放状况，进行科学决策；企业作为碳减排的主体，同样需要科学决策，建议按照所处行业及区域“双碳”目标要求，将自身放在整个产业链供应链上考虑，稳步推进低碳转型。

三是正确认识长远目标和短期目标的关系。在处理长远目标和短期目标的关系时，需要认识到工业“双碳”目标不是短期轻易就能实现的，而是一个长期的系统工程，既需进行长远规划，又要立足当下实际。对于地方政府和企业来说，要有实事求是的态度，克服急功近利、漠然置之等错误思想，把握好工业低碳发展的节奏和力度，避免出现“攀高峰”“齐步走”“一刀切”等问题。

四是正确认识政府和市场的关系。在处理政府和市场的关系时，需要推动有为政府和有效市场更好结合，形成工业低碳发展的激励和约束机制，在利用行政手段设定企业碳排放“底线”和“红线”的同时，更多地使用市场化手段，形成基于市场的正向激励，让企业能够从低碳发展工作中受益，以广泛引导企业参与，进而深度挖掘企业的节能减碳潜力。

### （二）以健全的制度充分调动企业参与积极性

建议在完善行政手段、社会化手段的同时，重点完善市场化手段，充分发挥市场化手段在工业低碳发展制度体系中的主导作用，进而全面调动企业节能减碳的积极性。

一是加强制度的协同性。推动企业碳减排，需要进一步优化相关制度设计。2021年中央经济工作会议明确提出，“创造条件尽早实现能耗‘双控’向碳排放总量和强度‘双控’转变”。因此，有必要按照这一思路，对用能权交易制度、节能量交易制度、碳排放权交易制度进行必要的协同。建议将尚未广泛推广和应用的节能量交易与用能权交易进行合并，把节能量交易的相关功能融入用能权交易中。同时，要理顺用能权交易与碳排放权交易的关系。在当前的用能结构中，化石能源占比较高，企业若用能多，碳排放往往也会多。基于企业能源使用与碳排放之间的逻辑关系，建议重点发挥碳排放管制的作用，已经纳入碳排放权交易体系的企业，不再重复纳入用能权交易体系。

二是增强制度的可操作性。完善绿色电力证书制度设计，将绿色电力证书的交易价格与新能源补贴脱钩，取消绿证价格不高于证书对应电量的可再生能源电价附加资金补贴的要求；解决好与中国核证自愿减排量（CCER）之间的关系，避免重复计算。关于碳市场，尽快将全国碳市场覆盖到石化、化工、建材、钢铁、有色、造纸、航空等重点行业的重点企业，不断丰富交易品种，完善交易方式，提升全国碳市场的活跃度；在将排放量高于特定排放量的企业纳入全国碳市场的同时，允许更多的地方政府围绕不符合国家碳排放量要求的企业开展试点工作，以此广泛调动企业参与碳排放权交易的积极性。关于绿色采购、绿色信贷、绿色税收等相关措施，建议提高标准并细化操作规则，形成鼓励企业低碳发展的制度环境。对于主动开展节能改造、低碳技术研发和增加碳汇等工作的低碳企业，应给予强有力的支持，通过增加绿色采购份额、提高授信额度、降低贷款利率、加大税收减免力度等方式，使企业能够充分享受政策红利。

三是加强特定领域制度设计。立足中国碳排放特点及制度状况，建议重点围绕中小企业进行必要的制度创新。一方面，率先引导龙头企业打造零碳供应链。建议结合工业和信息化部牵头的绿色供应链示范，商务部牵头的供应链创新与应用试点，上海、天津、东莞、深圳等地的绿色供应链试点，以及《国务院关于加快建立健全绿色低碳循环发展经济体系的指导意见》提出的“绿色供应链试点”，率先引导既有的以及即将纳入试点的企业围绕碳减排打造绿色供应链，充分发挥大企业“以点带线、以点带面”的作用，带动链上中小企业节能减排，争取打造出一些可复制、可推广的零碳供应链管理模式。另一方面，适时开征碳税。在条件成熟时，将碳税作为碳排放交易的必要补充，形成以“碳排放权交易+碳税”为主要工具的市场化减排机制，既做到重点推动，又可以普遍规范。当中国同时使用上述两种制度工具时，建议按照以下思路协同推进：根据年度温室气体排放量对企业进行分类，达到特定排放量要求的企业，纳入碳排放权交易体系，其他企业则要被征收碳税；同时，可以给予企业一定的选择权，即在某个年度温室气体排放量区间的企业，可以自由选择是加入碳排放权交易体系还是缴纳碳税。

### （三）以重点突破加快工业低碳转型步伐

在推动工业碳减排时，要继续抓住并抓好工业用能和产业结构这两个主要矛盾，深度推动用能结构优化和用能效率提高，大力调整产业结构，以取得事半功倍的效果。

一方面，加快用能结构优化和用能效率提高。从资源禀赋来看，中国富煤、少油、贫气、清洁能源丰富。在传统能源利用方面，石油和天然气需要大量进口，2021年对外依存度分别约为72.2%和46%；与之相比，煤炭最为安全可靠，基本可以自给自足，而且在当前的能源结构中占比较高。在清洁能源利用方面，国家提出到2030年非化石能源消费比重将达到25%左右，风电、太阳能发电总装机容量将达到12亿千瓦以上；到2060年，非化石能源消费比重达到80%以上。风、光等作为国家大力推动发展的非化石能源，大规模生产和使用有赖于储能技术的进步及低成本应用，但是短期内由于储能技术很难有实质性突破，非化石能源对传统能源的替代不可能一蹴而就。因此，煤炭依旧会在中国能源利用中发挥重要作用。现阶段，在推广非化石能源的同时，要重点做好煤炭的清洁高效利用工作。

在煤炭的清洁高效利用方面，要做好如下工作：一是加强煤炭集中利用，推动“以电代煤”工作，提升工业终端用能电气化率，减少工业锅炉、窑炉燃煤；二是立足中国低阶煤占比较高的状况，加强对其分质分级梯级利用，在提高用煤品质的同时，从中尽可能多地提取油气资源，实现低阶煤清洁高效利用和能量梯级利用；三是延长煤化工的产业链条，从低附加值走向高附加值，提高煤炭利用的经济效益。在开展以上工作时，有必要通过加强数字化、智慧化企业用能管理，加快节能减碳工艺技术装备研发应用，强化节能监察和节能诊断等方式，积极引导工业企业节约能源、提升用能效率。

另一方面，深入调整产业结构。在传统产业改造方面，应重点做好如下工作：一是深入推进供给侧结构性改革，重点通过环保、能耗、质量、安全等法律标准，先立后破，依法依规地化解钢铁、水泥、平板玻璃、电解铝等行业的过剩产能，严格控制低水平高耗能、高排放项目的盲目发展。二是推广钢铁行业兼并重组经验，大力推动行业集中度低、同质化严重的传统产业兼并重组，引导绿色低碳发展水平高的龙头企业，将先进的管理理念、技术实力、资金优势等带入中小企业，发挥好兼并重组的“聚变”效应，提升整个行业的绿色低碳发展水平。三是在传统产业升级过程中大力推广应用互联网、大数据、人工智能等新一代信息技术，对产业发展进行全方位、全角度、全链条改造，全面提升传统产业的数字化、网络化和智能化水平，进而释放数字化叠加倍增效应。

在新兴产业发展方面，应重点发展具有国际竞争优势的高新技术产业。一是加强新能源、新能源汽车、碳捕集与封存等领域核心技术的研发，加强企业、高校、科研机构、行业协会、投资机构等之间的联动衔接，形成分工合作、协同创新的生态链。二是避免低端重复建设，立足不同地区各自优势，因地制宜、发挥优势，防止一哄而起，不具备产业发展基础的地方应及时叫停项目规划，避免低水平重复建设和同质化无序竞争；同时，还应加强传统产业与新兴产业在资源要素、空间格局和销售市场等方面的协同融合与充分共享。三是在战略性新兴产业发展过程中，重点发挥节能环保、新能源、新材料、新能源汽车、高端装备制造等行业领军企业的作用，带动产业链上钢铁、铝等传统企业的高质量发展和低碳转型，形成战略性新兴产业和传统产业配套协作、相互渗透、相互补充的产业发展态势。

# 落实“双碳”目标应着眼于“深度”和“密度”

唐人虎｜中国碳中和50人论坛特邀研究员
北京中创碳投科技有限公司总经理
周洁婷｜北京中创碳投科技有限公司研究院副院长兼产品中心副总经理

“双碳”目标已写入我国“十四五”规划和2035年远景目标纲要，成为一项长期重要国策，将引领“一场广泛而深刻的经济社会系统性变革”。党的二十大报告指出要“加快发展方式绿色转型”，“发展绿色低碳产业，健全资源环境要素市场化配置体系，加快节能降碳先进技术研发和推广应用，倡导绿色消费，推动形成绿色低碳的生产方式和生活方式”，并提出“积极稳妥推进碳达峰碳中和”，“立足我国能源资源禀赋，坚持先立后破，有计划分步骤实施碳达峰行动”。“双碳”目标无疑是一项长久不变、影响深远的国家重大战略，随着顶层设计工作的逐渐完善，下一阶段落实“双碳”目标应着眼于“深度”和“密度”，既要将“双碳”工作做深做实、确保落地，又要做出“密度”，实现规模化推广，形成新的发展方式。

## 一、正确认知，以“四度”视野理解“双碳”目标

### （一）“双碳”是一项具有高度的事业

放眼全球，气候变化已被公认为客观事实，世界各国在科学、经济与政治领域就应对气候变化、实现净零排放目标均达成共识。于我国而言，实现碳达峰碳中和，是党中央统筹国内国际两个大局作出的重大战略决策，是着力解决资源环境约束突出问题、实现中华民族永续发展的必然选择，是构建人类命运共同体的庄严承诺。

### （二）“双碳”是一个具有广度的领域

实现碳达峰碳中和是一场广泛而深刻的经济社会系统性变革，涉及能源、工业、建筑、交通、农业、林业等各个行业或领域，我们的生产生活方式和消费方式都要进行绿色化转变，这样的转变会关系到每一个城市、企业、机构和个人。毫无疑问，“双碳”目标将推动我国未来几十年在发展方式、能源结构、科技创新、社会观念等方面发生全方位多层次的深刻变革。

### （三）“双碳”目标的落地需要深度

从2℃温升目标，到二氧化碳浓度目标，再到具体的碳排放、能源转型目标，需要通过科学可行的降碳手段，实现切实存在的减排量，达成确定可见的减排目标。“双碳”目标从首次提出至今已两年有余，随着从中央到地方顶层设计工作的陆续完成，未来“双碳”目标的落地必须着眼于“深度”，即通过推进产业落地、企业降碳改造、创新技术研发等各个层面的工作，真正实现碳排放量降低。

### （四）“双碳”目标的实现依靠密度

“双碳”目标落地覆盖范围大、涉及面广，想要稳步、有节奏地推进，还需要依靠“密度”，即从大量的试点工作中找到并总结提炼出能复制可推广的方法、工具、技术、模式，形成成套的综合解决方案，

为政府、园区、企业等解决实际问题，以较快速度、较低成本实现规模化发展，并助力地方形成新的产业发展方向，这样才能高质量如期实现“双碳”目标。

## 二、降本增效，运用市场化工具实现资源优化配置

### （一）碳市场是实现低成本降碳的重要市场化工具

碳排放权交易市场是一种市场化工具，是实现资源有效配置、以更低成本实现降碳目标的有效政策措施。从国际看，各个国家和区域碳市场覆盖了全球17%的温室气体排放，覆盖全球1/3的人口，其中欧盟碳市场是全球建立最早、规模最大、覆盖面最广的碳市场。从国内看，我国碳排放权交易试点工作始于2011年，在2013年到2014年，北京市、天津市、上海市、重庆市、湖北省、广东省及深圳市等7个区域碳交易试点陆续启动。截至2020年年底，7个试点地区累计配额成交量约为4.3亿吨二氧化碳当量，累计成交额近100亿元[①]，基本形成了要素完善、特点突出、初具规模的地方碳市场。

### （二）我国全国碳市场已实现闭环运行并初具规模

试点地区的碳市场在近10年的探索发展中，积累了大量实践经验，为全国碳市场的建设运行奠定了良好基础。2017年12月，《全国碳排放权交易市场建设方案（发电行业）》印发，标志着全国碳市场建设正式启动。2020年9月到12月，相关配额管理、登记结算、核查指南等多个文件密集征求意见之后，生态环境部以部门规章形式出台了《碳排放权交易管理办法（试行）》。2021年7月16日，全国碳市场正式启动，纳入了2162家发电企业，覆盖了约45亿吨碳排放；2021年底顺利完成履约，到2022年7月15日，实现了闭环运行，标志着顶层制度、MRV体

① 来自各试点碳市场地区交易所统计数据。

系、总量目标与配额分配等各类市场要素以及信息基础设施经过了实践检验，基本都具备支撑市场运行的条件。在这一年时间里，全国碳市场累计运行了242个交易日，配额累计成交量达1.94亿吨，累计成交额达84.92亿元[①]。

### （三）全国碳市场建设持续优化应处理好“三个关系”

碳市场作为“双碳”目标实现进程中重要的市场调控工具，将长期发挥重要作用，同时也为企业提供低成本降碳工具。未来，建议全国碳市场在持续的优化建设中处理好“三个关系”：一是处理好短期和中长期建设的关系，全国碳市场建设初期重在完善机制体系，交易标的只有碳配额现货与中国核证自愿减排量（CCER）现货，没有期货和期权等衍生品，应在全国碳市场运行逐渐成熟的基础上，探索并有序推进重点碳金融产品和衍生品上线；二是处理好实际执行与监管的关系，完善的制度框架和体系设计是碳市场建设运营的基础，但规则设计必须与目前的监管能力、监管体系相匹配、相适应，二者应同步渐进完善，否则过严的制度要求与不到位的监管将导致参与者不断寻找并利用漏洞；三是处理好碳市场与“双碳”目标的关系，目前碳市场配额总量的设置主要基于自下而上的统计核算，未来建议结合我国“双碳”目标“自上而下”合理制定碳配额总量，并与“能耗双控”“碳排放双控”等目标有机协同。

## 三、工具创新，构建科学的企业碳管理方法论

### （一）企业碳管理内涵不断丰富和深入

我国企业碳管理需求诞生于试点碳市场和全国碳市场的相继启动，以及更早时期部分外向型出口企业和外资在华企业推动开展的一些探

① 来自上海环境能源交易所统计数据。

索性质的碳管理工作。总体而言，以中央企业为主的大型集团企业率先开展了企业碳管理工作。传统的企业碳管理工作内容主要跟碳市场的要求紧密相关，通常包括碳管理体系建设、制度建设、能力建设、碳盘查、碳资产管理、碳交易管理、减排项目管理等。“双碳”目标的提出，对企业产生了一系列新影响，企业碳管理工作内涵也更为丰富和深入，向节能增效、技术创新、低碳转型乃至市场战略等方向延伸。

**（二）企业开展碳管理需要科学的方法论**

对于企业来说，要做好“双碳”工作，除了积极的行动力助推外，也需要有科学的方法论支撑。“SMART-ABC”碳管理框架结合国家和地方“双碳”战略的新要求，总结形成了一套指导企业在“双碳”目标下开展全过程碳管理工作的方法论，包括战略规划（Strategy）、管理机制（Management）、行动方案（Action）、规则制度（Regulation）、支撑工具（Tools）等5项核心内容以及考核约束（Assessment）、品牌宣传（Brand）、能力建设（Capability）等3项保障措施。

该方法论的核心内容为：一是战略规划。这是企业碳管理的第一步，制定契合政策形势、内外部环境和公司愿景的低碳发展战略规划，包括指导思想、基本原则、总体目标、阶段目标及实施路线图等，起到顶层指导作用。二是管理机制。建立一套落实企业“双碳”工作的管理机制，明确组织架构及管理职责，建立决策和信息沟通机制，并对战略规划确立的低碳发展目标进行宣贯等。三是行动方案。在“双碳”战略规划指导下，研究制定“双碳”管理部署的具体行动方案，明确开展碳盘查、核算产品碳足迹、储备减排项目、实施减排技术等各项重点任务。四是规则制度。根据企业战略规划、管理机制和行动方案中的具体内容和各项要求，建立规范的制度体系，支撑各类工作有序开展。五是支撑工具。构建满足管理需求、符合自身特色的企业碳管理平台，利用数智化工具开展碳管理工作，能够显著提升管理效能。

该方法论的保障措施为：一是考核约束。将碳管理工作纳入企业考核评价体系，对工作成效突出的基层企业、部门或者个人予以表彰奖励。对落实企业“双碳”决策部署不力、未完成目标的基层企业、部门或个人，进行通报批评和约谈；对造成严重不良影响的，严肃追责问责。二是品牌宣传。通过多种形式对外宣传和展示企业在低碳发展方面的优良做法与优异成绩，提升品牌价值。三是能力建设。面向相关人员开展定期培训，提升执行队伍专业素养与工作能力，保障碳管理工作顺利落地。

**（三）企业应稳步有序推进碳管理工作**

实现“双碳”目标是一项系统性工程，企业开展碳管理工作，构建完善的碳管理体系，不是一蹴而就的，需要稳步有序推进各项工作。应用“SMART-ABC”碳管理框架梳理出企业碳管理重点工作后，还需要按照一定的步骤进行具体部署和实施，可概括为“5A步骤法”：一是摸清家底（Accounting）。开展碳排放核算、摸清碳排放家底，对历史年份碳排放展开全面盘查，梳理碳排放来源、特征等信息，为后续工作奠定数据基础，这是企业提出目标和制定规划的前提。二是确立目标（Aim）。根据企业碳排放的主要驱动因素，结合未来发展规模，综合考虑产业升级转型、工艺革新、能源结构优化、碳汇等减排措施的贡献，分情景预测碳排放演变趋势，在此基础上论证提出碳达峰碳中和总目标以及阶段性减排目标。三是规划减排（Abatement）。将中长期规划中的目标进行分解，确定分阶段的具体工作内容，如能源转型节奏、减排技术应用时序、产业布局规模等。四是回顾评估（Assessment）。在“双碳”规划执行过程中，做好常态化数据管理，评估企业实际减排进展与目标完成情况，结合企业绩效考核结果进行奖惩，确保碳管理工作部署落到实处。五是动态调整（Adjustment）。根据评估和考核结果，分析企业碳管理工作与目标的偏离情况，研判是否需要调整目标及路径，尤其是已有技术成本降低或出现新技术时，应对减排路径及时修正，保障以较低成本如期实现目标。

## 四、数智赋能，规模化助力地区和企业持续节能降碳

### （一）构建以“双碳”为导向的大数据体系

国家高度重视碳排放统计核算工作，专门成立碳排放统计核算工作组，负责组织协调全国及各地区、各行业的碳排放统计核算工作。可以说，完整准确的数据体系和完善规范的统计、核算、计量、监测、评价等配套制度是科学开展“双碳”各项工作的基础。不论是政府还是企业，没有科学准确的碳排放数据，就无法制定合理有效的降碳目标，也无法有的放矢地开展各项工作，所有的任务就如空中楼阁，无法落地，更谈不上“深度”与“密度”。因此，对政府而言，完善“双碳”统计指标体系及相匹配的温室气体基础数据体系，并将“双碳”统计指标逐步纳入政府统计指标体系，是非常重要的；对企业而言，规范化开展碳盘查工作并实时监测重点排放源碳排放量，整合企业经营、能源消费、碳排放、环境污染、减排项目等数据，构建企业“双碳”数据体系，才能为节能降碳各项工作打下良好基础。

### （二）打造服务于政府的“双碳”大数据平台

搭建政府“双碳”大数据平台。整合经济、社会、空间、环境、资源等各领域数据，探索基于5G、物联网的碳排放在线监测方法，系统构建集能源生产与消费、温室气体排放和经济生产数据于一体的“双碳”数据库。运用数字化工具和可视化技术，科学研判地方“双

碳”目标及相关指标，有效管理“双碳”目标的分析预测、路径跟踪、政策与项目落实情况，体系化展示碳峰值、碳排放、碳强度、碳汇等相关核心指标和动态数据，并细化至区域、行业、园区、企业层面，同时向企业、公众提供可公开的统计数据和分析结果，为领导决策部署提供科学量化支撑，为产业升级、能源转型、技术孵化等相关企业机构提供工作所需的数据基础服务，为公众了解国家及本地“双碳”目标实现带来的效益、对生活的影响等提供官方渠道，也为地方“双碳”工作成效提供宣传展示窗口。

**（三）打造服务于企业的综合碳管理平台**

2021年末，国资委印发的《关于推进中央企业高质量发展做好碳达峰碳中和工作的指导意见》中指出，“加强重点单位能耗在线监测系统建设、提升二氧化碳的信息化实测水平”，“建立企业碳交易管理信息系统”等。不难看出，应用信息化、数字化技术是企业建立完善碳排放管理机制的重要方向，而中央企业则应率先开展相关工作。

基于控排企业在碳市场中所要履行的各项义务，企业综合碳管理平台应具有碳排放数据管理、碳配额测算、碳资产管理、碳减排管理与碳交易管理等基础功能。除了最基本的数据报送、排放量核算等服务外，还要能够为企业提供碳资产管理、碳交易管理、碳价预测、CCER项目管理、碳金融管理、目标预警管理、对标分析、综合咨讯等一站式服务。

随着“双碳”各项工作的不断深化，管好碳只是企业落实“双碳”目标的第一步，基于数据的深度分析，挖掘降碳潜力并实现降碳改造，才是企业落实“双碳”的重点任务。与之配套的企业综合碳管理平台也应不断升级：一是实现“测算一体”，即实测与核算并行，互为校验补充，平台相应地设置在线监测模块，并与核算模块的数据无缝衔接、统一分析；二是实现“能碳融合”，统筹考虑节能与降碳目标，集成能耗与碳排放数据，实现更加集约、统一、高效的能碳一体化管理；三是实现“软硬兼备”，为更加准确地挖掘降碳潜力，开展深度碳管理，平台须集成碳芯片、碳盒子等硬件设备对碳排放进行实时采集分析，因此硬件将成为未来碳管理系统的重要组成部分，甚至发挥核心作用；四是实现“重轻分离”，未来越来越多的中小企业以及大型企业的供应链将出现相对轻量化、标准化的碳管理需求，为实现快速复制推广，企业综合碳管理平台还应衍生出轻量化、标准化的软件即服务（SaaS）模式，以满足不同企业的需求，多维度支撑企业开展碳管理并实现低碳转型，助力实现“双碳”目标。

## 参考文献

［1］科创局. 关于印发《关于推进中央企业高质量发展做好碳达峰碳中和工作的指导意见》的通知（国资发科创〔2021〕93号）[EB/OL].（2021-12-30）[2023-03-01]. http://www.sasac.gov.cn/n2588035/c22499825/content.html.

［2］清华大学气候变化与可持续发展研究院. 中国长期低碳发展战略与转型路径研究综合报告[M]. 北京：中国环境出版集团，2021.

［3］唐人虎，陈志斌. 中国碳排放权交易市场：从原理到实践[M]. 北京：电子工业出版社，2022.

［4］唐人虎，周洁婷. 碳达峰碳中和践行行动指南[M]. 北京：中国环境出版集团，2022.

［5］中国政府网. 中华人民共和国国民经济和社会发展第十四个五年规划和2035年远景目标纲要[EB/OL].（2021-03-13）[2023-03-01]. http://www.gov.cn/xinwen/2021-03/13/content_5592681.htm.

［6］中国政府网. 习近平：高举中国特色社会主义伟大旗帜 为全面建设社会主义现代化国家而团结奋斗——在中国共产党第二十次全国代表大会上的报告[EB/OL].（2022–10–25）[2023–03–01]. http://www.gov.cn/xinwen/2022–10/25/content_5721685.htm.

［7］中国政府网. 中共中央 国务院关于完整准确全面贯彻新发展理念做好碳达峰碳中和工作的意见[EB/OL].（2021–10–24）[2023–03–01]. http://www.gov.cn/zhengce/2021–10/24/content_5644613.htm.

［8］人民网. 赵英民：中国将逐步扩大碳市场覆盖行业范围[EB/OL].（2022–11–16）[2023–03–01]. http://world.people.com.cn/gb/n1/2022/1116/c1002–32567305.html.

［9］ICAP. Emissions trading world–wide：status report 2022[M]. Berlin：International Carbon Action Partnership，2022.

［10］IPCC. Global warming of 1.5℃[EB/OL]. [2023–03–01]. https://www.ipcc.ch/sr15/.

# 零碳中国愿景下数字化减排目标及未来

王广宇

中国碳中和50人论坛特邀研究员

华软集团董事长

华夏新供给经济学研究院理事长

自2020年提出“双碳”目标以来，我国无论在政策体系建设还是碳市场交易建设、低碳生产及低碳消费等理念培育方面均取得了突破性的成果。这不仅表明了中国积极应对全球气候变化的迫切需求，也是构建人类命运共同体的必然选择。与此同时，我国正在布局以数字化和智慧化转型发展为主的新型基础设施建设，数字经济已上升为国家战略和推动经济发展的重要增长点。如何将实现“双碳”目标与数字经济建设有效、深入结合，是一个全社会都在关注但尚待解答的新课题。

中国是世界上最大的能源生产国和消费国，要实现“3060”目标，不仅时间紧迫，也面临着诸多的技术挑战。从现有情况来看，我国实现“双碳”目标存在以下几个问题：①当前能源需求尚未达峰，碳排放增速与能源消费增速处于“双上升”阶段，因此实现经济发展与碳排放“脱钩”的任务艰巨。②受限于贫油少气多煤的资源禀赋特性，能源结构转型面临的挑战重重。③核心技术存在短板，无论是新能源产业装备核心零部件的生产还是传统工业部门的低碳化生产，或是碳捕集、利用与封存等技术的研发进程以及新型智慧化、数字化能源及生产管控技术均存在发展滞后的问题，影响碳减排的进程。④区域、行业发展不均衡，不合理的产业结构以及区域间资源利用的倒挂情况严重阻碍了碳减排的进程。⑤“3060”目标中碳达峰和碳中和存在“达峰快则中和早、峰值高则中和难”的紧密关系。我国承诺的碳中和与碳达峰时间间隔仅仅为30年，10年内达峰，40年内实现碳中和，无疑面临着巨大压力和挑战。⑥我国绿色低碳发展法律体系建设明显滞后，存在法律体系不健全、立法与政策实施相脱节、下位法缺乏上位法依托等主要问题。⑦绿色金融存在试点范围小、融资成本偏高、金融产品单一、绿色标准有待统一等问题。绿色金融资金缺口较大，影响绿色产业的后续发展与长期支撑。⑧中国企业大部分处于全球产业链的中间环节，产品能耗物耗高、增加值率低，承担全部碳排放量约14%的隐含碳排放责任。

从我国现有的高碳排产业领域划分来看，碳排放量占比较高的主要是能源部门、工业部门、建筑部门、交通部门以及农业部门五大类。在这些领域当中，主要存在着化石能源使用占比高、能源利用效率低、能源消耗较大、传统生产工艺较为落后、数字化程度低、低碳或零碳意识弱等问题。而在各行业发布的最新碳中和路线图中，也不约而同地提到了大力开发清洁能源、加快淘汰落后产能、推动产业数字化转型、重点研发负碳技术以及完善碳足迹核算与碳排放监测技术等方向，并最终凝练形成了以低碳路径-零碳路径-负碳路径为方向，以碳金融与碳补偿为驱动的碳中和实施路线。在兼顾保障我国能源及经济发展安全的同时，着重发展数字经济，以智能化、信息化的产业转型，最终又好又快地实现“3060”目标。

数字化、智慧化作为数字经济与传统经济融合的主要方式、经济转型升级的更高发展形态，是助力各产业领域突破自身局限，实现绿色零碳的核心力量。党的二十大报告更是强调要“加快发展数字经济，促进数字经济和实体经济深度融合”，“构建新一代信息技术、人工智能、生物技术、新能源、新材料、高端装备、绿色环保等一批新的增长引擎”，为新时代中国各产业发展以及“双碳”目标指明了方向。从现有的技术路线来看，数字化技术赋能“双碳”目标，主要应探讨两个方面的问题，其一为数字产业本身的碳排放及碳中和路径，其二为数字技术如何为传统产业的碳中和赋能。

从数字产业自身来看，主要包含“云大物移智链”等多个环节，以数据为生产要素，分为数据的采集、传输、存储、分析，而后通过更深层级的互联网实现数据的汇总，依托人工智能完成决策，最终构建零碳社会。从采集环节来看，数字产业自身的碳排放主要来自信息采集设备等基础零部件供应链环节上的碳排放，包含了原材料的生产、设备的加工、中间环节的运输，以及老旧设备的维护和报废处理等全生命流程的碳足迹分析以及低碳化转型。从传输和存储方面来看，碳排放的产生主要集中在数据中心以及5G基础设施的建设和运行过程中。作为数字经济的基石，设备的能耗以及散热等问题是实现数字技术自身碳中和的关键环节，而提升算网协同效率、优化数据中心空间布局等，则应是未来数字产业重点关注的目标。从分析和汇总到最后的决策方面来看，则主要依托庞大的算力以及更优的算法结构来实现数据的高效利用，以数据中心为依托，大力发展绿色算力、清洁算力，合理利用自然空间以及数据传输的资源配置，用更加高效的算法，实现人工智能高效化运转，在降低数字产业自身碳排放的同时，为助力传统产业的绿色发展奠定坚实的基础。

我国产业结构丰富庞杂，且面临的减碳压力较大，因此，如何以数字化技术为依托，控制过剩产能、优化生产流程、提高清洁能源利用效率等成为当前各产业部门重点关注的问题。从现有的技术来看，要想实现数字化减排，就必须要在“云大智物移链”的基础上建成涵盖各行业全部流程的互联网系统。以工业互联网、能源互联网为例，数字化技术可以为传统行业提供更加精准的碳足迹核查，也能够清晰地展示出各个环节所产生的碳排放，并最终实现点到点的碳排放控制。同时，在完善各行业内部万物互联的基础上，进一步打通各行业间的数据壁垒，健全数据接口，通过汇总的形式，完成全行业、大范围的数字孪生系统建设，建立智慧城市和智慧社会，以行业大脑和城市智慧大脑相结合的模式，实现资源的高效利用和智能决策，最终建成零碳社会。在碳交易方面，数字化技术的出现，也能够实现碳价的预测以及碳资产的智能评估，特别是可以依托空天地一体化监测系统实现全生命周期的碳足迹分析，并最终实现为智慧城市的建设提供智能的生态环境监测、自动决策管理以及智能化的源汇匹配，实现系统性的碳中和。

碳中和是时代赋予我们的使命，而数字经济与碳达峰碳中和的优质、高效、智慧目标一致。通过打造综合互联互通的数字化减碳控碳平台矩阵，进一步释放技术潜能，以创新为驱动，以绿色金融为引领，在广泛开展全球深度合作的同时，实现数字行业的低碳化，并带动全行业实现智能化、低碳化转型，最终以促进跨行业、多领域、大范围的协同前进为目标，共同奔赴数智化的零碳中国，这是所有关注未来的人的美好目标，更是我们未来的努力方向。

# 氮肥工业温室气体排放的生命周期评价

郭　强
中国碳中和50人论坛特邀成员
乐农道农业科技有限公司董事长
中国钾盐协会原副秘书长
中国农资流通协会专家组成员

人们在18世纪晚期发现氮（N）这种元素及其作用，经过200年的发展，至20世纪晚期，人们已经能够利用氮素来为人类的生存和发展服务。合成氨的发明者Fritz Haber曾预言，社会对化学氮肥的需求将从几十万吨快速增长到几百万吨，的确，如今全球的氮肥用量已经达到每年1亿吨N。氮肥的增长也有力地支持了社会经济人口的发展，1908年，1公顷耕地只能养活1.9个人，而2008年1公顷耕地能养活4.3个人，粮食产量的提高很大程度上依赖于肥料，尤其是氮肥的投入，研究表明，30%~50%的粮食增产源自肥料，尤其是氮肥的投入。20世纪，氮肥投入所带来的粮食增产量共养活了全世界27%的人口（大约40亿人口），如今大约有一半的世界人口都依赖于氮肥。

## 一、氮肥工业的环境影响

### （一）氮肥对环境的影响

氮肥在保障粮食安全的同时，也给环境带来了不小的影响和压力。研究表明，氮肥真正被作物所吸收利用的只有5%~15%，其余的都排放到环境中，造成酸化、水体富营养化、温室气体排放等环境问题。过量的氮肥由农田随水流进入河流、海洋、湖泊，导致酸雨，大量的森林遭到破坏。N和磷（P）的富集是水体富营养化的主要原因，而N的主要来源是农业中过量施用的氮肥。因为氮肥，美国60%的沿海流域水质退化。墨西哥湾地区出现了新泽西州大小的缺氧水域，被称为“死亡地带”，并且它的面积还在不断增加，由密西西比河带来的氮肥被认为是这一现象出现的主要原因，密西西比河中硝态氮的浓度已经比1965年增加了一倍。在我国北方一些地区，由于氮肥的大量施用，地下水硝酸盐污染问题严重，50%以上的硝酸盐含量超过饮用水硝酸盐含量的最大允许值。中国的土壤pH值从20世纪80年代以来下降了0.5，而氮肥的过量施用是重要的原因。氮肥还会影响生物多样性，研究表明，草地的氮肥投入从5千克N/公顷增加到175千克N/公顷时，生物多样性减少23%。氮肥在生产和使用过程中还会产生大量的温室气体，造成温室效应，对全球气候变化带来影响。减少氮肥对环境的危害，需要减少氮肥的过量生产与施用，提高氮肥的利用率，减少进入环境的N。

### （二）氮肥的温室气体排放

农业对全球温室气体排放总量大约贡献了13.5%，实际上如果算上农业生产的上游环节（肥料生产、农药生产等）和下游环节（农产品加工运输等），农业的温室气体排放量比当前估算的会更大，同时也意味着农业的减排潜力巨大。2007年农业部副部长危朝安在接受采访时表示，农业农村在节能减排中大有可为，主要包括3个方面：①农业生产节能；②农村生活节能；③农村可再生能源开发。在农业生产节能方面，他专门提到了氮肥的节能减排潜力。

在促进农业发展的同时，氮肥也导致了大量温室气体的产生。据估计，全球氮肥排放的温室气体占全球人为排放量的2%~3%。氮肥的生产、运输、施用涉及工业、交通、农业三大温室气体排放部门：氮肥的生产需要消耗大量的能源，排放$CO_2$等温室气体。与国外先进国家不同的是，我国的氮肥企业以煤为主要的能源原料，2007年我国煤炭企业的合成氨产量占全球所有煤炭企业合成氨产量的97%（IFA，2008）。合成氨能源利用率低、能耗大，在生产过程中排放大量的温室气体。而且，氮肥在运输过程中也排放温室气体。氮肥的施用会导致$N_2O$的排放，$N_2O$是一种主要的温室气体，其增温潜势值约为$CO_2$的300倍，它在大气中的含量的增加对温室效应具有极其深远的影响。

## 二、基于生命周期的氮肥排放核算

### （一）氮肥生产与施用变化

自1980年以来，中国的氮肥工业发展十分迅速。2007年，合成氨的总产量达到5000万吨，是1980年合成氨总产量的3.44倍。氮肥总产量达到4000万吨，是1980年的4.22倍。氮肥产品的结构同样发生了很大的变化，2007年，农田施用3000万吨N，比1980年增长了1.91倍。目前，中国已经成为一个重要的氮肥出口国。氮肥的进口量由1980年的143万吨减少到2007年的31万吨。但是，氮肥的出口量迅速增加，1980年，中国没有氮肥出口，但是2007年，氮肥的出口量已经为283万吨。

### （二）全国氮肥的温室气体排放

1. 能源开采与生产

在原煤的开采过程中，矿井瓦斯的利用率较低，仅占15%~20%，瓦斯的主要成分是$CH_4$，其GWP是$CO_2$的25倍，是一种主要的温室气体；此外，在原煤的开采过程中，工业锅炉的燃烧及矿内运输都会带来温室气体的排放。而原油在加工过程中，也会消耗大量的柴油和燃料油，产生温室气体。我国的发电能源以煤、水能和核能为主，其中以煤为燃料的火力发电占70%以上，在燃烧发电的过程中，会有大量的温室气体排放；核电的温室气体排放主要来自建造核电站的原料在生产过程中的排放；水电站的水库中还会逸出$CH_4$、$CO_2$等温室气体。

2. 氮肥的生产

中国的氮肥工业开始于1935年，1949年以后氮肥工业发展十分迅速。在1960年以前，主要的氮肥产品是硫酸铵，但是其所用能源主要为煤，能耗大而且环境污染严重，因此硫酸铵的产量逐渐减少，1961年以后其产量已经下降到23万吨。1965年至1979年，ABC（碳酸氢铵）开始成为主流产品。生产ABC需要较少的能源投入与资金投入，因此得到大力推广，这期间，1533家小型氮肥企业都开始生产ABC，氮肥产量也因此增长，至1979年为910万吨。自1973年开始，我国从美国、荷兰、日本和法国引进了约29个大型氮肥生产装置，这些装置主要的能源原料为天然气和石油。20世纪80年代，大约有120家小型企业在引进国外装置的基础上，提高了生产能力，并将主要生产的氮肥产品由ABC转为Urea，这些企业后来发展为中型企业。

氮肥工业的多样性使得我国氮肥生产的能耗和温室气体排放变化较大。依据调查数据，我们将氮肥企业分为8种类型，计算了合成氨生产和由合成氨再加工为氮肥生产过程中的能源消耗和温室气体排放情况。

3. 氮肥运输

由于氮肥企业的厂址与农田有一定距离，氮肥在出厂后，先由火车运到较大的批发市场，然后再由汽车运到小的零售点供农民购买。我国铁路货运机车有内燃机车和电力机车，内燃机车每万吨公里耗油24.6千克，日产量110.4万吨公里，电力机车每万吨公里耗电109.5千瓦时，日产量132.8万吨公里。公路运输所用货车是以柴油为燃料。根据IPCC的缺省排放因子，并考虑到运输所耗能源的开采环节，计算得到铁路运输的排放因子为11吨二氧化碳当量/公吨公里，公路运输的排放因子为179吨二氧化碳当量/公吨公里。

4. 氮肥施用

氮肥在施用过程中排放的温室气体主要是$N_2O$，包括$N_2O$直接排放和$N_2O$间接排放。中国水田的$N_2O$直接排放系数为0.41%，旱地的$N_2O$直接排放系数为1.05%；有关$N_2O$间接排放的研究较少，采取IPCC的缺省值计算得到施用1吨N间接排放2.35千克的$N_2O$–N。2007年，水田施氮量为667万吨N，旱地施氮量为2589万吨N。总的来说，在水田施用氮肥导致直接排放了2.7万吨$N_2O$–N，在旱地施用氮肥导致直接排放了27.2万吨$N_2O$–N。施用单位氮肥直接排放的$N_2O$为4.3吨二氧化碳当量/吨N，间接排放的$N_2O$为1.1吨二氧化碳当量/吨N。

施用氮肥对土壤固碳具有重要的作用，中国的农田土壤每年固碳量约为16.52百万吨，其中，施氮、秸秆还田、免耕的贡献分别为5.96百万吨 C、9.76 百万吨 C和0.8 百万吨 C。也就是说，施用1吨N将促进农田土壤固定1.81吨$CO_2$。

5. 氮肥GHG（温室效应气体）排放核算

当$N_2$被转化为氨，平均排放量为6.98吨二氧化碳当量/吨N。当氨进一步被加工为氮肥产品时，由于有部分的$CO_2$被固定到ABC和Urea中，净排放会降低。由于AN和ACL生产过程并不会固定$CO_2$，其温室气体排放量会增加。氮肥在被运输到市场的过程中会排放少量的温室气体。2007年农田施用氮肥导致温室气体排放量增加13.66吨二氧化碳当量/吨N，是施氮带来的$CO_2$固定量的7.55倍。扣除这部分固定的$CO_2$，得到氮肥在全生命周期的净排放因子为11.85吨二氧化碳当量/吨N。

2007年，中国的合成氨生产耗能为8793万吨标准煤，氮肥产品生产耗能为999万吨标准煤，氮肥运输耗能为91万吨标准煤。而这些能源的生产与运输，又导致了1805万吨标准煤能源的消耗。氮肥在全生命周期的$CO_2$、$CH_4$和$N_2O$排放量分别为23230万吨、106万吨、63万吨，总的温室气体排放量为5.1亿吨二氧化碳当量。而因为施氮固定5897万吨的$CO_2$，所以净排放量为4.5亿吨二氧化碳当量（见表1）。2004年全国温室气体总排放量已达56亿吨二氧化碳当量，氮肥全生命周期净排放量约占我国温室气体排放量的8%，远高于国际2%~3%的水平。在全生命周期中，工业环节（能源生产与运输、合成氨生产、氮肥产品生产、氮肥运输）的总排放为27437万吨二氧化碳当量，占整个环节总排放的61%，明显大于农业环节的排放。

表1　2007年中国氮肥的能源消耗与GHG排放

| | 能耗（百万吨标准煤） | $CO_2$（百万吨） | $CH_4$（千吨） | $N_2O$（千吨） | GHG（百万吨二氧化碳当量） |
|---|---|---|---|---|---|
| 能源生产与运输 | 18.05 | 66.26 | 1054.73 | 8.64 | 95.20 |
| 合成氨生产 | 87.93 | 215.82 | 2.58 | 2.95 | 216.77 |
| 氮肥产品生产 | 9.99 | –49.38 | 0.25 | 32.57 | –39.67 |
| 氮肥运输 | 0.91 | 1.98 | 0. 11 | 0.30 | 2.07 |
| 农田排放 | | 56.59 | | 590.44 | 232.54 |
| 土壤固定 | | –58.97 | | | –58.97 |
| 总和 | 116.88 | 232.30 | 1057.67 | 634.90 | 447.94 |

## 三、氮肥的GHG排放减排措施及潜力分析

### （一）氮肥工业减排

1980年，中国的合成氨能耗比世界平均水平高出很多，甚至比理论最低值的3倍还多。随后的十几年，通过引进国外先进装置、能源原料变化，中国的合成氨能耗在1995年已经接近世界水平。但是近些年来，中国的氮肥工业节能发展不够迅速，合成氨能耗与世界平均水平的差距增大。虽然现在中国合成氨能耗较之1980年已经下降了40%，但是仍然比世界水平高出20%，是理论最低值的2倍多。因此，通过提高用能效率，氮肥工业具有很大的减排空间。《节能中长期专项规划》计划在2005年的基础上，到2020年将合成氨能耗减少17%（国家发改委，2004b）。

### （二）农田施用减排

中国农田氮肥过量施用现象十分严重。研究表明，中国北方的平均施氮量约为美国中西部的6倍，多数氮肥并没有被作物有效利用，而是进入了水体或大气，造成温室效应和富营养化等环境污染。农民为了保证产量，倾向于大量施用肥料，但是由于缺少相关知识，往往过量施肥，造成浪费。要减少这部分盲目过量施肥，可以通过土壤测试，按土壤所需施用合理氮肥；提高肥料价格也会在一定程度上减少农田的肥料投入。从2005年开始，全国范围的“测土配方施肥”项目启动，该项目通过3000个实验证明，在不减少作物产量的前提下，全国可以减少10%的盲目施肥量。

实际上，农田的施氮量减少空间可以通过各项技术得到扩展，其核心是提高氮肥利用率。目前已有的技术主要有：

1. 缓控释肥

缓控释肥是采取调控技术来延缓肥料在土壤中的释放时期和控制

释放量，目的是使养分释放与作物吸收同步协调。我国的缓控释肥研究起步较国外晚，最初在20世纪60年代，南京土壤所研制成功以钙镁磷肥为主要包膜材料的长效碳铵和长效尿素，此后研究进展缓慢，直到20世纪80年代中期，包膜控释肥的研究再次得到重视，各类缓控释肥方式相继出现，如硫铵包膜肥、涂层尿素、树脂包膜控释肥等。如今，关于缓控释肥的研究发展进入快车道，研究缓控释肥的机构也日益增多。缓控释肥的产业化生产发展时间较短，2005年才开始建立工厂并大量生产，但是发展十分迅速。

缓控释肥可以显著提高氮肥利用率，节省氮肥用量，并且不影响产量。研究表明，使用包膜肥料，与传统方式相比，在不减少产量的前提下，将氮肥利用率提高3.5%~19.1%，节省67%的氮肥用量，增产5.1%~33%。

2. 脲酶抑制剂/硝化抑制剂

脲酶抑制剂可以抑制脲酶活性，降低尿素在脲酶作用下水解产生氨气的速度，从而减少氨挥发；硝化抑制剂可以抑制土壤氨态氮向土壤硝态氮转化，减少$N_2O$排放。国外硝化抑制剂研究较早，20世纪50年代就开始了，而脲酶抑制剂的研究开始于20世纪70年代；我国的研究起步更晚，80年代才开始相关研究。

脲酶抑制剂和硝化抑制剂可以提高氮利用率、增产节肥。硝化抑制剂施用在水稻上可以增产6.7%。在西瓜、黄瓜上的实验表明，西瓜产量提高6.5%，黄瓜产量提高44.55%，硝酸盐含量分别降低了2.42%、10.7%。在硫硝铵施用过程中加入硝化抑制剂减少了土壤硝态氮的向下淋洗。在滴灌施用尿素条件下，加入脲酶抑制剂和硝化抑制剂可使尿素的氮素利用率提高到75.8%和75.3%。

但是，脲酶抑制剂和硝化抑制剂还处于实验室研究阶段，没有在农田得到广泛应用。一方面是因为这些抑制剂在某种程度上对环境有危害；另一方面，较高的成本也是阻碍脲酶抑制剂和硝化抑制剂应用于生产的重要因素。

3. 水肥一体化

水肥一体化，又称“水肥耦合”“随水施肥”“灌溉施肥”。它利用灌溉设备将肥料、水分一起均匀地输送给作物。这种技术的水分利用率和肥料利用率均较高，并且可以实现水肥同步管理，节省施肥的劳力投入。我国水肥一体化研究始于20世纪70年代，现在已经由实验室研究阶段进入了大面积推广阶段，尤其是在温室大棚蔬菜中应用较多。

研究表明，在设施黄瓜中实行水肥一体化技术，可以节水节肥，提高黄瓜产量，改善黄瓜品质。对蔬菜日光温室的研究表明，水肥一体化的节肥率为19.4%~39%。番茄水肥一体化技术可以将肥料利用率提高10%~15%。

4. 精准施肥技术

精准施肥技术基于计算机技术（GIS、GPS等），对土壤进行遥感监测，根据土壤、作物、气象等多层次数据分析确定施肥量与施肥时间。精准施肥技术可以减少肥料用量、提高肥料利用效率、增加作物产量。对水稻的实验表明，应用精准施肥技术，水稻平均增产10.33%，并且能够减少肥料投入，可减少肥料开支579元/公顷。

但是由于计算机设备的昂贵性，推广成本较高，精准施肥技术还没有得到大面积的推广。

5. 实时实地氮肥管理

实时氮肥管理是利用叶绿素仪或叶色卡在水稻抽穗以前定期测量其氮素营养情况，并依据结果来确定是否施用氮肥。实地氮肥管理是只在水稻生长的关键时期测定氮素营养情况，减少测定次数。

实时实地氮肥管理对提高水稻产量、节省氮肥用量有显著的效果。研究表明，水稻的增产幅度可以达到21.21%~57.65%。氮素产谷率、吸氮利用率、生理氮转化率分别提高了88.3%~117.7%、34.0%~39.5%、46.1%~61.6%。华南双季早稻的研究表明，与农民施肥习惯比，应用实地氮肥管理技术可以节省12.1%的氮肥。扬州、无锡和连云港的大面积示范结果表明，与农民施肥习惯比，应用实地氮肥管理技术，水稻施肥量降低了30.9%，产量提高了10.5%，农学利用率提高了104.9%。

6. 氮肥深施

当前农民施用氮肥的方式主要为表施，造成了较多的氮肥浪费，氮肥深施可以减少氨挥发和径流损失，碳铵粒肥深施在水稻上，利用率平均达到64.8%，比粉肥表施时的利用率平均值高42.5%。对水稻的尿素深施实验表明，氮肥利用率为53.4%~58%，比表施利用率提高42.8%~55.1%，增产率为4.2%~7.1%。对玉米的实验表明，氮肥深施与表施相比，可以将氮素利用率提高6.4%~23.9%，将产量提高3.2%~21.5%。对冬小麦的实验表明，氮肥深施与表施相比，可以将氮素利用率提高7.2%~12.8%，将产量提高2.72%~11.57%。

# 讲好“双碳”故事 勇担传播重任

桂俊松｜中国能源汽车传播集团董事、副总编辑

作为人民日报社直属的我国第一家国有产经类专业传媒集团，中国能源汽车传播集团（以下简称能汽集团）顺应“双碳”大势、主动担当作为，在低碳交通、低碳能源、低碳城市领域发挥着重要的舆论引导作用，被业界形象地称为“全球最大的碳中和传媒集团”。在“双碳”报道、专业引领、国际传播等方面，能汽集团董事、副总编辑桂俊松吐露了一些心得。

## 一、实现“双碳”目标时间紧、任务重

问：站在一位资深媒体人角度，您如何理解“双碳”目标所赋予的责任与使命？

桂俊松：习近平总书记高度重视碳达峰碳中和工作，就我国实现“双碳”目标作出了一系列重要论述。善弈者谋势，善谋者致远。我国已将“双碳”工作纳入生态文明建设整体布局和经济社会发展全局，坚持降碳、减污、扩绿、增长协同推进，这是贯彻新发展理念、构建新发展格局、推动高质量发展的内在要求，是顺应技术进步趋

势、推动经济结构转型升级的迫切需要，是实现可持续发展、主动担当大国责任的必然选择。

“双碳”这道必答题，彰显远见、集结智慧、考验能力。既需要有战略谋划，从顶层设计出发制定时间表、路线图，出台详尽的实施方案，也需要脚踏实地、躬身力行，集中相关行业、企业乃至每一个体的力量。为号召更多力量参与“双碳”事业，并做好统筹协调、综合施策工作，新闻媒体的正确宣传、科学传播不可缺少，这也是“双碳”目标面向广大媒体出的新考题。

问：党的二十大报告进一步提出，积极稳妥推进碳达峰碳中和。您如何理解其深刻内涵？

桂俊松：党的二十大报告指出，推动绿色发展，促进人与自然和谐共生。报告共有20处提及“碳”字，其中8处提到“低碳”、4处提到“碳排放”、5处提到“碳达峰碳中和”、2处提到“降碳”、1处提到“碳汇”，一系列部署为我们继续推动绿色发展指明了方向、提供了遵循。

正如党的二十大报告所言，“实现碳达峰碳中和是一场广泛而深刻的经济社会系统性变革。立足我国能源资源禀赋，坚持先立后破，有计划分步骤实施碳达峰行动”。实现“双碳”目标是一场硬仗、一次大考，不可能毕其功于一役，也不是轻轻松松就能实现的。我国承诺实现从碳达峰到碳中和的时间，远远短于发达国家所用时间，这意味着我们将用全球历史上最短的时间完成这一过程。与此同时，减排不是减生产力。践行“双碳”目标，不是不发展、不作为，而是要加快发展方式绿色转型，走生态优先、绿色低碳的高质量发展道路。背后无疑需要付出艰苦卓绝的努力，责任无比重大，任务极为艰巨。大家心往一处想、劲往一处使，一步一个脚印在经济发展中促进绿色转型、在绿色转型中实现更大发展，方能如期实现“双碳”目标。

## 二、抓住重点行业发力，积小胜为大胜

问：具体到能汽集团所覆盖的汽车、能源和城市领域，降碳工作对实现“双碳”目标有何重要意义？

桂俊松：做好“双碳”工作，既要坚持全国一盘棋，一体推进，也离不开各行各业尤其是重点行业的发力，积小胜为大胜。汽车、能源与城市三大领域，恰恰是实现“双碳”目标的主力军、主战场。

汽车产业是制造业中的集大成者，链条长、规模大，与老百姓日常消费直接相关，受关注程度高。综观全产业链，从上游材料开发、零部件加工、电池制造，到整车生产，送至消费者手中、行驶上路，再到后端实现废弃物循环利用，各环节都伴随着巨大的降碳潜力待挖掘，亟待探寻低碳转型路径。

能源活动是碳排放的主要来源，行业自身体量大、关联作用强、影响范围广，加快绿色低碳转型已是共识。一方面，作为世界最大的能源消费国，有效保障国家能源安全是我国能源发展的首要问题；另一方面，也要加快转变能源利用方式，大力提升能源利用效率，让化石能源使用更加清洁、清洁能源产业持续壮大。

城市是我们赖以生存的家园，我国正处于工业化、城镇化的高速发展时期，城市发展面临着如何解决不平衡、不充分问题，如何推进绿色低碳发展，如何平衡减污降碳与区域经济可持续发展等多重任务需求。不少地区还提出了“低碳城市”“零碳城市”等理念，因地制宜、落到实处对推进“双碳”工作十分关键。

问：在实践过程中，您认为有哪些值得注意的地方？

桂俊松：党的二十大报告指出，必须牢固树立和践行绿水青山就是金山银山的理念。打好绿色低碳发展组合拳，既要把绿水青山建得更美，也要把金山银山做得更大，推动经济社会发展绿色化、低碳化

是实现高质量发展的关键环节。山积而高，泽积而长，推动保护与发展相统一，个体企业的力量不可忽视。

企业强则国家强，企业兴则国家兴。我们在采访调研中发现，一批有担当、敢作为的企业值得记录，比如长期致力于高温气冷堆产业链自主创新的中国核电，主动从传统能源业务向氢能产业转型的鹏飞集团、美锦能源等。一个个生动故事，深刻昭示着低碳转型与经济发展可以兼顾共赢，增加发展的含绿量就是提升发展的含金量。

## 三、担纲“全球最大的碳中和传媒集团”

问：结合上述认识，您认为媒体应如何发挥作用？

桂俊松：中国式现代化是人与自然和谐共生的现代化。以“双碳”目标为指引，人与自然和谐共生的美丽中国正在从蓝图变为现实。在此过程中，主流媒体更应该主动承担宣传引导、科学传播、舆论监督等责任，站得住、立得稳，不错位、不缺位。

“双碳”目标的提出，为新闻报道提供了丰富素材，同时也带来种种新挑战。例如，“双碳”涉及的产业多、领域广，报道面临一定技术门槛；研究“双碳”的机构繁杂，观点可能存在分歧甚至误区，报道需科学甄别、去伪存真；为了带动更多人参与“双碳”事业，报道要实现高效科普；等等。这些均考验着媒体的综合素质与专业能力，需要做专做深、做精做活，彰显新闻报道的力度、强度、广度与温度。

问：有不少业内外人士将能汽集团形象称为“全球最大的碳中和传媒集团”。对此，能汽集团如何付诸实践、扛起重任？

桂俊松：能汽集团是人民日报社直属的我国第一家国有产经类专业传媒集团，旗下拥有中国汽车报、中国能源报、中国城市报三大融媒体平台。集团长期重视传播手段创新，形成了覆盖报、刊、网、端、微、屏的全媒体平台，以全面、丰富、立体的方式讲述与传播绿色低碳故事，在低碳交通、低碳能源、低碳城市领域发挥了重要的舆论引导作用。

身为“中”字头媒体，我们始终坚守初心、保持恒心，着力提升传播力、引导力、影响力和公信力，用媒体人独特的视角记录“双碳”进程，从汽车产业、能源行业到城市专业，观察细致、笔触深刻、影响广泛。在党的二十大召开现场，在北京冬奥会、上海进博会一线，在事关“双碳”事业的每个重要时刻，记者编辑们责无旁贷、使命必达。

除了全媒体报道，我们还主动开展“双碳”相关业务。比如2022年9月，集团与碳中和50人论坛达成战略合作，双方将展开一系列深度合作，重点在论坛下设“中国碳中和50人论坛能源专业委员会”和“中国碳中和50人论坛汽车专业委员会”，联合筹建运作“碳中和城市联盟”，为实现“双碳”目标贡献自己的力量。

## 四、全力讲好中国故事、传播中国声音

问：长期以来，我国也在积极参与应对气候变化全球治理。对此，您怎么看？

桂俊松：当前，世界之变、时代之变、历史之变正以前所未有的方式展开，构建人类命运共同体是世界各国人民前途所在。其中一个重要的方向和目标，就是要坚持绿色低碳，推动建设一个清洁美丽的世界。

孤举者难起，众行者易趋。我们每个人都是生态环境的建设者、保护者、受益者，没有谁是局外人。积极参与应对气候变化全球治理，不仅是实现中华民族永续发展的必然选择，也是构建人类命运共同体的庄严承诺。

通过采访报道，我们了解到众多共建清洁美丽世界的精彩故事。

从推动《巴黎协定》达成、签署、生效和实施，到举办《生物多样性公约》第十五次缔约方大会，再到支持发展中国家生态保护事业，中国智慧、中国方案、中国力量持续作出贡献。为推动构建公平合理、合作共赢的应对气候变化全球治理体系，我们还有实实在在的绿色投入与行动。例如，持续深化应对气候变化南南合作，截至2022年10月，已累计安排超过12亿元人民币，与38个发展中国家签署43份应对气候变化南南合作文件，为120多个发展中国家培训约2000名气候变化领域的官员和技术人员。

携手共进才能行稳致远。可以说，我国已成为全球生态文明建设的重要参与者、贡献者、引领者。

问：为了让更多人了解中国贡献，国际传播同样重要。如何进一步讲好中国故事、传播中国声音？

桂俊松：做好“双碳”目标下的对外传播，是值得广大媒体深入研究的重要议题。然而，气候变化议题牵涉的主体多、内容广，属性较为复杂，特别是在当前多变的外部环境下，真正做好并不容易，我们必须下大力气加强国际传播能力建设。

首先，媒体自身要准确、深刻理解“双碳”目标的内涵，以及中国参与应对气候变化全球治理的思路与举措，提前做好筹备。然后，坚持用中国理论阐释中国实践，用中国实践升华中国理论，让富有中国特色的表达成为国际社会熟知的议题。既要主动发声，也要注重把握基调，不断优化国际传播机制、传播路径，聚焦生态文明建设实践，用自信和底气讲好中国“双碳”故事。

（文/朱妍）

# “双碳”目标引领的中欧绿色经贸合作展望

方东葵｜欧盟中国商会秘书长
王稚晟｜欧盟中国商会副会长、中国碳中和50人论坛秘书长
梁淋淋｜欧盟中国商会传播与调研主任
张宇鹏｜欧盟中国商会特邀研究员、北京大学－比利时鲁汶大学联合培养博士生

中国碳达峰碳中和目标（“双碳”目标）的提出，在国内国际社会引发关注。作为发展中国家，中国承诺实现从碳达峰到碳中和的时间，远远短于发达国家同期水平，体现出推动构建人类命运共同体的主动担当。在“双碳”目标引领下，中国的经济结构、能源结构、产业结构将优化升级，从而形成可持续发展的绿色动能。

从世界范围来看，欧盟是全球绿色转型公认的先行者和引领者，在立法与政策引导、技术创新与碳排放交易体系驱动、绿色金融体系支撑、规则标准的统一与对外推广等领域形成了一套全面系统的绿色转型模式（孙彦红，2022）。中欧绿色发展理念高度契合，为中欧企业开展绿色经贸合作奠定了良好的政策基础。

当前，中欧绿色转型加速，持续释放市场需求。在碳达峰碳中和“1+N”政策体系的支持下，中国企业在可再生能源发电、输电系统、风力发

电、新能源电池等低碳产业的国际竞争力进一步提升。未来，绿色经济合作将继续成为中欧经贸合作的新引擎，双方在绿色经济领域的合作前景十分广阔。

## 一、近年来欧盟的绿色转型举措

实现绿色转型是推动欧洲经济复苏的引擎。在2019年12月联合国气候变化大会（COP25）上，欧盟委员会发布了纲领性文件《欧洲绿色协议》（*European Green Deal*），设定了欧洲在2050年之前实现“碳中和”的战略目标。2022年5月2日，《第8次环境行动计划》正式生效，明确了欧盟在2030年前的优先目标：2030年减排目标达成、增强适应气候变化的能力、循环经济、零污染、生物多样性及减少生产与消费活动相关的气候影响。2021年7月14日，欧盟委员会发布欧盟绿色新政的核心政策——“Fit for 55”减排一揽子方案，目标是使欧盟的气候、能源、土地使用、运输和税收政策满足到2030年温室气体净排放量比1990年的水平至少减少55%，其中包括扩大欧盟碳市场、停止销售燃油车、征收航空燃油税、扩大可再生能源占比、设立碳边境税等新法案。

2021年底欧洲能源危机发生以来，欧盟启用更紧迫的能源脱碳计划。欧盟委员会于2022年5月18日提出“REPowerEU”计划，在此目标下，欧洲地区可再生能源建设将全面提速，将进一步加大对风电、光伏等领域投资。至2030年，实现 REPowerEU 目标需要额外投资3000亿欧元。同时，欧盟也对《欧盟天然气法规》（EU *Gas Regulation*）与《欧盟天然气指令》（EU *Gas Directive*）进行修订。重新修订的欧盟天然气法规纳入可再生天然气和氢气，将其作为未来天然气市场关键组成部分；完善和扩展天然气市场现有第三方准入、输电和配电系统运营商拆分及独立监管机构原则，为欧盟跨境氢气网络制定全面法律框架。

## 二、中国企业积极参与欧盟绿色进程

1. 可再生能源发电和输电系统

欧洲电网十年发展计划（TYNDP）于2020年评估了154个输电项目和26个储能项目，其中输电项目中有97个为跨境项目；26个储能项目将增加485 GWh储能容量。同时，随着欧盟低碳化政策推进，可再生能源发电占比及渗透率越来越高，建设智慧输电网络、提高电力系统储电容量能够有效提高可再生能源发电的使用效率。未来输电技术发展和投资将主要集中于高压线路、变电站、海底电缆等方面。

中国特高压输电技术全球领先，超远距离输电项目经验丰富。中国企业积极在欧推进高端输电技术应用，积极支持欧洲电网互联战略发展。2022年2月14日，欧洲输电网运营商TenneT对外宣布，将由国网智能电网研究院有限公司、美国McDermott、南瑞集团中电普瑞电力工程有限公司组成的联合体确定为Borwin6海上风电柔性直流输电工程的EPC总包商，标志着中国高端电网技术进入欧洲。同时，中国的电网相关设备制造商也为欧洲电网带来了成熟、高性价比的解决方案，如正泰电器参与西班牙 Aldesa 400kV变压器项目，进入欧洲主干网输配电业务。

2. 风力发电

2022年5月18日，欧盟四国丹麦、德国、比利时、荷兰在“北海海上风电峰会”上宣布要打造欧洲的绿电中心，并承诺到2030年海上风电总量提高4倍至65GW；到2050年海上风电要增长10倍至150GW。

中国高度重视海上风力涡轮机产品迭代，持续推出高功率海上风机，提高单机发电量，与欧洲北海市场需求高度吻合。2021年底，明阳与欧洲知名海上风电开发商在北欧水域开发海上漂浮式风电试点项目，共同探索创新技术的应用发展。中国风电企业也积极在欧投资建立研发力量，如中国风电厂商远景能源公司在英国布里斯托尔设有欧洲风电研究院。在海上风电行业高速发展的现状下，中企已稳定规模化产能，建立了快速响应市场项目需求的能力，协助欧盟推进海上风电建设进程。目前中国风力涡轮约占全球海上风电装置市场的63%。2022年4月，意大利最大的近海风力发电场在南部港口塔兰托（Taranto）投入运营。随着电价升高，规模化、高性价比风力涡轮产品将为欧盟海上风电项目建设提供更多选择。

3. 新能源电池

欧盟推动工业向清洁循环经济转型主要集中在新能源电池（锂电池）、循环工业（环保回收）以及原材料供应；通过提供负担得起的清洁技术解决方案和开发新的商业模式来帮助行业减少碳足迹。2021年7月，欧盟委员会提出“Fit for 55”的绿色行动方案，提出自2035年起禁止销售包括混合动力车（HV）在内的汽油和柴油新车。随着新能源汽车市场强劲增长，欧盟本土对动力电池产能需求吸引中国电池动力企业加速在欧布局投资。

中国企业在新能源电池领域具有较为完善的规模化生产技术与经验。宁德时代采用CTP技术、比亚迪研发刀片电池等创新技术，减少零部件使用，简化生产工艺与环节，在降低不良率的同时使产品成本大幅降低。中国企业可为欧洲动力电池行业带来成熟解决方案，协助推动欧盟动力电池产业商业化进程。欧洲本地动力电池企业起步较晚，中企在欧动力电池投资可为欧洲提供稳定产能，以保证新能源汽车产业链稳定。依托与欧洲车企已建立的长期稳定合作关系，中企已开始在欧投资建立动力电池产能。以宁德时代、亿纬锂能等为代表的中国动力电池企业已与宝马、PSA、大众等多家欧洲车企建立稳定合作关系，受到欧洲本地车企的认可。2022年4月4日，宁德时代位于德国图林根州的首个海外工厂正式获得电芯生产许可。中国亿纬锂能表示将在匈牙利建设圆筒形电池工厂；中国国轩高科收购德国的博世工厂，建设第一个海外生产基地。

## 三、中国企业认为欧盟绿色经济战略机遇大于挑战

2022年5月11日，欧洲对外关系委员会（ECFR）和荣鼎集团联合发布政策简报《断路器:保障欧洲绿色能源供应链》（*Circuit Breakers: Securing Europe's Green Energysupply Chains*），探讨受俄乌冲突的影响，欧洲绿色能源转型受中国“掣肘”及欧盟应对之道。报告建议重新评估影响供应链复原力的地缘政治风险，欧洲政策制定者需使绿色能源供应链更具有韧性，可应对“与中国关系的恶化”；减少对中国的依赖，以确保欧洲绿色能源供应链安全；提高欧洲本土企业竞争力，确保其具有长期的全球竞争优势；等等。报告建议与“志同道合”的国家高度合作。2023年3月，欧盟委员会发布《净零工业法案》和《关键原材料法案》。作为《欧洲绿色协议》的重要支撑，这两项法案分别聚焦关键零碳技术和上游关键原材料的本地化布局，旨在保持并加强欧盟在绿色产业上的优势地位。

尽管面对地缘政治冲突和各种具有不确定性的困难和挑战，但是在欧中企对双边经贸关系长期前景仍然保持乐观。欧盟中国商会连续四年对在欧中企和机构进行欧盟年度营商环境问卷调研，编写发布中国企业在欧盟发展旗舰报告。2022年的报告显示，85%的受访中企认为欧盟绿色经济战略为其在欧发展带来的机遇大于挑战。在欧盟发展绿

色经济领域，74%的受访中企认为欧洲市场对新能源汽车和可再生能源发电领域产品和基建服务直接需求大增是值得重点关注的合作方向，42%的受访中企重点关注获取欧洲建立绿色金融市场、VC/PE民间资本和二级市场投资及多种绿色金融创新工具支持，38%的受访中企认为电力系统、建筑、公共交通去碳化领域能带来诸多值得关注的技术合作机会。

展望未来，中欧双方应继续深化在能源、工业、交通、农业等方面的全方位绿色经济合作，保持互利共赢。具体而言，一是加强以氢能、甲烷为代表的前沿新能源技术的研发与技术合作；二是加强碳交易体系互通互融，协助企业绿色转型；三是开展交通领域的脱碳交流合作，共同推动欧盟跨欧洲运输网络（TEN–T）交通系统的搭建；四是参与欧洲充电设施建设，鼓励双方在下一代大功率充电、换电等方面协作建立全球互通的标准规范体系；五是继续在“地平线欧洲”框架下推动中欧科技创新合作路线图谈判，在食品技术、农业、生物多样性、水资源、交通脱碳等领域展开研究项目合作。

此外，中欧可在绿色与数字经济交叉领域加强合作，共同开发在绿色领域的数字潜能。《欧洲绿色新政》提出，要充分挖掘数字转型的潜力，使人工智能、5G、云计算和边缘计算及物联网等数字技术，在欧盟的工业脱碳、绿色金融、技术研发、碳交易系统等应对气候变化和环境保护的政策中发挥重要作用。中国的碳达峰碳中和“1+N”政策体系也提出推动大数据、人工智能、5G等新兴技术与绿色低碳产业深度融合，推进工业领域数字化智能化绿色化融合发展。欧盟中国商会调研显示，51%的受访中企认为未来中企与欧方在数字经济领域的主要合作方向为共同应对气候变化、生物安全等全球性挑战，共同促进低碳经济转型。通过将物联网、人工智能、智慧城市和传统产业数字化升级等数字技术更为广泛地应用于碳中和领域，中欧双方将携手为应对全球气候变化做出贡献。

在“双碳”目标的引领下，中欧绿色合作落地生根，携手引领全球绿色经济发展与绿色转型。中欧绿色发展理念高度契合，《欧盟绿色新政》及中欧当前绿色经济发展让未来中欧绿色经济合作有巨大想象空间。中国企业在欧盟和全球绿色转型中有竞争优势，在欧中企高度关注欧盟在绿色领域的发展政策与计划，将积极融入欧洲绿色生态系统构建，发展为欧洲绿色转型环节中不可或缺的部分，促进中欧绿色合作向前健康发展。面对双方在绿色经贸合作领域仍存在的分歧和外部地缘格局的干扰，中欧也应有效管控、妥善处理，客观评价和承认双方在应对气候变化领域的实践成果与积极贡献，深化环境政策协调、加强监管合作以及促进政策研究，携手应对气候变化，促进全球绿色经济发展。

## 参考文献

［1］孙彦红. 欧盟绿色转型的实践与经验[J]. 人民论坛，2022，737（10）：96-99.

［2］欧盟中国商会，罗兰贝格公司. 携手并进，共铸未来——中国企业在欧盟发展报告2022[R]. 布鲁塞尔：欧盟中国商会，2022.

［3］Kratz A, Oertel J, C Vest. Circuit breakers: Securing Europe's Green Energy Supply Chains [EB/OL]. https://ecfr.eu/publication/circuit-breakers-securing-europes-green-energy-supply-chains, 2002-05-11/2023-04-13.

# 能源转型篇

# 光伏未来展望——光伏技术持续进步助力能源结构深度转型

李振国 | 中国碳中和50人论坛成员
隆基绿能科技股份有限公司董事长

## 一、引言

过去10余年里，光伏技术的进步超乎想象，度电成本下降了85%。2021年4月，在沙特实现了1.04美分的特价上网电价。截至目前，光伏电力已经成为全球大部分地区最便宜的电力能源。

在如今世界能源结构转型，努力实现碳中和的道路上，光伏作为主导力量，任重而道远。未来新技术的涌现将推动光伏器件效率持续提高，光伏产业规模持续扩大，光伏电力成本持续下降。随着光伏电力在能源结构中的占比不断提升，在一定地域范围内光伏的周期性、不稳定性的特点带来的挑战逐渐显现并为相关新技术的发展带来更多的机遇。在近中期，多种储能技术的参与、光伏和其他传统能源的协同互补，可以克服光伏电力对能源系统的不利影响。在更远的未来，以光伏电力为核心、绿氢为纽带的可再生能源体系的建立以及绿氢参与下的深度脱碳，将促成人类生产与生活过程的碳循环和可持续发展。

## 二、光伏技术进步推动转换效率持续提升，光伏电力优势持续增强

以技术进步为驱动力，有效且持续地提效降本，已成为光伏行业的核心竞争力。在过去近10年时间里，光伏技术实现了多次革命性的突破。在以硅基电池为主导的市场格局下，多次装料拉晶（RCZ）技术的成熟与金刚线切片技术的导入大幅降低了单晶硅片成本；PERC 技术取代Al-BSF技术，使电池转换效率实现了从20%至24%的大幅提升；二者共同促使以高效率单晶电池为主的技术路线成为目前最具经济性的光伏技术。这也使得光伏电力在全球大部分地区已经成为最具经济性的清洁能源。光伏电力的经济性提升反过来推动了光伏产业规模的进一步扩大以及光伏技术的持续创新迭代。

未来，光伏电力经济性的提升仍将主要依赖电池转换效率的提升。高效率单晶硅电池仍然是未来5~10年光伏行业的主流技术路线。在现阶段PERC技术约24%的量产效率基础上，钝化接触技术的进步（包括表面钝化水平及接触层的选择性与传输能力的提升）和产业化将推进单晶硅电池效率的进一步提升。进一步提升背面钝化效果的 TOPCon 技术，以及正面和背面同时具备高质量钝化的HJT技术，有望将电池效率提高至26%以上。预计未来3~5年上述技术可以实现量产。

为了进一步提升转换效率，我们需要对高效率单晶硅电池有更深刻的研究和认识。对硅材料性能与选择性接触深入的参数化分析进一步明确了电池内部过程与关联影响因素，进而使得更加细致的效率损失分析成为可能。在此基础上，TOPCon、HJT、背接触等下一代技术的不断进步和技术之间的杂化融合，以及采用宽带隙的更高性能的钝化接触结构与硅材料性能的协同优化，将把单晶硅电池的转换效率提高至超过27%。在此之上，结合光学结构的改进，有望将单晶硅电池效率提至28%甚至更高。

在更远期的未来，两结叠层太阳能电池技术或将因其44%以上的理论极限效率，成为突破单结电池转换效率上限的必由之路。在多种叠层技术路线中，晶硅–钙钛矿叠层技术因材料选择与工艺方法的经济性受到了最广泛的关注。目前，对于晶硅–钙钛矿叠层电池，柏林亥姆霍兹中心在实验室中已经实现了29.8%的效率。但是，钙钛矿顶层电池的稳定性和大面积制备技术，仍是限制其付诸应用的最大障碍。当前钙钛矿电池的封装寿命还不能与晶硅组件相匹配，同时高效率仅可在极小面积（$\leqslant 1cm^2$）的器件上实现。

预计在2030年或者更远的未来，基于对钙钛矿电池效率衰减机理的深入研究、有效的钝化方案的进展以及封装技术的进步，晶硅–钙钛矿叠层电池或可取得技术突破并付诸大规模量产，并且实现32%及以上的效率。

## 三、光伏、绿氢一体化，延展光伏应用场景

未来光伏电力在电网中的占比将持续提升并将引领能源结构转型。据国际可再生能源署预测，2030年光伏在能源结构中占比将超过10%，累计装机容量将超过5000GW；至2050年光伏在整个电网中将占到35%以上，累计装机容量将达到14000GW。在这种情况下，在一定地域范围内光伏电力的周期性以及气候条件带来的不确定性、不稳定性等对能源系统形成的挑战将越发凸显。

为应对上述挑战，除了与风电、水电等其他可再生能源形式互补应用外，光伏电力和各类储能技术、清洁化学能源以及传统能源的结合技术将在未来5~10年有较快发展，共同促进能源转型。其中，光伏与绿色氢能结合的光伏电解水制氢技术不仅可有效、大量地储存光伏电力，且其所获得的绿色氢能将在未来能源系统中扮演重要的角色。

同时，该技术也是目前最高效的将太阳能转化为氢能的技术，可将30%以上太阳能转化为氢能。

随着光伏电力经济性的持续增强，在未来以可再生能源为核心、氢能为纽带的能源结构下，将光伏直接或间接地用于绿氢的制取、运输与存储，打造高效、持续、独立的光伏-氢能或光伏-储能-氢能的一体化系统，将成为光伏发展的一大趋势。据国际能源署统计，到2050年，绿氢用量可达5.2亿吨，需近3600GW的电解规模甚至更多。这无疑为光伏和光伏-绿氢一体化系统技术的发展带来更多的机遇。同时，随着光伏能源地域性、周期性及不稳定性给能源系统带来的挑战逐步被克服，世界能源产业将从资源属性转变为制造属性。

## 四、结论

以技术进步为驱动力，提效降本，使得光伏电力成为目前最具经济性的可再生能源。未来3~5年，随着电池光电转换效率的进一步提高，光伏电力的经济性及其在能源结构中的占比将持续提升；通过与不同能源形式及氢能的结合，一定地域范围内光伏电力的周期性与不稳定性将被逐渐消除。在更长远的未来，为了实现《巴黎协定》中的目标，实现能源结构的深度转型，实现人类生产生活过程的深度脱碳与碳循环，建立以可再生能源为核心、氢能为纽带的能源结构，将是人类社会走向深度脱碳和可持续发展的必由之路。

## 参考文献

[1] RAU U，K T. Charge carrier collection and contact selectivity in solar cells[J]. Advanced Materials Interfaces，2019，6（20）：26.

[2] WURFEL U，Cuevas A，Wurfel P. Charge carrier separation in solar

cells[J]. IEEE Journal of Photovoltaics, 2015, 5 ( 1 ): 461–469.

[ 3 ] LONG W, YIN S, PENG F, et al. On the limiting efficiency for silicon heterojunction solar cells[J]. Solar Energy Materials and Solar Cells, 2021 ( 231 ): 111291.

[ 4 ] CHEE K W A, GHOSH B K, SAAD I, et al. Recent advancements in carrier–selective contacts for high–efficiency crystalline silicon solar cells: Industrially evolving approach[J]. Nano Energy, 2022 ( 95 ): 106899.

[ 5 ] ALLEN T G, BULLOCK J, YANG X, et al. Passivating contacts for crystalline silicon solar cells[J]. Nature Energy, 2019, 4 ( 11 ): 914–928.

[ 6 ] KRÜGENER J, RIENÄCKER M, SCHÄFER S, et al. Photonic crystals for highly efficient silicon single junction solar cells[J]. Solar Energy Materials and Solar Cells, 2021 ( 233 ): 111337.

[ 7 ] EPERON G E, HÖRANTNER M T, SNAITH H J. Metal halide perovskite tandem and multiple–junction photovoltaics[J]. Nature Reviews Chemistry, 2017 ( 1 ) .

[ 8 ] EHRLER B, ALARCÓN–LLADÓ E, TABERNIG S W, et al. Photovoltaics reaching for the shockley–queisser limit[J]. ACS Energy Letters, 2020, 5 ( 9 ): 3029–3033.

[ 9 ] JIA J, SEITZ L C, BENCK J D, et al. Solar water splitting by photovoltaic–electrolysis with a solar–to–hydrogen efficiency over 30%[J]. Nature Communications, 2016, 7 ( 1 ): 13237.

# 可再生能源必将成为未来的主体能源

徐锭明
中国碳中和50人论坛成员
国务院原参事
原国家发改委能源局局长
国家能源专家咨询委员会副主任
国家气候变化专家委员会委员

实现碳达峰碳中和是一场广泛而深刻的经济社会变革，涉及领域多、影响范围广、任务繁重而艰巨。徐锭明认为，在此进程中，可再生能源必将担当大任。这是应对日益严重的能源环境问题的必由之路，也是人类社会实现可持续发展的必由之路。从长远来看，可再生能源必将成为未来中国能源的主体能源。

## 一、“双碳”是一场硬仗、一次大考

问：如何理解碳达峰碳中和目标的深刻内涵？

徐锭明：2021年8月9日，联合国秘书长安东尼奥·古特雷斯向全世界敲响“人类的红色警钟”——地球温度攀升，全球温度存在失控风险，世界在未来几十年将进一步面临气候危机。对此，实现“双碳”目标不是别人让我们做，而是我们自己必须要做。这是实现人类社会可持续发展、推动经济结构转型升级、推进人与自然和谐共生、构建人类命运共同体的迫切需要，也是实现面向未来战略抉择、科技产业绿色革命、经济社会重大变革、生态文明的必由之路。

推进“双碳”工作是一场硬仗、一次大考。在此进程中，必须处理好四对关系，即发展和减排、整体和局部、长远目标和短期目标、政府和市场；坚持五大原则，即全国统筹、节约优先、双轮驱动、内外畅通和防范风险。同时，我们需做好加强统筹协调、推动能源革命、推进产业优化升级、加快绿色低碳科技革命、完善绿色低碳政策体系，以及积极参与和引领全球气候治理等6项工作。

问：“双碳”目标给能源转型带来哪些影响？

徐锭明：纵观社会发展历史，人类文明的每一次重大进步都伴随着能源改进和更替。我们可以清楚地看到，能源发展和转换正沿着高碳到低碳、低效到高效、不清洁到清洁、分散到集中再到集中与分散相结合、小型到大型再到大型与小型相结合、不可持续到可持续的历史轨迹，从低级到高级一步一步向前发展。更重要的是，人类同时也经历了一个从无意识到有意识、从不自觉到自觉、从被动到主动的发展过程。

我们已经认识到，化石能源在推动人类文明进步的同时，带来了资源消耗、环境污染、影响健康等严峻问题。早在2016年11月4日，正式生效的《巴黎协定》便向全世界发出了淘汰化石能源的信号，并为可再生能源发展提供契机。它告诉我们，煤炭、石油等传统化石能源将逐步成为历史，煤炭时代结束并不是因为缺乏煤炭，而是为了实现可持续发展的绿色未来。

能源未来发展，一是要全面推动能源革命，二是要主动摆脱煤炭依赖，三是要自觉跨越油气时代，四是要热烈拥抱零碳未来，五是要深度实现“两化”融合。关键是在保障能源安全的基础上，大力发展可再生能源——这是推动能源革命的内在要求、保障能源安全的可靠手段，亦是实现能源强国目标的重要标志、完成“双碳”目标的必然选择。

## 二、氢能产业发展机遇和挑战并存

问：以“双碳”目标为指引，我国可再生能源发展的路径何在？

徐锭明：事实上，2022年6月，国家发改委、国家能源局等九部委联合印发的《“十四五”可再生能源发展规划》（以下简称《规划》）已经提出了思路、作出了引导。

按照2025年非化石能源消费占比20%左右任务要求，大力推动可再生能源发电开发利用，积极扩大可再生能源非电利用规模。《规划》内容全面，实操性强，明确了我国“十四五”可再生能源总量目标、可再生能源发电目标、可再生能源电力消纳目标及可再生能源非电利用目标。九部门联合发文则更有助于促进形成新时代可再生能源高质量发展的强大合力。

值得注意的是，深入推进清洁能源转型，实现人人享有的可持续能源目标，需要人人推进、人人努力，将化石能源转变为低碳能源、可再生能源，使人类发展着眼于更长远的目标。从长远来看，可再生能源必将成为未来中国能源的主体能源。

问：当前，氢能是清洁能源领域的一大热门。您如何看待氢能产业发展？

徐锭明：氢拥有高能量密度，单位质量热值约是煤炭的4倍、汽油的3.1倍、天然气的2.6倍，可存储且无碳。氢能应用场景也极为宽广，在工业、供热、建筑、交运等高碳排放领域有着广阔深远的前景，深度脱碳属性注定其不可或缺。作为最佳的碳中和能源载体，氢能推广应用有着极其重要的战略支撑意义。要想真正用好氢能，当前亟待深入思考五个问题——氢是什么、氢从哪里来、用什么样的氢、怎么样才能用好氢、如何打造氢能产业链。

在“双碳”背景下，氢能产业迎来快速发展机遇。我国可再生能源装机位居全球第一，在绿氢供给方面具有巨大潜力，绿电制绿氢已成为氢能产业可持续健康发展的行业共识。但也不可否认，我国氢能产业发展仍面临关键原材料及零部件被垄断、绿氢生产成本高、产地与市场未构建运输网络、新兴产业未形成生态体系、使用市场单一需要培育等挑战。在推动氢能产业发展的过程中，需做好10项工作：正确认识氢能的质量、计量、绿色、安全、成本、应用、设备、培训、法规以及氢能科普问题。此外，还要思考氢能的八大地位与作用，分别是氢能在能源革命、碳中和时代、新型电力系统、新型交通系统、现代工业体系、现代农业体系、现代社会体系以及现代民生体系中的地位与作用。

## 三、数字技术正在重构能源生态

问：推进可再生能源产业发展，还有哪些值得关注的焦点？

徐锭明：“双碳”目标要求，加快构建以新能源为主体的新型电力系统。靠什么构建？我认为，一靠氢能，二靠储能，三靠智能。能源革命进入新阶段，可负担、可靠和可持续才有未来，分散化、低碳化是路径，联网化、共享化是必然，信息化、数字化是趋势。

能源发展简史告诉我们，人类在工业时代先后打造了以化石能源为基础的煤炭帝国、石油帝国和光电帝国。这一发展历程也已揭示，文明的进程就是人类不断摆脱高碳能源的进程，文明的功用就是让人类活得更有尊严，文明与野蛮的区别在于保护地球、保护绿、实现人类永续发展。那么，未来能源是什么，在哪里？未来能源将是绿色能源、数字能源、太空能源、永续能源。

当前，数字技术已经在重构能源生态。尤其是在绿色低碳转型过程中，数字经济的支撑作用必不可少。推动能源行业数字化转型，建设数字时代的数字能源强国，既是我们端牢能源饭碗的必由之路，也是我们建设能源强国的必然选择，更是我国能源安全的根本保障。能源数字化的意义就在于，其将全面优化资源，整体提高效率，创新商业模式，重构能源市场，助推实现生命期价值最大化。新时代的数字经济将为新智慧经济奠定基础。

问：发展数字能源难点何在，从何突破？

徐锭明：数字经济时代，我们要打造的是以可再生能源为基础、以数字能源为主体的数字能源国家。它包括风光国家、氢能国家、数字光电国家等，可以统称为绿能国家和永续能源国家。由此，推动可再生能源发展，走向一个健康友好的低碳绿色未来。

纵观人类文明发展历史，文明社会不等于高楼大厦，也不是空中楼阁，根本在于人。先有现代化能源人，后有现代化能源体系。只有成为现代化能源人，才能完成历史赋予我们的能源革命的伟大任务。也正因此，数字化转型最难的就在人。大数据时代，每一秒钟都在标注“世界历史”。我们不是无所不知，但我们需要无所不学，学习现代化的知识、现代化的概念、现代化的认知、现代化的思维。我知我无知不是妄自菲薄，而是应有诚实；不是自我贬抑，而是自知之明；不是自称美德，而是起码教养。面对世界，谁是聪明的人？谁是强大的人？谁是富有的人？让我们共建人类能源百花园，各美其美、美人之美、美美与共、天下大同。

（文/朱妍）

# 储能是新型电力系统的必需环节

赵天寿 | 中国碳中和50人论坛成员
中国科学院院士
南方科技大学碳中和能源研究院院长

实现“双碳”目标，传统能源逐步退出必须建立在新能源安全可靠的替代基础上。但目前，太阳能、风能等新能源大规模利用仍面临间歇性、波动性、不稳定性的挑战。作为破题之道，储能可以平抑波动，支撑光电风电大规模并网，是新型电力系统的必需环节。赵天寿表示，储能技术必须满足规模化、高安全、低成本、长寿命、无地域限制等要求，这也是未来储能产业发展的重要方向所在。

## 一、实现碳中和需要规模化、高安全储能技术

问：在碳中和进程中，能源结构将发生颠覆性、革命性的调整。那么在未来能源结构中，储能占据什么样的地位?

赵天寿：我国碳排放主要来源于化石能源的大规模使用。碳减排的关键在于不断提高太阳能、风能等可再生能源在能源结构中的占比，化石能

源比重相应降低，而目前，风、光在能源结构中的比重约为4%，化石能源占比高达84%。为实现碳中和目标，前者占比需达到60%，后者则要降低到10%左右。

近10年来，我们的光电、风电成本快速下降，在部分地区度电成本已低于火电，为光电、风电装机规模的快速提升奠定了坚实基础。然而，光电、风电存在间歇、不稳定特点，无法直接满足电网及用户的需求，这成为制约其进一步扩大规模的主要障碍。2021年，全国弃光弃风电量达到270亿度，造成巨大经济损失。储能就是利用专门装置与系统将能量储存，并在需要时将能量释放，实现能量在时间和（或）空间上的转移。可以说，这是推动可再生能源大规模接入电网的必需环节。基于此，储能被认为是构建以新能源为主体的新型电力系统的必需环节。

问：这对储能产业提出了哪些要求？

赵天寿：据预测，为实现碳中和目标，光电、风电的装机量将达到50亿千瓦，年发电量10万亿度，按10%~50%配备储能，储能容量就将在1万亿~5万亿度。面对如此大容量的需求，储能技术必须满足规模化、高安全、低成本、长寿命、无地域限制等要求。

同时，在以新能源为主体的新型电力系统中，光电、风电在不同时间尺度下均存在不稳定性。在毫秒至分钟的时间范围内，光电、风电受天气因素影响可出现功率的剧烈波动，易对电网短时间功率平衡与频率稳定造成冲击；在数十分钟至数小时的时间范围内，光电、风电的发电量不可控，无法跟踪电网的发电计划，无法响应电网调度；在数小时至数天甚至跨季节的时间范围内，光电、风电的发电量受气候变化影响，能量输出存在长周期波动性，与社会能量需求不匹配，难以确保全年能量稳定、可靠供应。例如，北方地区光伏发电的电量，冬夏两季可能相差一倍，若夏季恰好可以满足能量需求，冬季就会有较大能量缺口。

因此，储能系统还需满足不同时长能量储存的要求：针对毫秒至分钟范围的能量储存需求，储能系统需要重点满足平滑风光出力、电网调频的要求；针对数十分钟至数小时范围的能量储存需求，储能系统需要重点满足提高光电和风电消纳量、电网调峰的要求；针对数小时至数天甚至跨季节能量储存需求，储能系统需要重点满足长周期、大规模能量时移的要求，确保能源安全。

## 二、储能面临技术不成熟、使用成本高等挑战

问：对照上述要求，储能产业发展面临着哪些挑战？

赵天寿：按照储能时长的不同，下面介绍主要储能技术面临的挑战：毫秒至分钟级的储能技术，主要包括超导磁储能、超级电容器储能与飞轮储能，三者分别面临超导技术难度大、成本高的挑战，成本高、自放电严重的挑战，以及能量密度低、成本高的挑战。

数十分钟至数小时的储能技术，主要包括锂离子电池储能、抽水蓄能、压缩空气储能、液流电池储能，其挑战分别为安全风险高、锂资源限制，地域及生态限制，储气成本高、储能效率低，功率密度低、成本高等。

更长时间的储能技术，目前受关注最多的是燃料储能。具体来看，氢燃料储能主要面临储运难、成本高等挑战，甲醇燃料储能的效率低、碳排放和成本高，氨燃料储能则面临效率低、毒性较大等挑战。

此外，抽水蓄能、压缩空气储能、液流电池储能均已实现储能容量与功率的解耦。理论上说，通过增大蓄水空间、储气空间、电解液储量，储能时长可以不断延长。这3种技术也可用于更长时间的能量储

存，但蓄水空间、储气空间与电解液储量的增加，将进一步带来技术挑战。

问：以您从事的电池储能技术研究为例，该领域取得哪些突破？

赵天寿：我从事电池储能技术研究20余年，研究领域主要包括燃料电池、液流电池、金属空气电池与锂离子电池等。我们通过探究反应机理构建电化学储能理论，指引电池关键材料与部件的研发，研制了高性能电极、隔膜与流道，大幅提升了液流电池、醇类燃料电池及全固态锂空气电池的效率及稳定性，取得了一些技术突破。比如，我们研制的液流电池最高功率密度可以达到2.75W/$cm^2$，在600 mA/$cm^2$的高电流密度下可以保持80%以上的能量效率并稳定循环超过20000圈，在公开文献中具备最高功率密度与最长循环寿命。目前我们正在推进这些新技术的产业化应用。

## 三、建设新型研发平台加速储能技术研发、转化

问：您认为，下一步还需要从哪些方面入手，推动电池储能的技术突破？

赵天寿：电池，尤其是以可流动物质作为能量载体的流体电池，是一个从微观到宏观的电化学反应，是物质传输、离子传输、电子传输相耦合的多尺度、多相复杂体系，其性能由热物理领域的空间能质传递特性，以及电化学领域的界面电化学反应特性共同决定。

一方面，界面活性面积、界面电荷转移和界面温度浓度共同决定了电化学反应速率的快慢；另一方面，空间传输机理、空间尺度效应、空间结构特征影响着物质、离子、电子的耦合传输速率和反应界面的构建。在电池中，仅当某一区域同时拥有物质、离子、电子3种传输通道时，才可以作为电化学反应场所，而且反应速率受到其中最低传输

速率的限制。

考虑到种种因素，高性能电池的开发需要协调好物质、离子、电子的空间传输与电化学反应速率之间的关系。然而，空间传输属于工程热物理学科，电化学反应属于电化学学科，两个学科间的基础理论与研究方法相差较大。继续实现电池储能技术的突破，必须注重从交叉学科角度，建立热物理–电化学耦合理论与协同优化方法，实现传输性能和电化学性能的同时提高。

问：我国从碳达峰到碳中和的时间短、难度大，对低碳、零碳与负碳技术需求迫切。对于加速技术研发、转化，您还有哪些建议？

赵天寿：为推动实现“双碳”目标，我国出台了一系列政策，提供新能源技术领域人才培养、科学研究、技术示范与工程应用等多方面的支持。随着投入持续加大，近年我们也看到了新能源技术的快速迭代发展，例如光电成本快速下降，铅酸电池、镍氢电池、锂离子电池等电池技术不断涌现，这些成果值得充分肯定。

要想进一步加速技术发展，我认为还需要大幅度缩短技术研发到产业应用的时间，探索技术研发–集中示范–产业转化全链条贯通的新型研发组织模式。比如，我们可以联合政府、企业与科研单位各方力量建立新型科研组织模式（见图1）；通过碳中和能源研究院组织跨学科的科研队伍攻关碳中和新技术，通过技术集中示范基地（见图2）促进新技术间的协调融合发展，通过技术产业转化平台支撑成熟技术规模化应用。最终，我们依托新型研发组织，贯通技术研发–集中示范–产业转化的全链条，加速新技术的研发迭代。

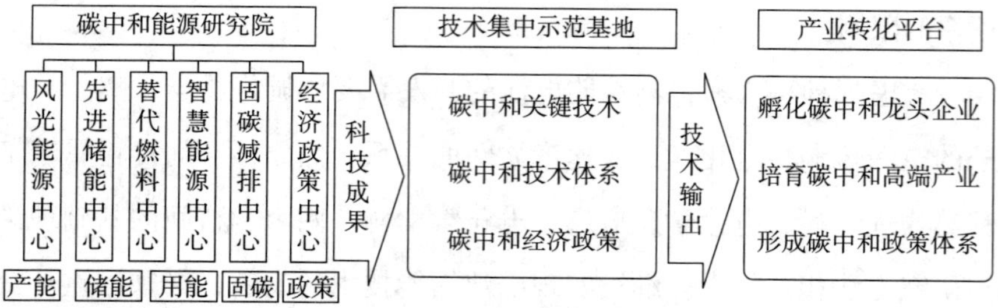


图1　技术研发-集中示范-产业转化全链条贯通的科研组织新模式

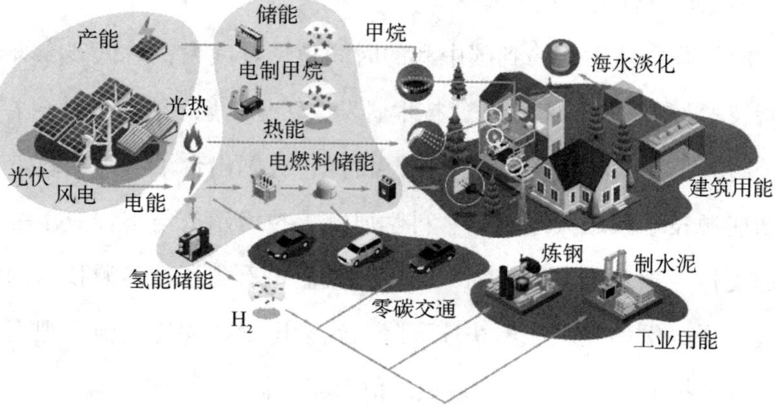


图2　碳中和技术样板示范

（文/朱妍）

# 欧洲能源危局：迈过这个冬天，一切都将改变？

秦　炎　中国碳中和50人论坛特邀研究员
路孚特公司首席碳分析师 / 牛津能源研究所研究员

过去的2022年，欧洲的能源价格一度高涨，目前，由于冬季偏暖加上采取了节能保供的措施，危机有所缓和，但对工业造成的负面影响仍不容忽视。下一个冬天，能源安全形势仍然严峻。与此同时，更值得注意的是欧洲电力危机。这场危机促使欧盟将第五轮欧洲电力市场改革提上日程，探索更加适合零碳电力系统的市场机制设计。

2023年伊始，欧洲不少国家天气温暖如春，此前令人担忧的能源危机似乎出现了转机。天然气库存充足，价格跌落至自2021年秋天以来的最低点。然而，就在一年半之前，由于疫情后需求的快速反弹开始发酵，加上俄乌冲突等地缘政治干预，电力和天然气市场价格上涨了五至十倍，大量企业迫于能源费用的上涨而减产甚至停产，一些中等收入家庭和中小企业则无力支付能源账单。由于能源价格高涨以及通货膨胀预期，2023年1月，世界银行在最新一期《全球经济展望》中预期欧元区2023年的经济增长率为零。

1. 欧洲的“去工业化”争论

一度高涨的能源价格对欧洲工业的打击不容忽视，几个月来引发了业界有关“去工业化”的讨论。2022年10月，《金融时报》发表了一篇题为《能源危机会压垮欧洲的工业吗？》的文章，提到部分欧洲的能源密集型企业已经处于停产边缘，欧盟关停的工业产能比例，硅料为27%，原铝制造为50%，化肥行业高达70%，几乎所有的锌熔炉都被关闭。

欧洲的天然气和电力市场自由化程度较高，由市场机制决定电力的批发价格，进而决定终端用户价格。不过，市场价格向用户端的传导有一定时滞，时滞长短具体取决于用户签订能源采购合同的类型。中型大型工业用户提前签订了长期购气合同，暂时还没有受到能源涨价的影响；而部分用户按月甚至通过现货采购天然气和电力，早在2022年的第一季度就面临着能源涨价、生产成本大幅上升的压力。

整体而言，市场电价的波动传导至工业用户时滞平均在三至六个月。这也就意味着，若排除政策干预的因素，2023年初的能源降价，也要通过一段时间才能传导至用户端。

早在2021年10月欧洲电价大幅上涨的时候，欧洲有色金属协会就向欧盟委员会发出公开信，力陈电价上涨对于铝业的影响。2020年之前，欧洲批发电价在40欧元每兆瓦时左右。中等工艺水平的造铝厂每一吨铝约耗电14兆瓦时。这就意味着当电价涨至200欧元的水平时，造铝的成本就从一吨560欧元增至2800欧元以上。

2022年8月26日，西欧现货电价飙升至历史最高值700欧元每兆瓦时，这给高耗能工业带来了非常大的压力。9月6日，法国敦刻尔克铝业公司宣布，为应对电力成本增加，该公司计划减产20%。集团264个熔炼炉中的54个将停产至2023年第一季度末，届时将“在第二、三季度提高产能”。

同样作为高耗能行业的陶瓷和玻璃制造业也受到了不小的冲击。生产熔炉必须24小时不间断地工作，一旦冷却，熔化的玻璃凝固在里面，设备将被摧毁。2022年8月，创立于1756年的世界上最古老的玻璃制造商Riedel由于天然气价格上涨，能源账单上涨了30%。Riedel负责人在接受彭博采访时说：“希望我们不是泰坦尼克号。”由于能源市场的波动风险，能源供应商大幅削减长期合同，工业用户面临能源采购危机。Riedel负责人说：“目前没有一家能源公司愿意与我们签订3年甚至12个月的协议，所以我们必须每天购买能源。”

如果无法签订长期购气购电合同，就意味着企业需要更多依赖现货市场采购能源，而波动性更大的能源价格，增加了生产成本的不确定性，进一步影响工厂效益，这样工厂就更难和能源供应商签订长期合同，形成恶性循环。

法国玻璃制造商Duralex这个冬天则让熔炉一直处于“休眠”状态，负责人在接受美国政客网站（Politico）采访时说，这是一个艰难的决定，技术和人员风险并存，但可以节约能源。

虽然各国陆续推出的支持措施包括了对工业用能成本的补贴，但是玻璃行业等大部分制造品并不算必需，所以在政府的扶持计划中不是优先行业，并不容易获得补贴。

欧洲多个行业协会签署公开信，呼吁欧盟采取紧急举措，避免欧洲在电力和天然气价格飙升的背景下出现永久的“去工业化”。欧洲铝业协会总干事Paul Voss表示，“这是一场真正的生存危机”，因为有一些冶炼产能一旦关停，就无法重启。

东欧的汽车制造商威胁要将生产转移到能源成本较低的南欧，或者完全撤出该地区。欧洲化学品协会指出，因其高涨的能源成本在全球居于高位，2022年3月以来，欧洲首次成为化学品的净进口地区。如果更多行业效仿，意味着全球供应链将远离欧洲，严重损害欧洲的经济竞争力。

据美国政客网站（Politico）消息，欧盟内部市场专员Thierry Breton在一封给员工的新年电子邮件中指出，努力提高欧洲的全球竞争力是“首要任务”。“欧洲的高能源价格将继续影响我们的同胞，但也影响整个工业供应链和中小型企业。与此同时，中国、美国和其他国家正在试图吸引我们的工业能力。如果没有强大的制造业基础，欧洲的供应安全、出口能力和创造就业都面临风险。”

2. 取暖还是吃饭

相比大型工业用户，小工商业用户的处境更为艰难。他们既没有签订优惠的长期能源采购合同的实力，受市场价格波动影响更大，也不大可能用成百上千的就业岗位给政府施压以获取补贴。

在欧洲各国，由于无力承担能源账单而导致破产的小工商业主案例比比皆是。《比利时报纸》报道，Vencimont一家面包房的电费账单2021年还是每月1860欧元，2022年8月上涨到了11836欧元。

类似的例子还有很多，挪威东南部小城的一个家具店，因为电费高涨倒闭，26位工作人员失业。挪威工业协会指出，有些小型商户的利润可能就只有几万欧元，电价上涨的幅度就把这部分盈利完全吞噬掉了，更不用说能源价格的上涨也推高了原材料和物流费用，小商户面临的成本压力可想而知。

市场电价上涨一般六个月到一年传导至居民侧。在欧洲，除了挪威和西班牙居民签现货合同的比例较高之外，其他国家的居民习惯签长期购气购电合约，比如一年期或者两年期。2022年4—5月开始，终端能源价格明显有所上浮，高于2021年0.23欧元每度的欧盟平均电价。

欧盟委员会发布的2022年第三季度电力报告中指出，一半的零售合约价格随着市场电价上涨而上浮，这就意味着接下来还有更多的合约到期，更多的用户面临新合同价格上涨。

电价上涨对于不同收入水平家庭的冲击是不一样的。IMF数据显示，在英国，低收入群体大概要将家庭支出的17.8%用于能源支出，高收入群体的能源支出占比则是6.1%。能源价格上涨之后，会直接挤压贫困家庭基本的生活支出，比如有些依靠养老金或者救济金生活的家庭，每个月的家庭预算是一千至两千欧元，能源费用上涨一百欧元，这些家庭很可能就陷入了“取暖还是吃饭”的两难境地。

在福利水平较高和收入比较平均的挪威，电费的上涨也影响到了居民。挪威消费研究学院调研结果显示，28%的家庭表示，自2023年1月以来家庭支出负担有所增加；25%的家庭表示，电费上涨给支付账单和房贷带来了一些困难。各国央行为了应对通胀陆续加息，这更增加了一些家庭还贷的支出，削减了其可支配收入。

3.“纾困所有人”

面对愈演愈烈的能源危机，欧盟委员会和成员国连续召开紧急会议商讨对策，陆续发布方案和应对措施（集中在削减需求、限价、补贴和暴利税等方面），同时继续推动REPowerEU方案和“Fit for 55”气候一揽子计划的商讨，加速转型和摆脱对俄气的依赖。

为了安全过冬，欧盟委员会7月就发布了“欧洲天然气需求缩减计划”，要求各成员国在2022年8月1日到2023年3月31日间采取措施，至少减少15%的天然气用量。9月，欧盟委员会“应对能源高价的紧急干预方案”从需求、价格、补贴等多方面对能源供需和市场运行提出干预措施，成员国同意减少高峰时段用电量以及总体用电需求。此外，欧盟委员会对包括可再生能源、核能和褐煤在内的低成本发电源的售电收入设定上限；对化石能源行业的超额利润征暴利税。成员国还可临时为中小企业制定电力供应价格，以支持在高能源价格中挣扎的中小企业。

10月，欧盟委员会再次推出缓解能源危机的新提案，包括联合采购天然气、对欧洲天然气基准价格实施限价机制、协调欧盟成员国能源供应等。12月，欧盟能源部长经过艰难谈判将天然气价格上限定在每兆瓦时180欧元，2023年2月15日起实施。

除了欧盟层面，各国也陆续推出了不同的政策以应对危机。在能源供给侧，各国寻找替代天然气进口源，暂时重启已关停的煤电，延寿核电（包括德国将剩下的三座核电站的退役时间暂时推迟至2023年4月）。

为了应对能源涨价对消费者的冲击，多国实施了不同程度的减增值税、零售电价限价或者补贴电费、向脆弱收入群体发补贴、援助工商业等措施。西班牙和葡萄牙补贴发电行业天然气价。法国加码补贴，新措施具体包括：使用天然气供暖的家庭每月最高补贴25欧元，使用电暖气的每月补贴20欧元，使用石油或烧柴供暖的法国家庭则是一年最多获能源补贴200欧元。意大利也提出方案补贴民众生计，包括发给年收入2万欧元以下者每人150欧元的津贴，以及对酒吧、餐饮等中小企业补贴税负。

其他欧洲国家的新加码政策还包括：荷兰宣布将基本工资提高10%；丹麦表示民众2022年能源账单超出前一年的部分，可延迟在5年内补缴。

对此，《经济学人》分析称，近15年全球“黑天鹅”事件接踵而至，使各国政府不断出手补贴民众和企业，造就了一个“纾困所有人”的新时代。

虽然这些“价格管制+财政补贴”的能源纾困措施在短期内起到了一定效果，暂时帮助一些低收入群体、工商业用户抵御了涨价的冲击，但是这些补贴也给欧洲国家的财政带来了负担。2022年10月，德国政府公布了一项2000 亿欧元的支持计划，以抵销家庭和企业的高能源成本。据欧洲智库Bruegel消息，2021年9月至2022年11月，德国、意大利、英国、西班牙、法国已分别动用占GDP 7.4%、5.1%、3.5%、3.2%和2.8%的资金来应对能源危机。过去一年，欧洲国家对家庭和企业的援助计划金额总计已达7055亿欧元。而这一趋势还在继续。

4. 被天然气危机掩盖的电力危机

不断加剧的欧洲能源危机分为多个层面，天然气短缺是其中最直观的一层，也是欧盟自2022年俄乌冲突爆发后最着重应对的。但其实2022年8月之后，电力危机突然加剧，欧盟在政策上措手不及。

一方面，冬季电力峰值短缺风险显现，市场的恐慌将西欧年度电力期货合约推高至近千欧元的价位，另一方面，电价短期内巨幅暴涨、暴跌给电力衍生品市场的交易带来了流动性问题，从南欧到北欧的不少发电集团不得不向政府申请救助资金。

虽然天然气短缺是造成欧洲电价上涨的原因之一，但2022年更为特殊的则是水电和核电双双下降。干旱导致北欧和南欧水电出力锐减，与此同时，法国核电出力也大幅下降，造成电力供给紧张。电网数据显示，2022年欧洲27国的核电发电量比上年同期下降117太瓦时，水电下降54太瓦时。这个缺口则要由风、光和火电以及主动减少的电力需求填补，其中，气电增加了10太瓦时，煤电增加了23太瓦时。

法国核电机组装机容量总计56吉瓦，但是在8月底，最低只有25吉瓦机组运行，远远低于往年同期。这是因为之前因疫情推迟的例行检修和十年例行检查，而且有十台机组是管道腐蚀故障，需要进行大修。随着机组陆续结束检修，核电出力在12月回涨至45吉瓦，按照法国电力的最新计划，将维持在40~50吉瓦。除法国外，瑞典核电机组故障也给北欧电力供给带来了一定风险，推高了电价。

2022年欧洲多国遭遇干旱天气，法国、瑞士的年降水量远低于历史正常值。挪威水库蓄水量一度跌至二十年来最低。如果2023年的降水量能够达到正常水平，那么水电的恢复能够缓解电力供需的紧张，压低电价。但是年初的暖冬带来了隐忧，如果春夏季继续出现高温天气，遭遇类似2022年的干旱高温，那么水电又会受到影响。

综合来看，2022年冬季欧洲电力短缺的形势比天然气更为严峻。早在秋季，包括芬兰、法国、瑞士、挪威在内的多国电网就发出预警，提醒冬季峰值缺电的风险，并表示必要时将采取有序用电或者强制削减居民用电等紧急措施。

2022年12月上旬，欧洲大部分地区遭遇寒潮，气温比正常值低五至七摄氏度，这对欧洲电力市场和电网都是一次严峻的考验。所幸有惊无险，一是法国核电出力恢复，二是各国提前准备，三是工厂减产拉低了用电需求。

但冬天还未结束，风险还在。欧洲输电运营商联盟ENTSO-E 12月初发布的《欧洲冬季电力供需展望报告》指出，瑞典南部、法国、芬兰和爱尔兰将在一二月份面临高峰时段缺电风险。如果各国能够落实欧盟委员会提出的方案，削减峰值用电负荷10%，有可能降低峰值缺电的风险。但低于正常值的水电和核电，必然意味着电力供给侧仍然紧张，电价仍将处于高位。

5. 为什么短期内“开倒车”？

近年来，欧洲各国一直是能源转型的先头军，提出在2050年前，整个大洲实现所有温室气体的“气候中和”目标，大力发展可再生能源。然而，为什么2022年会锋头急转，在能源危机的压力之下，不得不重启煤电甚至燃油发电厂，短期内“开倒车”？表面上是因为地缘政治因素和俄罗斯天然气供给的减少，深层则反映了欧盟和英国近年来的能源转型政策有其过于激进的一面。

能源不可能三角是常被提及的概念，指的是一个能源系统无法同时满足环保绿色、供给稳定安全、价格低廉三个条件。而欧盟和英国近年来的政策，过于注重气候目标和绿色这个向度，遇上2022年这样的地缘因素被迫“加速脱俄气”，叠加干旱等不利的气象条件，使得整个能源系统抗风险的能力非常弱，无法实现能源供给的稳定、安全，进而引发能源危机。

忽视能源来源的多样性是欧盟电力政策值得反思的一个方面。

2019年欧盟委员会提出绿色新政以及2050年气候中和的目标之后，各国纷纷加快退煤进程，意大利承诺到2025年淘汰煤炭，希腊承诺到2028年、荷兰承诺到2030年、德国承诺在2038年前完成退煤。到2021年，欧盟国家已经关闭了一半的煤电机组。天然气发电机组因其灵活性成为非常有优势的调峰电源，也有效地配合了英国、西班牙等国家可再生能源的快速发展。但这使得本土产气量逐年下降的欧洲更加依赖天然气进口，最终进口量占到天然气消费量的80%。

俄乌冲突爆发之后，欧盟国家40%的天然气供给立刻变得不可靠。而其他天然气来源（包括挪威和北非管道气以及液化天然气）的供给短期内不能迅速增产，为了保证电力供应安全，欧洲各国不得不重新拥抱煤电，比如德国，批准重启了近两年关停的煤电以及燃油机组；希腊也延迟了退煤时间；保加利亚议会在1月初投票通过，保留本国煤电机组至2038年。

另一个过于依赖单一能源的例子，就是挪威。挪威水电充沛，多年来一直是电力净出口国，作为欧洲大陆的绿色电池，通过跨国输电交易帮助西欧国家消纳日益增加的可再生能源。挪威充足的电力供应也造成了假象，使其规划风、光电较为缓慢，基本完全依赖水力发电。

然而，挪威南部2022年遭遇了罕见干旱，水库蓄水量急剧下滑，不仅大大减少了对欧洲大陆的电力出口，还面临冬季缺电的风险。与此同时，由于之前更多重视跨国输电线路的建设，忽视了国内南北电网的链接，尽管挪威北部降水充沛，水库甚至在夏季雨季需要弃水，但是多余的电也输送不到干旱缺水的南部。目前来看，一二月份如果再次遭遇寒潮，挪威电力供需依然紧张，要到春季融雪之后，水电恢复，才能缓解。

2022年冬天的缺电风险，也引起了挪威能源监管部门的反思：是否低估了电动汽车提高的电力峰值负荷？是否低估了工业包括氢能的发展等对用电量的影响？研究机构近期预测，虽然挪威目前年均出口电量20太瓦时，但是2030年挪威用电量可能会比目前的150太瓦时增加40%，届时挪威将转为电力净进口国。

6. *危机引发对跨国输电和自由市场机制的思考*

欧洲是全球推进电网互联和发展清洁能源的积极践行者，利用高度集成化的互联电网优化跨区资源配置，加快风、光等新能源的国际开发利用。

欧洲互联电网主要包括欧洲大陆、北欧、波罗的海、英国、爱尔兰五个同步电网区域，以及冰岛和塞浦路斯两个独立电网。跨国输电线路高度密集，遍布于成员国之间，大部分国家和其邻国电网之间的互联传输能力很强。

为提高可再生能源的开发利用消纳，欧盟提出，2020年各成员国跨国输电能力至少占本国装机容量的10%，2030年要达到15%。目前，德国和邻国电网间的电力交换能力已经达到25吉瓦，占其总装机容量的12%和冬季最高负荷的30%。

在高效互联电网和欧洲统一电力市场的推动下，不仅北欧和南欧富余的可再生能源电力能够输出替代西欧、东欧的煤电，各国也能利用跨国输电容量来保证冬夏高峰负荷期的电力供给。跨国跨区电网互联使得各国电力系统的调峰能力更加灵活，既提高了可再生能源的消纳能力，又减少了不必要的调峰电源建设。

在正常的年份，这样的机制一直运行十分顺畅，但是掩盖了一个问题，那就是随着西欧国家可再生能源比例越来越高，以及退煤和德国弃核使得有效容量下降，调峰就更依赖气电和北欧的跨国输电。然而，当天然气供给出现风险，加之北欧因为干旱而缺电，西欧电力系统的可靠性就受到了挑战。雪上加霜的是，法国核电机组因为老旧频频需要检修，这在2022年就造成了一个影响欧洲电力系统的“完美风暴”（不过在12月初西欧遭遇寒潮之际，电力供需紧张的法国，正是靠着跨境输电在峰值期间从邻国进口了10吉瓦电力，才保障了电力安全）。

2022年不断加剧的能源危机，也引发了对欧洲自由能源市场机制的讨论。

首先，过于金融化的电力和天然气交易，是否放大了危机？由于电力、天然气期货价格上涨迅猛，欧洲发电企业对冲风险的金融衍生品导致了广泛的流动性危机，险些演变成金融危机。对此，欧盟委员会也专门提出了金融领域的干预方案，即需要与欧洲证券市场管理局、欧洲银行业管理局协作，针对电力、天然气相关的衍生品交易来修改抵押品清单、保证金等相关规则，并且提出了实施天然气交易价格涨跌幅限制机制等。

其次，对于欧洲电力市场设计的讨论，尤其是边际定价机制。欧洲的电力现货市场采用边际出清的定价机制，满足电力供需平衡所需的最后一台机组的报价，即为市场的边际出清电价。边际成本为0的新能源在市场中会优先出清，如果电力供需总体富裕，在新能源出清之后，再加上部分其他低价机组就可以满足电力平衡，整个市场电价会降低。但如果电力供需总体短缺，仅靠低成本机组不足以满足电力平衡，那么成本高的机组就可能成为市场的边际机组，导致整体市场出清电价升高。

由于2022年水电和核电出力锐减，成本最高的气电成为了欧洲电力市场的边际机组，气价波动直接传导入现货电价。考虑到气电大约50%的转换效率，气价每升高1欧元/兆瓦时，会带动电价升高约2欧元/兆瓦时，而气电又是系统的边际机组，因此气价上涨直接拉高了市场的出清电价。

因此，如何使得气价和电价脱钩，是欧盟委员会近几个月来讨论的政策之一。根据欧盟委员会2023年工作计划，其将研究各种方案，征求意见，并在2023年第一季度末发布评估报告和对电力市场指令的修改提案。这被认为是欧盟第五次电力市场改革，意义重大。

欧盟委员会在一份讨论稿中列出了新的电力市场改革的目标。第一是要让可再生能源发电企业的售电收益更接近他们实际的发电成本，并且利于消费者。这其实就是要把欧盟在10月提出的对非边际发电机组征收暴利税的暂行措施给固定化，比如更多推行长期电力采购协议，或者差价合约。第二是减少天然气在短期电力市场中的作用，比如更多鼓励需求侧响应和储能等灵活调节措施。第三是更好地保护消费者，比如更多采用固定价格合同等。第四是提高市场透明度和诚信度。

2022年5月，希腊曾经提出一个“两个市场”的方案，也即可再生能源和火电核电分开出清的现货市场机制。10月，欧洲监管中心发布报告《从危机到净零的欧洲批发电力市场改革》，包括剑桥大学著名电力专家波利特教授在内的专家指出，当前欧洲面临能源危机，市场因为稀缺性而做出了正常的反应，价格暴涨。

佛罗伦萨监管学院的报告则指出，电力价格的高涨是因为价格发出了稀缺的信号，是正常作用。如果要完善电力市场，可以通过激励消费者与发电侧更好的风险对冲和套期保值，通过差价合约和电力购买协议获得廉价的可再生能源，重新设计容量补偿机制等来降低投资风险。

2023年1月初，西班牙发布了其对欧盟电力市场改革的建议，提出应该由政府和可再生能源发电商签订差价合约，既保证了这些项目的长期收益，激励低碳投资，也避免了其获取过多的额外利润。

供需决定价格，短期的政策干预，比如对非天然气机组收取暴利税等措施，不应该影响欧洲统一能源市场的运行。当前能源危机的警示意义在于，长期来看电力市场设计应该符合未来净零目标的实现，需要做出适应高比例可再生能源的调整，等等。

虽然欧洲的这轮电力市场改革是在危机之下被临时提上日程的，但也将帮助欧洲提前应对挑战，研究如何平衡能源安全和低碳目标，探索适合零碳电力系统的市场机制设计，加速电力系统转型。

# 中国新能源行业发展及政策趋势

郭雁珩｜中国碳中和50人论坛特邀研究员
水电水利规划设计总院可再生能源信息管理中心主任
魏景东｜水电水利规划设计总院工程师、博士

## 一、新能源发展历程及现状

### （一）发展历程

改革开放以来，中国风电主要经历了应用示范、产业培育、规模化发展、提质增效等4个发展阶段（见图1）。进入2000年，在应对气候变化和加快能源结构调整的大背景下，我国逐步加强对风电开发的探索。2003年起，我国开展风电特许权招标和大型风电建设前期工作，开启了风电规模化发展进程。2009年，国家制定了四类风能资源区的风电标杆上网电价，引导市场主体合理有序投资。党的十八大以后，风电行业新技术、新模式、新业态不断涌现，技术水平显著提升。2021年起，国家推进在沙漠、戈壁、荒漠地区规划建设大型风电光伏基地项目，第一期装机容量约1亿千瓦的项目已全部开工。

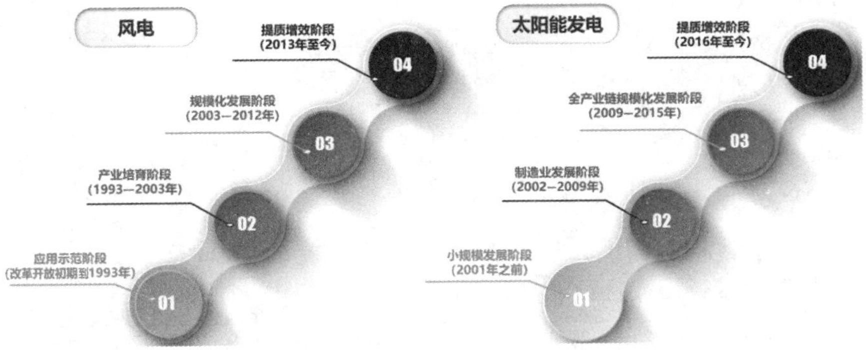


图1　风光新能源发展历程示意图

作为风电的孪生兄弟，光伏也经历了4个发展阶段，即小规模发展、制造业发展、全产业链规模化发展、提质增效。光伏发电建设始于20世纪70年代，由于价格高，仅用于航标灯等小功率电源系统。2009年起，我国实施“金太阳示范工程”和“光电建筑应用示范项目”，并启动两轮光伏特许权招标项目，有效推动了光伏发电项目开发建设运营、产品研发制造等较快发展。2013年，国务院印发《关于促进光伏产业健康发展的若干意见》，推动我国光伏发电市场规模快速扩大。2015—2019年，国家共推动三期光伏领跑基地及第三期奖励基地建设，通过市场支持和试验示范，以点带面，加速了技术成果向市场应用转化，让光伏产业发展逐渐进入了高质量发展时代。

**（二）发展现状**

新能源规模化发展，化石能源替代作用显著。截至2021年底，我国风电、光伏发电并网装机分别达到3.28亿千瓦（见图2）和3.06亿千瓦（见图3），装机规模继续领跑全球，非化石能源装机占比首次超过煤电。2021年，风电新增并网装机4757万千瓦，其中陆上风电新增3067万千瓦、海上风电新增1690万千瓦；光伏发电新增装机5488万千瓦，创历史新高，其中集中式电站新增2560万千瓦，分布式电站新增2928万千瓦，形成了集中式与分布式并举的良好局面。

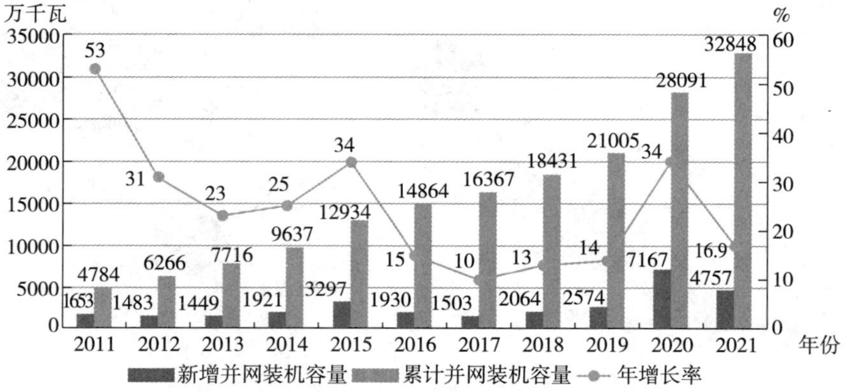


图2　2011—2021年风电并网装机容量变化趋势

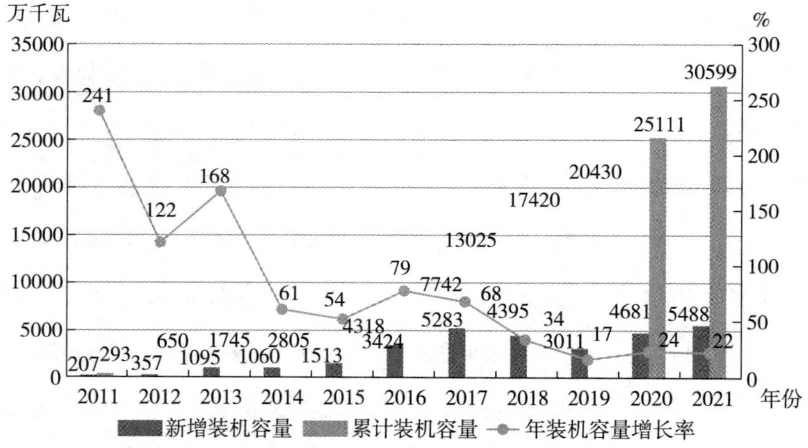


图3　2011—2021年光伏发电并网装机容量变化趋势

新能源利用水平稳步提升，弃电现象明显改善。近年来，在国家出台的规模、价格等政策“组合拳”作用下，新能源弃电现象得到有效遏制，趋势持续向好（见图4和图5）。2021年，全国平均弃风率约3%，相比2015年下降12个百分点；平均弃光率2%，相比2015年下降5个百分点。

此外，新能源技术装备水平显著提升，风电技术基本实现与国际同步，光伏全产业链具有全球竞争力。近10年来陆上风电和光伏发电项目单位千瓦造价分别下降30%和75%左右，产业竞争力持续提升，风电、光伏发电步入平价时代。

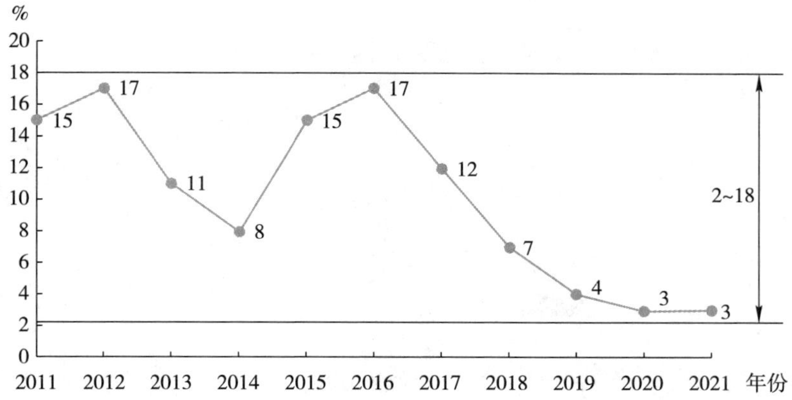


图4　2011—2021年全国平均弃风率变化趋势

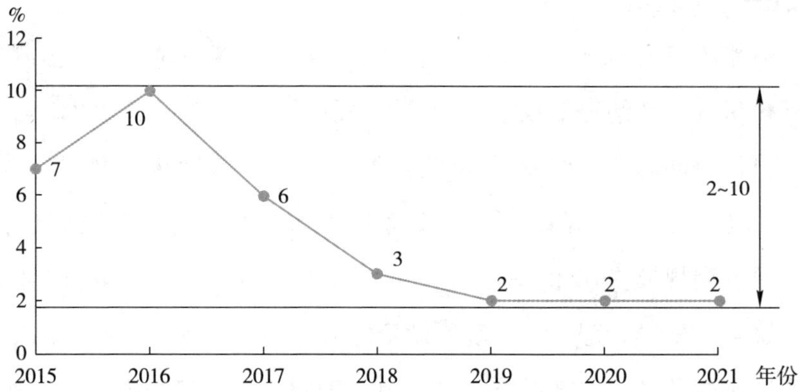


图5　2015—2021年全国平均弃光率变化趋势

## 二、新能源发展政策环境

20世纪80年代以来，我国新能源先破后立，目前装机规模已经连续多年领跑全球，但在行业快速发展的同时，新能源接网和电力消纳、补贴资金缺口、价格机制以及近年新能源市场化交易等方面的问题，也在不断干扰行业的健康发展。为了解决这些问题，国家积极应对，逐步建立了以规模、电价/补贴、消纳、装备制造、金融/财税为主体框架的日臻完善的政策体系（见图6），有力保障了新能源行业的健康发展。

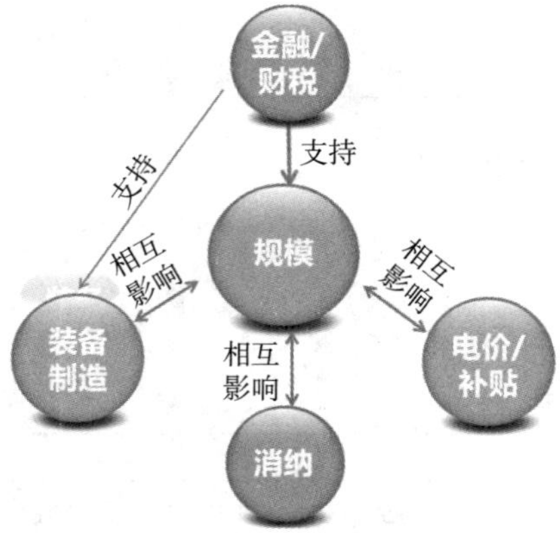


图6　新能源总体政策框架

**（一）规模类政策**

新能源规模类政策主要经历了规划引导、年度规模管理、监测/预警评价机制、消纳责任权重目标引导等阶段。自2007年国家发改委发布《可再生能源中长期发展规划》至2021年国家发改委等九部门印发《"十四五"可再生能源发展规划》，国家层面持续通过中长期规划引导新能源发展规模。在此基础上，风电自2011年起、光伏发电自2014年起实施年度规模管理，进一步推动新能源规模化发展。此外，国家能源局还实施了风光监测预警/评价机制，通过标记红黄绿码的方式管理对应省份的新能源年度建设规模，引导市场主体有序投资建设。《关于2021年风电、光伏发电开发建设有关事项的通知》提出自2021年起根据消纳责任权重和新能源合理利用率确定建设规模，标志着新能源年度规模管理向消纳权重目标引导转变。

**（二）促进消纳政策**

为了解决新能源规模化发展带来的电力消纳问题，国家出台了多项务实举措。2016年，《可再生能源发电全额保障性收购管理办法》印发，明确了部分限电及重点地区风电、光伏发电最低保障性收购年利用小时数，通过保障性收购解决新能源电力消纳问题。2017年，《解决弃水弃风弃光问题实施方案》通过完善可再生能源开发利用机制、优化电源结构和布局等措施推动解决“三弃”问题取得实际成效。2019年，《关于建立健全可再生能源电力消纳保障机制的通知》提出建立可再生能源电力消纳保障机制（见图7），从2020年起每年向各省级行政区域下达最低消纳责任权重，通过强制性的消纳权重指标促进可再生能源消纳。2021年，《关于推进电力源网荷储一体化和多能互补发展的指导意见》《关于鼓励可再生能源发电企业自建或购买调峰能力增加并网规模的通知》先后出台，通过源网荷储一体化、发电企业自建或购买调峰能力等方式解决新能源消纳问题。

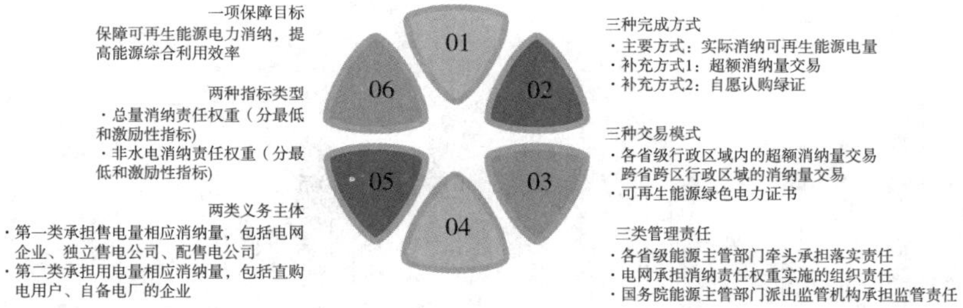


图7　消纳保障机制

### （三）电价/补贴政策

新能源补贴费用为上网电价与燃煤发电基准价的差值。新能源上网电价由国务院价格主管部门制定，风电自2009年起执行四类资源区的标杆电价（见图8），标杆电价随着风电技术进步和成本下降逐年降低；光伏发电2011年执行1.15元的固定电价，自2013年起执行三类资源区的标杆电价（见图9），标杆电价总体呈快速下降趋势。补贴费用的收入来源为在全国范围对销售电量征收的可再生能源电价附加，征收标准从2006—2016年稳步提高，而后维持在19厘保持不变（见图10）。虽然风光标杆上网电价逐年降低，但由于电价附加征收标准较低且后续年份维持不变，加之风光发展规模快速上升，近年来补贴资金出现缺口并逐年增大。

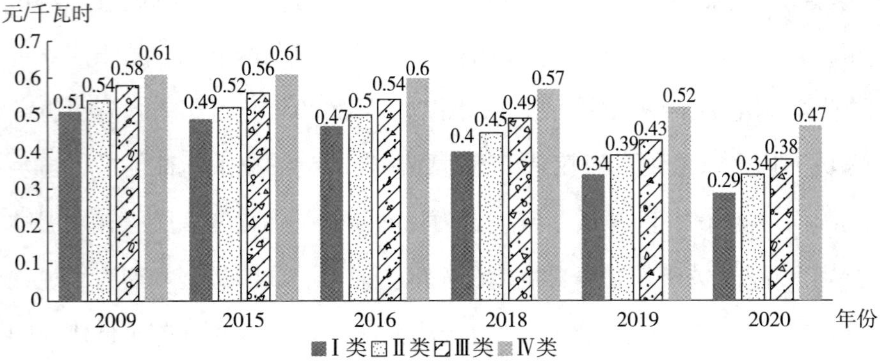


图8 风电四类资源区标杆电价

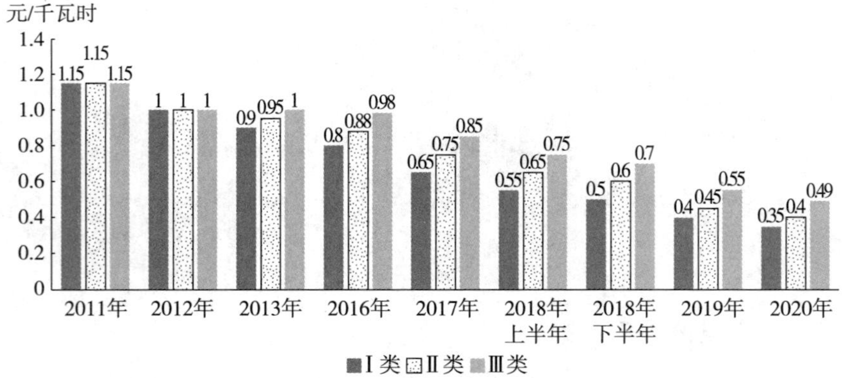


图9 光伏三类资源区标杆电价

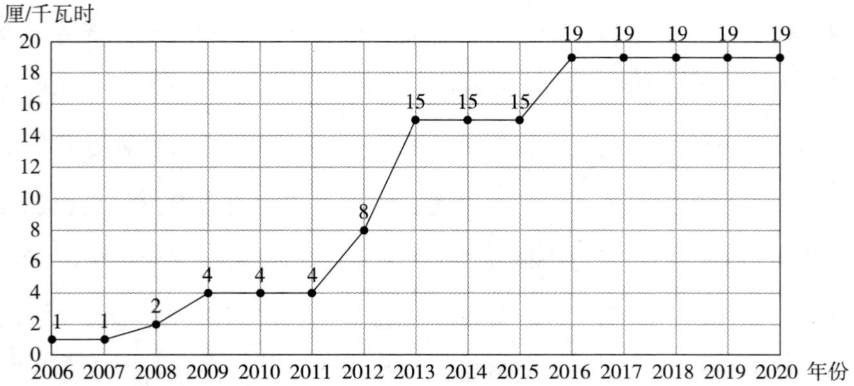


图10 可再生能源电价附加征收标准

为了缓解补贴资金缺口问题，2020年《关于促进非水可再生能源发电健康发展的若干意见》出台，提出以收定支，合理确定新增补贴项目规模。同年，《关于〈关于促进非水可再生能源发电健康发展的若干意见〉有关事项的补充通知》进一步核定了享受补贴的全生命周期合理利用小时数和补贴年限。随着风电、光伏成本快速下降，国家积极推进新能源平价/低价上网。《关于2021年新能源上网电价政策有关事项的通知》明确自2021年起，新备案集中式光伏电站、工商业分布式光伏和新核准陆上风电项目，中央财政不再补贴。此外，国家鼓励新能源发电项目通过绿证交易获得环境价值收益，不断建立健全绿证政策体系；同时积极稳妥推进新能源参与电力市场，通过市场化交易形成上网电价。

## 三、新能源未来政策趋势

基于行业发展历史，不难看出，新能源能够取得举世瞩目的成绩，主要得益于国家在规模、电价/补贴、消纳等政策方面的保驾护航。在实施“双碳”目标和规划建设新型能源体系的新形势下，未来新能源将呈现更大规模发展趋势，但同时也必然会在规模、消纳和价格等方面面临新的问题，可以判断，国家层面将会聚焦这些问题，在以下两方面发力，进一步建立健全相关政策体系，推动新能源高质量协同发展。

### （一）协同发展：新型电力系统统筹新能源规模和消纳问题，助力新能源发展模式创新

2021年3月，中央财经委提出构建新型电力系统。新型电力系统是新型能源体系的重要组成部分，新能源是构建新型电力系统的核心。新型电力系统意味着新能源开发建设模式的创新，改变传统模式下发

展规模和电力消纳割裂状况，通过源网荷储一体化统筹规模和消纳问题，实现新能源与电力系统各环节协同发展。一方面，优化新能源开发模式，结合新能源资源、用电负荷、电网结构特点，充分发挥新型电力系统源网荷储各环节优势，因地制宜开发新能源，最大限度促进新能源消纳。另一方面，大力发展抽水蓄能、新型储能、需求侧响应等灵活调节资源，提升新型电力系统消纳新能源的柔性。可以预见，围绕新能源发展模式、新能源与电力系统各环节协同发展，国家势必将给予更多的政策支持。

**（二）市场化发展：新能源通过市场化交易形成上网电价**

《关于加快建设全国统一电力市场体系的指导意见》提出，到2030年，新能源全面参与市场交易。随着新能源补贴退坡、市场竞争力逐步提升，其通过市场化交易形成上网电价是大势所趋。但新能源参与市场面临降电价并需承担辅助服务成本，全面参与市场化交易前需建立健全基于绿证的绿色环境价值场外保障体系，有效对冲新能源参与电力市场因降低上网电价造成的损失，保护市场主体的投资积极性，确保新能源发展规模。可以预判，围绕有利于新能源发展规模的市场交易机制和场外保障措施，国家层面将有可能布局更加密集的政策支持。

# 为什么要坚定不移走绿色工业化之路

新　望｜中国碳中和50人论坛特邀研究员
中制智库理事长兼研究院院长

中国的工业化尚在路上，完成工业化至少还需要10多年时间。但中国完成工业化不能走先行工业化国家的老路。中国的工业化应该是新型工业化。新型工业化不仅包括信息化、服务化，还包括绿色化。走绿色工业化之路，不仅是我国完成工业化进程的不二选择，也是到2035年基本实现社会主义现代化的前提条件。

## 一、制造业回到C位，担纲“立国之本”

这些年，中国的国民经济的产业体系经过了一系列重大调整，这些调整是渐进的，这种微妙而重大的调整可能很多人没有注意到，我想和大家分享一下我的观察。

从2016年开始，中央政府就对原来过度脱实向虚的产业发展倾向进行调整。对房地产做了新的定位，房子是用来住的，不是用来投资的。后来又对金融做了新的定位，金融的主要功能是助力实体经济，是为实体经济服务的，不是自我循环、自我发展的。这两年又对互联网产业，尤其是一些大的平台企业进行了规范和调整，从反垄断的角度、公平竞争的角度，对流量为王、大而不倒、无序扩张的模式进行了整治。近些年，已将制造业提到更加突出的地位。2015年国务院印发的《中国制造2025》开头讲到制造业是国民经济的基础，是立国之本、强国之基、兴国之器。7年前讲立国之本的时候，大家都还不太在意，到后来这一系列产业格局调整之后，突出了制造业的地位，大家才体味到“立国之本”的深意。

原来我们经常用的概念“一二三产业”在中央层面、产业政策层面用得越来越少。为什么？因为原来用一二三产业的概念就是隐含着要不断调整产业结构的意思，产业结构要高级化，乃至于一些地方明确提出来要“退二进三”。所谓的现代化就是后工业化，工业的比重要不断降低，第三产业乃至第四产业的比重要不断上升。但这其实是一种严重的误解。这种误解，英美等老牌工业化国家在反思，阿根廷、巴西等新兴工业化国家也在反思。这种反思和调整可以说是世界性的，尤其是2008年金融危机之后。

党的十九大对现代化产业体系做了新的界定和划分，提出现代化产业体系包括实体经济、高新技术、现代金融，再加人力资源。其中，实体经济是基础，后面3个是为实体经济服务的，当然四者之间是相辅相成的。这是一个非常大的对国民经济体系认识上的变化。实体经济被放在了国民经济的基础地位。实体经济是什么？实体经济的80%是工业，工业的87%是制造业。

这一系列对产业格局、产业体系的调整，最后的落脚点是制造业。习近平总书记讲过一句很精辟的话，实体经济是我国发展的本钱，制造业是实体经济的基础。我们中制智库有一句经常和制造业企业家分享的话：制造业既不是蓝海，也不是红海，制造业就是大海；制造业既不是朝阳，也不是夕阳，制造业就是太阳。

“十四五”规划明确提出，保持制造业比重基本稳定，巩固壮大实体经济根基。这就是反思之后的政策调整，也是对中国工业化进程的清醒判断。这句话是有所指的，因为2016年以来制造业比重不断下降，“十四五”期间这个趋势不能再继续下去了。举个例子，2010—2020年，杭州市第二产业占比已从47.8%一路下降至20%。在数字经济一路高歌猛进的荣光下，杭州的产业空心化、杭州工业的失落却少有人问津。现在，虽然成为世界电商之都，但电商一业独大，这种产业结构给杭州的发展也带来很大的风险和波动。比如，一旦国家对互联网平台企业开展整顿，整个杭州市的经济发展就面临巨大的不确定性。

现在不仅强调保持制造业比重稳定，其比重还要有所上升。像北京，已经定位政治中心、文化中心、国际交往中心、科技创新中心，但北京的“十四五”规划提出，制造业比重要从现有的11.5%提升到15%，当然，主要是高端制造业，也包括服务型制造业。

## 二、要重视制造业，但也必须是绿色的

实际上，“十四五”期间在重视制造业、发展工业的同时，还要降碳，要绿色发展。这是一个很大的挑战，即制造业的比重不能降低，同时制造业要减少排碳，要服从国家“3060”这个大目标。

2035年实现社会主义基本现代化，一个前提就是要完成工业化。什么是工业化？就是大机器生产、大规模生产。如果你放弃大机器生产、大规模生产，工业化就完成不了。目前看，从蒸汽机、电动机诞生至今，还没有找到一条道路既不排碳同时又能完成工业化，在所有完成工业化的国家中，还没有这样的先例。出路何在？就是要重塑中国的绿色生产力系统。

我们已经是全球碳排放第一大国，关于排放量有各种说法，一般都讲100亿吨。这个数字超过美欧日俄印之和，占全球300亿吨的1/3。中国能源的基本国情是仍然以碳为主，短期内难有大的改变。尽管中国的煤炭清洁利用技术已经全球领先，但减少二氧化碳排放，降低化石能源比重，最终走向碳中和，任务艰巨而繁重。能源革命对中国而言更具紧迫性。

中国2030年要实现碳达峰，2035年要完成工业化。2022年距碳达峰时间还有8年，距完成工业化时间还有13年。这13年中有5年时间，即2030年到2035年，中国要继续完成工业化目标，同时不能再增加碳排放量，要搞脱碳工业化。这个目标具体到管能源管工业的国家发改委、工业和信息化部那里，碳排放总量和强度双控，压力非常之大。因为《中共中央 国务院关于完整准确全面贯彻新发展理念做好碳达峰碳中和工作的意见》、国务院印发的《2030年前碳达峰行动方案》以及一系列配套文件，已经成为既定方针。为什么2021年10月以后，很多地方强行拉闸限电？因为指标逐年分解，各地分摊。方法可能不对，但要看到大势。

我国碳排放领域主要有4个：电力、制造业、建筑、交通。电力的第一大用户是制造业，而建筑、交通行业中50%以上也用于制造业。因此，低碳、降碳，制造业的绿色化当仁不让。可以说，没有制造业的绿色化就没有中国经济的低碳转型。我们以往对新型工业化的理解一般是信息化、服务化，现在应该再加一个绿色化。

## 三、走向制造强国和绿色发展的软肋

中国是世界第一制造业大国，从13年前的2009年我们就可以这样说了。那年，中国在世界制造业增加值比重上超过了美国，成为世界第一。

展望不远的未来，中国仍将是世界第一制造业大国，仍将是“世界工厂”。因为中国制造业有4个不可替代的优势：

一是全链制造，制造业门类齐全；

二是有巨大的产能，尤其普通商品和大宗商品；

三是有巨大的内需市场，中等收入群体达4亿人，超过美国的总人口，现在还在建设全国统一大市场，尤其是新基建给中国消费环境带来了革命性变化；

四是有非常好的产业协同能力，有中央层面的产业发展政策和协同能力。

但是过去的比较优势、后发优势正在递减。要素价格比较优势面临东南亚国家的竞争，尤其是传统制造业、普通制造业，我们的土地、劳动力、环境等洼地已经不在；而高端制造、先进制造又受到新的国际环境的挑战，尤其是以美国为首的一些国家对我国高端制造和高新技术企业进行定点脱钩，封锁打压。

中国制造最主要的问题还是大而不强。中国目前正处在由制造大国向制造强国转型跨越的关键时期。2009年中国成为世界第一制造业大国，但13年后的今天，中国却仍然只排在世界第四制造业强国的位置，排在美德日之后。我们规模大，但质量、结构、可持续发展能力不够强，这是中国制造的软肋。中国制造业之所以排在美国、德国、日本之后，差距主要表现在以下方面。

我们是传统制造大，而现代制造不强，尤其是先进制造、高端制造不够强。具体表现是，我们的工业基础不稳，基础制造欠账太多。关键零部件、关键材料、关键装备、关键工艺、关键软件以及一些核心技术受制于人。为什么我们动辄被“卡脖子”？就是因为人家在全球产业链的上游，而我们处在中下游。我们是低端制造，人家是高端制造；我们是浅层制造，人家是深层制造；我们是合格制造，人家是优质制造；我们是模仿制造，人家是引领制造。

从20世纪90年代开始，中国就开始注意到经济增长模式的转换问题，提出从外延式增长转向内涵式增长，从粗放型增长转向集约型增长。尤其是制造业，高投入、高污染，低价格、低品牌，“MADE IN CHINA”一度成为低质低价的代名词。中国如果不能提升产业基础高级化和产业链现代化水平，就有可能始终被压制在产业链低端，只能从事普通制造，永远粗放式发展。我们应尽快推进工业强基工程，消除质量、结构、可持续方面的软肋，这是中国制造进行绿色化转型发展题中应有之义。

## 四、绿色制造前景广阔

所谓质量，主要是指品牌、性能、寿命、可靠性等；所谓结构，主要是指原创产品、高新技术含量。而可持续发展能力有两方面的含义，一是研发投入、专利授权，二是资源支撑力和环境承受力。

中国制造业的资源支撑力和环境承受力均已达到极限。对外能源依赖达到了极限，石油75%需要进口，天然气40%以上需要进口。能源对外依存度太高，对一个大国经济来讲，面临很大隐患；环境承受能力也已到了极限，土壤、空气、水需要尽快停止污染，停止污染后治理改造还需要若干年。中国单位GDP的能耗目前还比较高，大致在世界平均水平的1.5倍以上，是美国的2倍到3倍，是德国等欧盟国家的5倍以上，日本的8倍以上。未来如果普遍实行碳关税、碳交易，中国制造业的国际竞争力将大打折扣，要保住中国的“世界工厂”地位，必须走绿色制造的道路。

绿色制造是挑战也是机遇。反过来看，中国绿色制造的发展前景十分广阔。

第一，需求的拉动。电子商务等新基建使全社会交易成本大大降低，“云大物移智链”和元宇宙将使经济运行更加轻型化。国内新消费群体的崛起使得绿色消费越发得到重视，绿色消费理念正在普及。该理念的强大需求是绿色制造的第一动力。

第二，未来的碳中和需要相应的产业支撑。碳达峰以后还要碳中和。碳中和不能只靠种树，必须要做一些制造业上的努力来减碳、吸碳。在全球市场化减碳机制下，低碳制造将受到激励。比如特斯拉，出售碳排放额度的营业外收入超过了企业卖车的利润。碳中和将孕育更多的产业，成为制造业的一部分。

第三，现有的电力、制造、建筑、交通甚至整个产业体系在碳中和背景下如何改造、如何转型，都需要相应的制造业支撑，如新的能源装备、节能建筑、绿色交通，都要与绿色制造相结合。绿色制造包括绿色园区、绿色工厂、绿色产品、绿色技术、绿色供应链等。

第四，新能源产业的崛起，尤其是非化石能源产业发展将是一场制造业的革命。光伏、风能、氢能、热空气能、储能等都属于制造业范畴。储能作为推动能源革命的重中之重，要加强煤气油储备能力建设，推进先进储能技术规模化应用，夯实国内能源生产基础，保障煤炭供应安全，保持原油、天然气产能稳定增长。未来，能源制造化、制造服务化将是大趋势。

# 解决核心痛点，让储能不再是“面子工程”

俞振华 | 中国碳中和50人论坛特邀研究员
中关村储能产业技术联盟常务副理事长

自2021年以来，以“双碳”目标为指引，从国家到地方密集出台了300多项与储能相关的政策，储能产业迎来了前所未有的关注度，各方投资建设的热情高涨。同时也不可否认，储能作为新兴产业，当前依然面临多重发展难题——调峰、调频及容量补偿等市场机制细则尚处空白，已建成的项目大多未能形成稳定合理的收益，安全问题仍没有从根本上得到解决，行业未形成统一的安全标准和公认的解决方案……这些痛点对发展形成哪些影响，又该从何处入手解决？俞振华畅谈了他的观点。

## 一、产业发展前景光明、道路曲折

问：“双碳”目标给储能产业带来了哪些新机遇？

俞振华：推进实施“双碳”目标，必然要加快推动可再生能源的跨越式发展，实施路径涉及能源、工业、交通、建筑等重点领域，包括电能替代、电动汽车、氢能等相关产业发展，而几乎所有跟碳中和相关的领域均与储能相关。当前，“可再生+储能”已成为业界共识，成为支撑可再生能源稳定规模化发展的关键和当务之急，这对储能产业提出了更高要求，也伴随着大量机遇。

事实上，2021年国务院印发的《2030年前碳达峰行动方案》，已明确储能产业发展的阶段性目标——到2025年，新型储能装机容量达到3000万千瓦以上；到2030年，抽水蓄能（以下简称抽蓄）电站装机容量达到1.2亿千瓦左右。抽蓄是当前技术最成熟、容量需求大、经济性好的储能方式，其作用已得到广泛认可。新型储能是指除了抽蓄以外的其他新型电化学储能或物理储能技术，相比存在资源调节等限制的抽蓄，新型储能技术更具备布置灵活性。有了目标激励，未来5~10年，新型储能会在度电使用成本上逐渐达到能够与抽水蓄能相竞争的水平，同时兼具长寿命、高安全性、可靠性等特点。

问：以“双碳”目标为指引，储能产业现已具备哪些基础？

俞振华：可以说，储能产业前景很光明，但过去十几年的发展道路也非常曲折。

早期储能产业进步主要得益于风电、光伏发电、电动汽车等行业的发展。比如，从技术商业化程度来看，锂电池是目前最成熟、应用占比最高的新型储能技术。锂电池恰恰就是率先在动力电池领域得到广泛应用，随着其特性广为行业熟知，并在近年实现规模化发展，进一步被用于新建储能项目。有了规模，一批成熟的技术、企业成长起来，逐步成为储能进入电力系统的“敲门砖”。

总体来看，“十三五”期间，储能行业更多的是在做模式探索，包括发电侧、电网侧、用户侧的不同技术性示范、商业模式示范。得益于此，新型储能得到快速发展，年负荷增长率75%，电化学储能的新增规模首次突破1吉瓦，锂电占据主导地位。正是这些尝试，让大家对技术路线的把握越来越清晰，技术反过来又支撑着产业未来发展，为相关政策机制的出台提供支持，这些都是储能产业打下的扎实基础。

## 二、五大核心痛点掣肘可持续发展

问：接下来，储能产业发展是否还面临一些风险与挑战？

俞振华：储能产业的受关注程度有目共睹，无论政策、技术还是资本等，支持、投资、建设等热情高涨。我们要看到，储能产业有其自身特点，跟早前风、光产业发展既有相似之处，也有不太一样的地方。

相似点在于，遵循摩尔定律，这些产业随着规模的扩大，效益提升、成本下降，且技术进步持续改善产业格局，形成由量变到质变的升级。不过，储能比风、光及电动汽车产业复杂得多。具体表现在，其应用场景更加多元，包括发电、输电、配电、用电等不同场景，短时低频、短时高频、短时超高频等不同形式。各种需求之下，技术路线自然更为丰富，我们现已定义了14种不同的储能技术流派。真正的大储能产业，未来发展必然呈多种路线并存的态势，但这些“不同”也带来更多的不确定性，增加技术、投资等风险。

我们进一步总结了5个核心痛点，目前看来这些依然是掣肘产业可持续发展的瓶颈。包括：机制问题，如何建立一系列可持续发展机制，帮助行业走上可持续发展的健康道路；安全问题，要建设大规模储能系统，该问题必须解决；准入问题，储能身为新兴产业，准入门槛还需进一步明晰；此外还有建设问题及全生命周期管理问题。

问：尽管产业势头火热，但很多已建成的储能项目至今仍未形成稳定合理的收益模式。您如何看待这个问题？

俞振华：一般来说，储能的核心价值可分为三类：短时灵活性服务供应的调节，包括调频服务、系统备用服务；参与调峰，对应的是电力市场；缓解阻塞，作为电力基础设施的一部分。未来，产业发展过程也是对储能价值进一步认可的过程。

近几年，行业的确做了不少项目，包括一些备受关注的独立储能项目，但很多项目仍属于投资拉动型，并非储能价值的真实体现。为找到创新模式，不少地方部署了具体试点，行业也做了很多探索。然而，让储能项目真正获取相应收益，目前还是比较困难的，我们也在研究背后原因。如何定义储能在电力系统中的价值，如何让价值通过电力市场机制反馈出来，如何建立一套适宜的政策机制等都是需要深入思考的关键问题。有了价值，储能项目才不再是面子工程，才能够真正解决需求。

## 三、呼吁更加细致、实用的政策支持

问：结合上述痛点，您认为行业还需要哪些政策支持?

俞振华：针对储能行业，从国家到地方近年出台了一系列政策。这是非常积极的信号，值得肯定。

比如，2017年我国出台了首个储能国家级政策，第一次正式提出“十四五”是规模化储能发展阶段，提出应围绕储能技术装备、可再生能源利用、灵活性、稳定性、用能智能化和支撑能源互联网移动示范部署工作。2021年底，国家能源局印发《电力并网运行管理规定》《电力辅助服务管理办法》。时隔15年修订发布的这“两个细则”，丰富和拓展了管理规范的对象和内容，尤其是激发了新型储能的灵活性价值需求，被业内视为保障电力市场有序运营、促进源网荷储协调发展、建立分担共享新机制的纲领性文件。

据不完全统计，仅在2021年，国家及各地就密集出台了300多项与储能相关的政策。从顶层设计到行业细分领域，相比早期的政策空白，当前不能再说是“缺政策”，缺的实际是更细一步的具体做法及指导。

比如，按效果付费的市场建设思路还需进一步推动贯彻，建立能够快速调节资源价值的市场机制。同时，进一步研究建立适宜新型大规模储能参与的调度运行机制，在执行过程中充分考虑各市场主体的诉求，在一定时期内保持政策的稳定性和延续性。再如，业内常说项目“投运即退役”，其背后与市场机制、调度规则、安全问题，以及项目自身所处的市场环境等都有关系。究竟从哪些方面入手、如何解决，同样需要更强有力的政策支持。

问：行业自身需要什么样的努力？

俞振华：长远来看，当前面临的问题对储能产业不是利空，而是利好。储能作为灵活调节资源，可满足容量充裕度、备用、削峰填谷、新能源消纳等多种系统功能需求，其综合价值将通过多重收益渠道去体现。我们首先要坚定信心，“双碳”目标为全行业迎来跨越式发展提供了机遇。

上游企业应结合自身技术特点和优势，选对目标应用场景，在此基础上推动技术进步，开发适宜不同场景的产品。切忌一窝蜂上项目、重复建设，提前避免出现产能过剩现象。下游企业更迫切需要政策层面的支持，以协同推动解决盈利模式等核心问题。

（文/朱妍）

# 数字化技术在能源转型、交通减排中的实践

王 阳 | 中国碳中和50人论坛特邀成员
能链智电创始人&CEO

## 一、环境问题产生的原因、影响以及解决方案

### （一）生态环境污染具备必然性

自然生态环境作为一种公共资源，具备非排他性，不需要支付费用就可以使用。与此同时，其还具备非竞争性，也就是说，如果某人使用了某个商品，其他人也能使用该商品。

出于经济发展和自身利益的考虑，上至国家，下至企业、个人，都会尽可能利用自然资源，但是利用过程中却忽略了环境保护。其结果是自然资源被过度使用，环境遭到破坏。

从经济学的角度来看，生态环境遭到破坏是不可避免的。“公地的悲剧”案例表明，如果每一个牧民都能够无限制地使用公地，公地将因为长期的超载放牧而日渐衰落。

### （二）生态环境问题将制约经济发展

1995年，美国普林斯顿大学的格罗斯曼和克鲁格等经济学家将库兹涅茨曲线应用到环境与经济发展的关系中，提出了“环境库兹涅茨曲线”，即环

境污染水平与经济发展水平之间可能也存在倒U型关系。根据这一理论，当一个国家GDP水平较低时，环境污染程度较轻，随着GDP的增长，环境污染逐步加重，环境恶化程度随着经济增长而逐步加剧（见图1）。

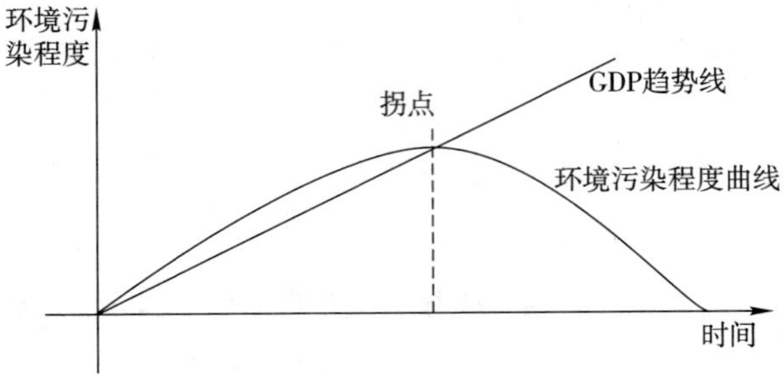


图1 环境库兹涅茨曲线

经济发展始终伴随着环境问题，增长得更快意味着使用更多的生产资料，产生更多的污染排放。尤其是以煤炭、石油等能源为驱动力的第二次工业革命，经济呈现指数级增长，同时环境恶化程度也在加速。

**（三）生态环境问题关乎人类生存命运，减碳势在必行**

在1989年出版的《绿色经济蓝皮书》中，英国经济学家皮尔斯首次提出“绿色经济”。他认为：“经济发展必须是自然环境和人类自身可以承受的，不会因盲目追求生产增长而造成社会分裂和生态危机，不会因自然资源耗竭而使经济无法持续发展。”

全球生态环境正进一步恶化，气候变暖、臭氧层破坏、生物多样性减少、酸雨蔓延、森林锐减、土地荒漠化、大气污染、水体污染、海洋污染、固体废物污染等问题无一不在阻碍着人类的生存与发展。其中，气候变暖最为棘手。

《美国国家科学院院报》（PNAS）刊登的“Future of the Human Climate Niche”论文显示：除非温室气体排放下降，否则50年后，地球上1/3人口居住的地区将如现在的撒哈拉沙漠腹地区域一样炎热。

因此，减碳行动势在必行。

2015年12月签订的《巴黎协定》明确提出："只有全球尽快实现温室气体排放达到峰值，本世纪下半叶实现温室气体净零排放，才能降低气候变化给地球带来的生态风险以及给人类带来的生存危机。"这就是后来的碳达峰碳中和的雏形。

2020年9月22日，国家主席习近平在第七十五届联合国大会一般性辩论上宣布："中国将提高国家自主贡献力度，采取更加有力的政策和措施，二氧化碳排放力争于2030年前达到峰值，努力争取2060年前实现碳中和。"[①]中国率先提出"双碳"目标，许下庄严承诺。

## 二、中国全球碳排放居首位，数字化能源转型是重要抓手

### （一）我国交通碳排放占10.4%，电气化与数字化加速减排进程

根据英国石油公司（BP）统计数据，从全球范围来看，2021年全球碳排放量达到338.84亿吨，同比上升5.9%（见图2）。

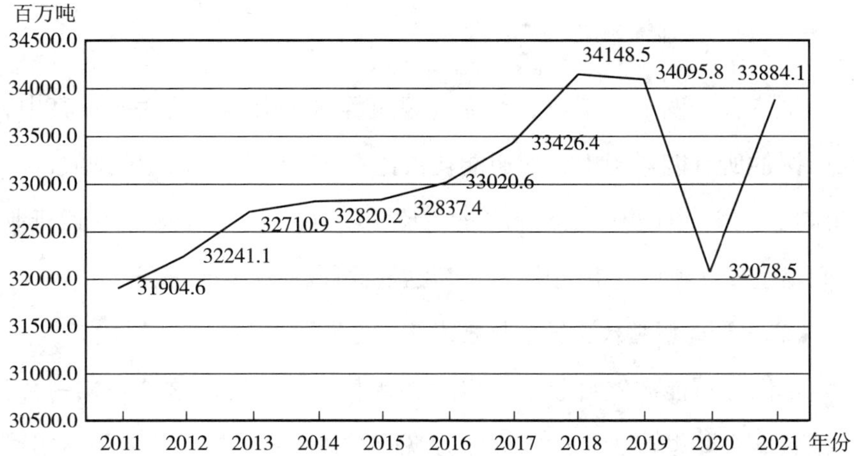


图2　2011—2021年全球碳排放走势图

资料来源：BP、能链研究院整理。

① 中国政府网. 中国应对气候变化的政策与行动[EB/OL].（2021-10-27）[2023-03-24]. http://www.gov.cn/zhengce/2021-10/27/content_5646697.htm.

从全球各个国家碳排放来看，中国最高，碳排放达到105.23亿吨，占据全球31.1%比例，中国减碳形势严峻（见表1）。

表1　2021年全球各国碳排放量　　单位：百万吨

| 排名 | 国家 | 2021年碳排放量 | 2021年碳排放量占比（%） |
|---|---|---|---|
| 1 | 中国 | 10523.0 | 31.1 |
| 2 | 美国 | 4701.1 | 13.9 |
| 3 | 印度 | 2552.8 | 7.5 |
| 4 | 俄罗斯 | 1581.3 | 4.7 |
| 5 | 日本 | 1053.7 | 3.1 |
| 6 | 伊朗 | 660.5 | 1.9 |
| 7 | 德国 | 628.9 | 1.9 |
| 8 | 韩国 | 603.8 | 1.8 |
| 9 | 沙特阿拉伯 | 575.3 | 1.7 |
| 10 | 印度尼西亚 | 572.5 | 1.7 |

资料来源：BP、能链研究院整理。

总体看，发电、工业、交通、建筑等占了碳排放的大头。其中，在中国的所有能耗当中，交通能耗占比在20%以上，交通碳排放占了10.4%，而交通能源中化石能源的占比又超过90%。所以说，交通行业减碳是重要突破口，电气化与数字化融合可以加速减碳进程。

**（二）新能源替代，数字化技术应用是重要抓手**

降低化石能源碳排放量、以新能源替代化石能源这“一减一替”是减碳的主要思路。在达成目标的路径上，数字化技术的应用与实践是一条贯穿全局的潜在主线，更是必备条件。

目前，光伏、风电等可再生能源并网加速，但太阳能、风能与生俱来的波动性和间歇性无法保证稳定出力，难以承担起发电主力地位，进而影响到电力供应的安全性和稳定性。一旦可再生能源发电量增量在全社会用电量增量中占比超过50%，波动性就会更加突出，只有风光发电配备储能技术完成调峰调频，才能完成减碳目标。

解决这一问题的终极手段就是引入数字化技术，在分布式能源、充电网、工商业、智能楼宇、储能等碎片化的能源世界里，用融合多种技术的“智能大脑”，来增强能源供应的灵活性、稳定性和安全性。

于是，虚拟电厂应运而生。其基于IOT、智能计量技术、AI、电力载波通信等数字化信息技术，将分布式能源、可控负载、储能等进行整合，协调控制，对外等效于一个可控电源，辅助电力系统运行，可以有效地调峰调频。而且，进一步完善多市场主体参与机制，构建多层次、多品种的电力交易市场，可保证新能源消纳，提高新型电力系统的灵活性和智能化。

此外，数字化技术还可以有效整合资源，提升能源使用效率和企业管理效益。将数字化技术应用在能源产业链上，能有效推动减碳，创造社会效益。

世界经济论坛数据显示，到2030年，各行业受益于信息和通信技术减少的碳排放量将达到121亿吨，其中能源领域超18亿吨。从发电行业来看，国际能源署预测，采用数字化技术，可使2016年至2040年年发电成本降低800亿美元，相当于全球发电总成本的5%。

## 三、能链助力碳中和

### （一）一站式服务，助推交通减碳

交通行业减碳，解决路径便是以新能源车替代燃油车。2022年前三季度，全国新能源汽车保有量达到1149万辆，2022年1—10月中国新能源汽车累计渗透率达24.7%，9月、10月连续两个月渗透率超过30%。

油车预计2028年达峰，之后开始逐步下降。

根据清华大学的预计，2030年中国会有1.2亿辆的电车，保守估计也需要2000万根公共充电桩。

国内充电桩建设和运营经过一轮野蛮生长后，整合、优化资源，为充电桩制造商、运营商、主机厂、用户等产业链上下游提供专业服务，推动充电服务进入高质量发展，成为加快交通行业减碳的关键。

能链智电构建了数字化能源补给网络，通过线上、线下充电解决方案、非电服务，为充电桩制造商、运营商、主机厂、企业、车队等提供一站式服务，从线上将补能网络植入车机终端或车主端APP，到选址、买桩买电，EPC总包、运营运维等线下服务，以及自动售餐柜、无人零售柜、共享按摩仪等非电增值服务，覆盖新能源全价值链，助推交通能源结构转型。

截至2022年6月，能链智电业务已覆盖全国358个城市，连接充电站超4.4万个、充电枪超40万把。能链智电已连接我国约26%的公用桩，与特来电、星星充电、国家电网、南方电网等运营商建立合作关系。

减碳成绩同样可圈可点。能链智电上半年累计交易电量4.58亿千瓦时，其中清洁能源（光伏、风电、水电）成交电量3.6亿千瓦时，清洁能源占比78.6%。经SGS集团认证，2021年，能链智电实现碳减排89.68万吨。2022年上半年，能链智电实现碳减排70.04万吨，半年减排量接近2021年全年八成。

除绿电消纳之外，能链智电通过屋顶光伏一体化建设、开发推广碳普惠创新机制、向车主提供碳账户功能、排放物管理、资源合理使用等方式，实现了场站绿色化、使用绿色化。从2021年8月上线以来，累计超过28万用户使用碳账户功能，通过充电获取碳积分，能链智电持续激励用户参与碳减排。

### （二）全生态储备，助力碳中和

能链智电围绕前沿的储能、虚拟电厂、光储充领域开展更多业务，做生态储备（见图3）。通过融合IOT、大数据、人工智能等数字化技术，对分布式能源、储能、微电网、电车可控负荷等资源进行协调控制，实现电网的削峰填谷。目前，能链智电已经具备了建立虚拟电厂、成为负荷聚合商的先决条件。

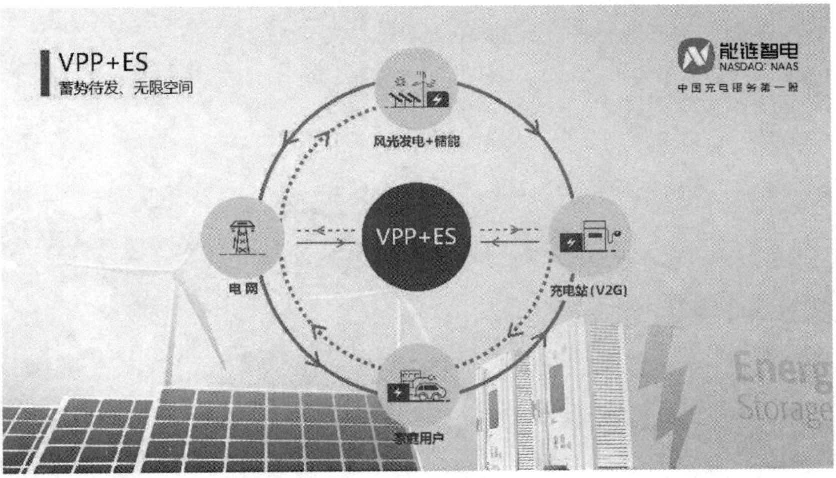


图3　能链智电业务场景

资料来源：能链智电。

从家庭用户到充电站的多场景覆盖，虚拟电厂（VPP）、储能、风光发电、充电等构建了一个源网荷储的闭环生态，对外相当于一个可控电源，既完成了新能源消纳，又可参与调峰调频、电力市场交易，快速响应需求，充分保障了电网的灵活性和稳定性。

其中，V2G技术是能链智电重点布局的技术之一，可以实现电动车和电网之间的互动，在低谷时充电，在高峰时反向输出电力，保障电力系统的稳定，有效助力碳中和。

光储充模式也是重点，“光伏发电+储能+充电”可实现光伏自发自用微循环，具备较好的经济性，不仅能够增加光伏和储能设备销售收入，还能实现电力扩容，降低碳排放。

能链智电以充电服务为基本盘，探索储能、虚拟电厂、光储充等新业务，依托数字化技术，推动我国能源结构转型，为碳中和事业持续贡献力量。展望未来，能链智电作为碳中和企业，将助力交通能源提效10%，让中国碳排放下降1%。

绿色金融篇

# 绿色金融篇

# 提升绿色金融管理水平是一项系统工程

贾　康

中国碳中和50人论坛联席主席
华夏新供给经济学研究院创始院长
财政部原财政科学研究所所长

党的二十大报告提出，完善支持绿色发展的财税、金融、投资、价格政策和标准体系，发展绿色低碳产业，健全资源环境要素市场化配置体系，加快节能降碳先进技术研发和推广应用，倡导绿色消费，推动形成绿色低碳的生产方式和生活方式。

实现“双碳”目标，需要绿色金融的大力支持。当前，我国绿色金融发展水平如何？行业面临哪些风险与挑战？又应如何提升管理水平？华夏新供给经济学研究院创始院长、财政部原财政科学研究所所长、中国碳中和50人论坛联席主席贾康发表了他的观点。

## 一、将绿色金融纳入政策性金融轨道

问：发展绿色金融的意义何在？尤其是在“双碳”目标下，如何进一步理解其作用？

贾康：业界对绿色金融的关注，至少可以追

溯到党的十八大以来，“五位一体”总体布局的明确，生态文明建设与经济建设、政治建设、文化建设、社会建设，被提到了同一平面予以强调，与绿色发展理念一脉相承。在此背景下，中国人民银行、财政部等七部委联合印发《关于构建绿色金融体系的指导意见》，强调动员和激励更多社会资本投入到绿色产业，同时更有效地抑制污染性投资。

金融服务与绿色发展相结合，早期更多是对资源节约型、环境友好型可持续发展理念的关注。与之相适应，金融机构会更注重如何增强自身的社会责任感。而目前，碳达峰碳中和已成为有时间表要求的战略性目标，也是我国对全世界作出的庄严承诺，意义十分重大。实现“双碳”目标，需要配合经济社会转轨改革所需的制度建设以及机制转换，在依靠法律、行政等手段的基础上，还应充分运用经济手段，也就是利用利益杠杆，引导千千万万资源与能源用户（既包括作为生产经营者的企业，也包括作为消费者的大众）产生内生、自觉的绿色发展动机与行为，这就是“双碳”目标赋予绿色金融的更深层意义和更具挑战性的要求。

简而言之，构建绿色金融体系，有助于加快我国经济向绿色化转型，同时也可促进环保、新能源、节能等领域的技术进步，加快培育新的经济增长点，提升经济增长潜力。这是具有挑战性的任务，显然需要纳入绿色低碳发展的系统工程之中。

问：“双碳”目标对绿色金融发展提出了哪些新要求？

贾康：促进金融为绿色发展服务，作用值得充分肯定，但也要看到，绿色低碳转型在实践中要面对一个尖锐问题——从直接效益视角看，企业往往难以从绿色低碳活动中获取利益，甚至需作出一定的商业性牺牲，才能够实现转型。站在“在商言商”的立场上，绿色金融如果仅在商业性金融的轨道上依靠自律式的社会责任感道德驱动运行，未来发展空间难免受限。基于此，既要有效市场发挥作用，也需有为政府提供积极的政策性引导。

因此，我更强调将绿色金融更多纳入政策性金融轨道推进发展。总结来说，就是以财政性资金为后盾，形成有政策性资金支持，又有市场化运作、专业化管理特征的模式，从而达到杠杆式的放大作用。同时也要继续使商业性金融界加强对绿色金融的重视，进一步探讨商业性金融体系如何提高社会责任感，形成一定的自愿性、自律性，让其作出更积极的努力。我国要实现“双碳”目标，真正令绿色金融发展、壮大起来，一定要加入能从中起到重要作用的政策因素。

## 二、推进“双碳”是持久战而非突击战

问：目前，我国绿色金融发展整体处于什么样的水平？

贾康：绿色金融在我国已具备一定规模，在整个金融活动领域的比重逐步提升，但实际占比仍不够高，与我们的期待还存在明显距离。在发展过程中，不排除绿色金融会出现一定的波动性，但其功能作用将不断强化、优化，这是不可逆转的大趋势。

相比前期，金融机构也在发生变化。比如，2021年启动的全国碳交易市场，目前就加入了碳金融元素，后者显然已被纳入绿色金融的广义概念。很多东西还在摸索经验，但绿色金融发展已呈方兴未艾之势。

问：“波动性”如何理解？在“双碳”进程中，如何规避这些风险？

贾康：经济生活的每个领域、每个环节，其实都有风险因素，金融面对的风险更加明显。绿色金融在一般金融风险层面，又增加了一些所谓的市场失灵风险。比如，一个个市场主体、生产经营活动伴随

着资源消耗、污染排放，由此带来的不良影响却往往由广大社会成员承担，这种污染表现就成了一种所谓负的外部性。

市场是资源配置的决定性机制，但市场并不万能。这些“负的外部性”，是就市场本身而言的一种缺陷和资源优化配置上的失灵状态。对此，我们需要将正的、负的外部性全面纳入风险评估模式，并以产业政策、技术经济政策、经济手段为主，再配合一些必要的法律、行政手段，引导和优化市场主体的行为模式，对冲负的外部性。

其中还产生了新问题，除了市场失灵外，还有政府失灵的风险，不排除政策决策可能发生失误、事与愿违的情况。2021年下半年，经济出现意料不到的低迷，相关因素包括“三重压力”的交织叠加。在需求收缩、供给冲击、预期转弱的压力交织下，中央财经委员会领导小组办公室韩文秀副主任言简意赅地指出，我们主观方面存在“双重谬误”，即合成谬误和分解谬误。前者是指公共管理部门、公权管理环节，对政策的掌握方向似乎是正确的，都一起发力从严从紧防范风险，但在宏观上却实际形成了不可否定的负效应。分解谬误突出的例子则体现在，大家都高度重视“双碳”目标，但在推进过程中却出现了把系统工程碎片化的认识偏差。不少地方似乎都想火线立功，在一些场合把“双碳”这场持久战打成了突击战，造成一些“碳冲锋”行为，甚至政府上阵拉闸限电，违背了政策理性、客观规律。“双碳”是一项系统性工程，如何积极稳妥往前推进，我们还得总结经验教训，合乎规律性要求。

## 三、系统性全面提升绿色金融管理水平

问：基于上述现实，如何提升绿色金融管理水平？

贾康：这是一项系统工程，宏大而复杂。简略来说，我认为提升

至少需要从两个维度入手。一个维度是从系统的组成结构角度，包括制度创新、科技创新、管理创新，同时配套政策优化的支持。

制度创新包括一系列绿色低碳发展的配套改革，关键之一就是资源能源产品比价关系和价格形成机制的改革。当前，一般商品价格形成机制已经比较充分地市场化了，但在能源产品方面依然不足，还不能适应“双碳”目标导向。对此必须推进改革，让比价关系和价格形成机制变成一种内生动力的引导，使千千万万分散的企业和消费者，根据自身利益自觉考虑生产行为、消费行为的绿色化。

科技创新的内容更加丰富。比如，结合我国以煤为主的能源资源禀赋，煤的清洁高效利用技术意义重大；我国可再生能源发展成果丰硕，如何进一步利用科技创新成果，提高其在能源供应体系中的比重。解决这些问题都离不开重大技术支撑。技术本身，加上相关机制政策、人才培养及教育科技等方面的改革，共同构成又一项系统化任务。

管理创新同等重要。管理经验的积累并非一朝一夕，而是久久为功之事。但目前，我国真正推进绿色低碳发展的管理体系创新尚不成形，因其处理的问题更为复杂、重大，不是一般性的简单讨论就可解决的，既需要充分学习借鉴国际经验又需要全面地总结本土经验，攻坚克难。

上述3个层次构成一个总体的系统工程，各层次本身又是一项有机结合的子工程。

另一个维度在于，推进“双碳”目标要按一定的时间表循序展开，如何与时俱进、如何合理防范风险、如何提升创新水平并产生综合绩效等，这些问题也要一步步讨论。先有大的框架，再不断跟踪修正具体进程，滚动式推进每个阶段的绿色低碳系统工程，推动综合绩效水平逐步提高。

问：与煤相关的项目，要想获取绿色金融支持难度较大，如何帮助其解决转型需求？

贾康：的确，现在有些金融机构遇到这类问题会绕着走，有的甚至直接宣布跟这类项目不沾边。但其实，我国以煤为主的基本国情短期内不会改变，我们必须正视挑战，并积极妥善处置。完全回避与煤相关的项目建设、投资、技术改造、设备更新等，并不符合当前客观要求，金融机构不可“一刀切”。

帮助这类项目解决融资难题，既需要金融支持，也离不开必要的方向性政策指导与务实性的助力措施，后者可以弥补简单靠市场原则、靠道义原则调节而产生的不足。如何促使这些项目在绿色低碳取向下创新突破；如何在保障能源供应的同时，最大限度减少煤炭造成的污染；如何提升煤炭回采率、清洁高效利用技术等，具体问题还需具体讨论，理应引入政策性投融资的力量。

（文/朱妍）

# 地方"气候投融资试点"应构建五大模块

马　骏
中国碳中和50人论坛成员
中国金融学会绿色金融专业委员会主任
北京绿色金融与可持续发展研究院院长

2022年8月10日，备受瞩目的气候投融资试点名单公布，北京市密云区、通州区，河北省保定市等23个地区位列其中。这距离2021年12月生态环境部等九部门联合发布《关于开展气候投融资试点工作的通知》仅8个月。

气候投融资是为实现国家自主贡献目标和低碳发展目标，引导和促进更多资金投向应对气候变化领域的投资和融资活动，是绿色金融的重要组成部分。

中国金融学会绿色金融专业委员会主任、北京绿色金融与可持续发展研究院院长马骏表示："九部门公布气候投融资试点名单，是支持和加速城市应对气候变化行动的重要举措，也为参与试点的地方提供了重要的发展机遇。"

## 一、资金不足已成地方推进“双碳”工作的最大瓶颈

问：目前，国内很多地方都在积极开展气候投融资相关工作，也遇到了一些问题。据您观察，地方在开展气候投融资试点方面主要面临哪些现实困难？对此，您有哪些建议？

马骏：入选和争取入选气候投融资试点的地区积极性都很高，主要原因是它们都认识到实现“双碳”目标必须要有大规模的投资，而资金不足已经成为其最大瓶颈，因此希望通过试点解决资金来源问题。但在具体实施过程中，也会遇到不少挑战。

其中一个挑战是一些地方未必清楚如何才能构建一个真正吸引资金的“气候投融资体系”，不太理解这个体系中各个要素应该发挥什么作用，哪些部门需要做什么事情，做这些事情需要哪些人才和外部专业支持。一些地方对气候投融资还停留在“开些招商会争取吸引投资”的思维模式。

基于我国多年来在地方开展绿色金融试点的成功经验，我认为要在地方上有效推进气候投融资，至少要构建包含如下五大模块的体系：气候投融资项目界定标准、碳核算与气候信息披露要求、项目与资金对接机制、绿色金融与转型产品创新、政府激励措施等。如果设计和落实得当，由这5个模块构成的体系可以在防范“洗绿”风险的同时有效动员较大规模的资金以支持气候投融资项目。

## 二、明确气候投融资项目的界定标准

问：在气候投融资项目界定标准方面，您有哪些思考？

马骏：如果没有明确的界定标准并具体落实，一定会出现“洗绿”“漂绿”等问题。假如当地的一些企业和金融机构用没有显著气候效益，甚至是高碳的项目去骗取绿色或气候融资，就会破坏当地绿色金融或气候投融资的声誉，此后当地同类企业融资时都会被市场怀疑

"作假"。因此，气候投融资体系建设的第一个任务应该是明确标准。

我建议气候投融资试点地区参照现有的绿色金融目录（如《绿色债券支持项目目录》）中有明确气候效益（即可以产生气候减缓和适应效果）的项目清单，作为选择气候投融资项目的界定标准。按照银行业的数据估算，根据这些绿色金融目录投放的绿色信贷的2/3都产生了减碳等气候效益。

由于"绿色目录"主要覆盖的是"纯绿"或接近"纯绿"的项目，未来，气候投融资试点地区还需要有一个"转型金融目录"，来明确金融应该如何支持由高碳向低碳转型的项目。具体来说，这个"转型金融目录"将明确金融应该支持的在煤电、钢铁、建材、有色、石化、化工、造纸、航空、建筑、公路等高碳行业向低碳转型的具体技术路径，并说明减排效果。在全国统一的"转型金融目录"出台之前，试点地区可以根据国家相关部门（如国家发改委、工业和信息化部、住房和城乡建设部、农业农村部等）已经发布的"双碳"路径的指导性文件编制适合本地的转型目录。浙江湖州市已经发布了我国地方层面的第一份转型金融目录。

## 三、建立碳核算与气候信息披露体系

问：对于碳核算与气候信息披露要求如何在地方落地，您有什么具体建议？

马骏：气候投融资的主要目标是支持实体经济实现碳减排。如果在企业、金融机构的层面没有明确的碳核算要求和能力，就不可能搞清楚目前碳排放的总量和强度，也不可能制订和实施有效的减碳计划。

建议生态环境部组织气候投融资试点地区建立区域碳排放统计核算方法、碳计量和监测体系，建立重点行业生产过程温室气体排放核算体系，并明确要求在试点地区针对企业和个人建立碳账户。这方面已有一些成功的经验可以借鉴。比如，浙江衢州已经为当地2000多家企业设立了碳账户，实时采集企业的电、天然气、蒸汽、原煤等能耗数据，计算和监测碳排放情况。有了碳账户，银行就可以识别碳减排表现优秀的企业，这些企业可以获得较高的贷款额度和利率优惠。衢州还在个人碳账户基础上推广了“碳普惠”应用，激励消费者的低碳行为。

对金融机构来说，应该按照人民银行发布的《金融机构环境信息披露指南》和参考TCFD气候相关信息披露的要求，披露关于金融机构的绿色金融和环境气候风险相关政策、目标、公司治理、业务流程、产品与服务、绿色金融产生的环境和气候效益、气候风险敞口、压力测试结果等。未来，金融机构都需要披露贷款和投资的碳强度（碳足迹），并制订逐步降低碳足迹的计划。计算贷款和投资碳足迹的主要数据基础应该来自企业碳账户；对没有碳账户的小企业客户，银行可以采用各种“排放因子”来进行估算。

## 四、建立项目与资金的对接机制

问：您提到的第三个模块是项目与资金对接机制，这方面有哪些经验可以借鉴？

马骏：气候投融资的核心是为有气候效益的项目融得资金。因此，地方政府必须从建立合格项目的筛选机制和组织资金两方面入手，解决“项目融不到钱”“钱找不到项目”的问题。

这方面，从2017年开始的地方绿色金融改革创新试验区所形成的经验值得借鉴。几乎每个绿金试验区都建立了绿色项目与资金的对接平台，有的叫“绿贷通”，有的叫“绿金通”，有的叫“绿融通”，但都有异曲同工之妙，即将合格的绿色项目纳入项目库，同时将金融机构的绿色金融产品在平台上线，让绿色项目与绿色资金快速、高效对接。同时，地方政府通过贴息、担保等激励措施，鼓励和引导项目在平台融资和金融机构通过平台提供服务。几年的实践表明，这些平台显著降低了绿色项目的融资难度和融资成本，也帮助降低了“洗绿”的风险。

气候投融资试点地区也应该借鉴这种做法，在本地建立绿色项目库，其中包括有显著气候效益的投资项目，并组织当地的银行等金融机构通过绿金平台与项目开展高效对接。企业碳账户的信息也可以接入这个平台，让金融机构可以监测和分析融资企业的碳减排绩效，对碳减排绩效优秀的企业提供优惠的融资条件。

## 五、组织服务于气候投融资的金融产品创新

问：强化模式和工具创新也是《气候投融资试点工作方案》列出的重点任务之一。您觉得在绿色金融与转型产品创新方面，可以鼓励地方进行哪些尝试？

马骏：绿色金融领域的许多产品，包括绿色信贷、绿色债券、绿色基金等都可以有效支持有气候效益的项目，但气候投融资试点地区的金融机构应该更强化其产品支持“双碳”的特点。

比如，除了传统的、支持新能源等绿色基础设施项目的融资服务之外，气候投融资试点地区可以考虑重点开发支持高碳企业向低碳转型的转型金融产品、设立转型基金、用合同能源管理融资支持建筑与工业节能减碳、用低碳供应链金融支持中小企业减碳、用自愿碳汇市场支持减碳项目等产品和服务创新。

对有一定经济规模、高碳行业占经济比重较大的气候投融资试点地区，有必要建立一个转型金融政策框架，以在有效防范“假转型”风险的前提下，充分动员社会资本参与支持高碳企业向低碳转型。根

据G20可持续金融工作组提出的思路，这个框架应该包括对转型金融的界定标准（对我国气候投融资试点地区来说，可以是一个“转型金融目录”）、对转型活动的披露要求、与转型业绩（KPI）挂钩的金融产品、对转型活动的政策激励措施，以及保证公正转型的举措（如要求转型企业拿出“再就业”措施，作为获得转型融资的条件）。

## 六、为气候投融资提供激励机制

问：气候投融资离不开政府的激励措施，在这一模块上您认为试点地区可以有哪些作为？

马骏：在绿色金融领域，中央和地方已经出台了许多“直接支持”绿色金融活动的激励机制，包括人民银行的碳减排支持工具、部分地方政府对绿色信贷和绿色债券的担保和贴息，以及政府发起的绿色基金等。还有一些间接支持绿色金融的工具，包括地方政府为绿色项目提供的土地指标、税收返还、优惠的容积率等政策。

对气候投融资试点地区来说，应该充分利用现有的绿色金融激励政策。从界定标准来看，气候投融资机制支持的有气候效益的项目都应该是绿色金融目录的一部分，因此只要做好两组政策（绿色金融与气候投融资政策）的衔接，现有的绿色金融激励政策都应该适用于气候投融资项目。关键在于试点地区政府要充分理解两组政策的内容，并做好与相关部门的沟通协调工作。

另外，气候投融资地区试点也应该努力创新，拿出一些新的激励措施，重点支持有减碳效益的气候投融资项目，比如，对气候投融资项目提供绿色认证补贴，对减碳效益突出的项目给予更为优惠的贴息、担保，对符合条件的转型企业提供优惠电价和给予更多的绿电指标，政府绿色基金直接参与低碳和转型示范项目等。

# 元宇宙是碳中和的最大工程和最强工具

熊 焰 | 中国碳中和50人论坛成员
国富资本董事长
北京金融资产交易所原董事长兼总裁

2021年以来，元宇宙概念持续火爆，引起各行各业的广泛关注。作为数字化、智能化高度发展下虚实融合的人类社会新形态，元宇宙的兴起，为碳减排带来了巨大潜力与诸多机会。在熊焰看来，元宇宙是新一轮科技革命的集大成者，可作为实现碳中和的最大工程与最强工具，对碳中和进行全方位赋能。而未来元宇宙需求是否能实现，则取决于能源的支撑，取决于碳中和事业的进步，更取决于人类能否开发出低碳、零碳的能源。

## 一、元宇宙可面向多个应用领域

问：业界关于元宇宙的理解众说纷纭、观点不一，究竟什么是元宇宙？

熊焰：元宇宙尚处于发展初期，目前很难准确给它一个科学严谨的定义。但经过传播和交流，业内已达成一定共识——元宇宙是近年来人类数字化、智能化高度发展下，虚实融合的社会新形态，它是新一代的互联网和信息技术的集大成者，最大特征是虚实结合。

我所理解的元宇宙，可以视为数字经济的下半场，或者叫作高级阶段。按照理工科思维进行解构，可为元宇宙搭建一个模型结构，即一个底板、两个翅膀加一个导航系统。底板包括算力和网络，也就是信息基础设施；两个“翅膀”分别是交互设备和内容引擎；以区块链为代表的数字治理是导航系统，也是元宇宙核心。

完整的元宇宙，远不止被热议的虚拟世界。同时还包括数字孪生的极速版真实世界和虚实融合的高能版现实世界。前者是把我们现在的物理现实世界，根据需要按不同颗粒度、仿真度、时间连续性等，复制到元宇宙的数字世界中。后者则是前两个世界的加持。举例来说，人们仿佛变成“肉身超人”，身体仍处在物理世界里，借助智能硬件，相当于拥有了千里眼、顺风耳、最强大脑，周围被各种数字化信息所叠加包裹。

如果说，元宇宙1.0版是神话，如精卫填海、夸父逐日、愚公移山等；2.0版则是文学作品，如《西游记》《三体》等；3.0版就进入了网络游戏，如黑客帝国等。

问：既然不止虚拟世界，元宇宙还有哪些应用场景？

熊焰：元宇宙是数字经济高速发展，尤其是人工智能和算力等关键技术面临重大突破、交互融合特定时期的连锁反应，将对国际竞争和产业格局产生极为深刻的影响。从未来应用看，大致可覆盖四大应用领域：消费、产业、工业和政务。

比如，“衣食住行”是人们生活的四大基本需求，智能电动汽车就是出行元宇宙的首要主力点，它早已脱离汽车单一的出行工具属性，同时可作为智能运力单元。依托智能电动汽车，形成能源、计算、感知、通信等多个网络，并将具备完全的自动驾驶能力与多端互联能力，通过虚拟世界中的智慧交通系统，实现对真实世界交通参与主体的统一调度和协同。在提升交通运营效率、缓解交通拥堵问题的同时，有效减少出行产生的碳排放。

## 二、元宇宙为碳中和全方位赋能

问：元宇宙与碳中和有什么关系？

熊焰：碳中和是一场广泛而深刻的社会经济系统性变革，事关中华民族永续发展、事关构建人类命运共同体、事关我国新时期高质量发展。碳中和是最确定的未来，数字昭然天下，时间表、路线图和施工图层层分解落实。

如果说，元宇宙看起来若隐若现，好像天上飘着的一朵云，那么碳中和作为国家战略，则是一座实实在在的山。我们深入研究发现，两者之间有着非常紧密的联系——有了山的衬托，云才能接地气、增加厚重感；因为云的存在，山更显示高度、更有想象空间。

元宇宙、碳中和均属于宏大叙事，曲折发展、波浪前进。前者是能量与数据之间的关系，后者涉及能量与排放的关系，由此可构建一个能量、数据与排放的三维坐标系，相互作用、交相辉映、协同演进、螺旋上升，恰似DNA的双螺旋。

当前，元宇宙可能是耗能大户，但耗能不等于排碳，并非线性相关。随着清洁能源的开发和新能源技术的应用，未来高能量能源大部分将走向低碳、零碳。同时，数字经济会大幅度降低实体经济活动的能量消耗，元宇宙作为数字经济、数字技术的集大成者，其所耗能源的碳排放与降低的碳排放，最终可以获得平衡。

问：基于上述关系，元宇宙如何赋能碳中和？

熊焰：实现碳中和之所以存在困难，一是难在测量，二氧化碳看不见、摸不着，大规模实测的成本高、难度大；二是碳排放具有全球尺度、长期尺度，涉及的范围广、时间长；三是推进减碳工作，在一定程度上会改变人们原有的生产、生活习惯。站在元宇宙的角度看碳中和，可以洞见其数字化、智能化的全方位赋能，帮助解决上述困难。简单来说，它可作为碳中和的最大的工程和最强的工具。

按照元宇宙3个世界的理解，其将极大提高GDP中数字经济的比重，数据成为第一生产力，由此引来的数字孪生将极大降低要素、人员流动的能源消耗。同时，元宇宙高速“开花”所带来的数字孪生技术，可广泛应用于数字能源、低碳城市等多个方面，并在数据确权、数据流通、金融交易、交通出行、工业节能、清洁能源等多方面渗透，推动碳中和技术飞跃。换言之，在元宇宙社会，数字化、智能化贯穿碳减排所涉及的产业链和体系，从前端能源替代、中端节能减排、后端循环利用，为碳中和全方位赋能。

## 三、数字驱动改变新型电力系统

问：关于元宇宙的巨大作用，您能否举例具体说明？

熊焰：元宇宙与碳中和融合，最大应用场景之一就出现在电力生产体系中。

构建以新能源为主的新型电力系统任务艰巨。新能源在我国发展了20多年，当前在电力系统中占比依然有限，主要原因就是新能源电力不算一个“好学生”，需要的时候不一定工作，不需要时倒可能使劲发力，给电网接纳带来考验。而数字技术大幅提升了电力系统的管理水平，大数据、人工智能、区块链等技术的逐渐成熟应用，为构建清洁安全高效的能源体系和源网荷储一体化的新型电力系统创造条件，实现了智能互动、灵活柔性、安全可控和广泛互联。

过去，生产在先、数据在后，数据经过计算形成决策，再指挥生产。而今，通过数字在先、生产在后，可实现数字驱动生产的全新电力生产与消纳模式。假定一个数字赋能下的场景——网格化的电力生产系统。在一个10平方公里的网格中，安装有一定数量的风机。依托数字技术进步，能够实时传递卫星云图、天气、风向等数据。一阵风快要来了，网格内的风机马上启动发电，价格合适、随即上网，电价过低则可以由数据指挥储能装置，立即启动把电能储存起来。储能装置同样在线进行运算，实时监测上网电价波动，价高时送电上网。

大家设想一下，这样一个系统完全运行起来，实时在线、数字驱动的生产方式，在电力系统中变成现实，不正是一个完完全全的产业元宇宙吗?

问：元宇宙运用可否参与普通人的低碳生活?

熊焰：碳中和是一件关乎全人类命运的大事，如何大规模展开与实施公众自愿碳减排工程是一个大话题。目前，自愿碳减排已有成熟实践，但参与者仍多以企业为主，公众碳减排的自愿性还需要引导。

国富资本团队一直在研究、策划一系列标准、方法学、产品与服务。我们认为，产业元宇宙的典型场景应具有以下特征：大人群参与、离散行为、小额价值、新生事物、弱监管、便于数字化。而公众自愿碳减排完全符合这些特征。

据此，我们为公众自愿碳减排定义了一个计量标准，称之为微克拉。1微克拉=少用1度电=减少1千克二氧化碳。微克拉是基于区块链，也就是在元宇宙生成并记录的一个通证，本质是把公众自愿碳减排行为在数字世界进行价值量标定，量化并记录减碳行为，再把这些行为变成积分，形成一个长期性的收益管理系统。微克拉将来可以与CCER

互换，甚至产生更多效益。公众自愿碳减排将是元宇宙最有想象的空间，我们将持续推广。

（文/朱妍）

# 中国银行业运营碳中和的路径与建议

周立红｜中国碳中和50人论坛成员
欧盟中国商会创会会长
中国银行卢森堡有限公司原董事长
卢瑞斌｜中国银行风险管理部绿色金融高级经理

2020年9月，中国基于推动实现可持续发展的内在要求和构建人类命运共同体的责任担当，宣布了碳达峰碳中和目标愿景，即“二氧化碳排放力争于2030年前达到峰值，努力争取2060年前实现碳中和”。这一庄严承诺是全球应对气候变化进程中的里程碑事件，是中国对构建人类命运共同体的历史性贡献，也给中国银行业带来崭新的机遇和挑战。在此过程中，中国银行业应快速行动，尽早实现自身运营碳中和。

## 一、银行业运营碳排放的“123”和“321”

目前全球范围内尚未有公认的金融机构温室气体排放核算标准和方法学，应用较为普遍的主要有两个。一是世界可持续发展工商理事会（WBCSD）和世界资源研究所（WRI）于2011年共同建立的温室气体议定书系列标准（GHG Protocol），二是碳核算金融联盟（PCAF）基于

GHG Protocol标准第15类金融投资业务，于2020年制定的专门面向金融机构的《金融行业融资温室气体核算和披露全球性标准》。

基于GHG Protocol，某组织的温室气体排放可以分为：范围1排放，指由组织拥有或控制的温室气体排放源所产生的温室气体排放；范围2排放，指由生产经营活动消耗的电力、热力或蒸汽隐含的温室气体排放；范围3排放，指因组织的活动引起的，而被其他组织拥有或控制的温室气体源所产生的温室排放。PCAF基于GHG Protocol标准第15类金融投资业务，于2020年制定了专门面向金融机构的《金融行业融资温室气体核算和披露全球性标准》，旨在指引金融企业核算并披露范围3碳排放。

早期，银行业碳排放的关注点与其他产业一样，主要在于自身经营活动，即范围1和范围2 的“运营碳排放”。作为实体经济的血脉，银行通过金融工具在撬动实体经济发展的同时，也会同步撬动相关组织的温室气体排放，这一碳排放的规模显著大于其自身的碳排放，因此社会和利益相关方越发关注银行业范围3碳排放。这反过来又进一步凸显了银行业在范围1和范围2实现碳达峰碳中和的基础性和迫切性。银行提前实现运营碳中和，不仅可以起到示范效应，引领全社会更多有条件的部门和企业也加入提前实现碳中和的运动之中，参与碳交易市场还能够起到丰富市场主体、活跃市场交易的作用，相关碳中和经验与控排、减排企业的实际需求连接起来，能提高银行为客户提供碳中和综合解决方案的能力。

大致来说，一家银行运营温室气体净排放量可按“3减2增1消”测算，即“未来某年温室气体净排放=基期温室气体排放-节能改造减排-排放因子降低减排-使用绿电减排+新增设施设备增排+既有设施设备增排-碳配额或碳信用的排放抵消”。其中，存量和新增设施设备带来的碳排放增加与银行的业务扩张及相关设施设备的投资、管理高度相关，在既定业务发展规划的条件下，这两部分碳排放增量是相对确定的；排放因子降低减排在很大程度上是外部不可控因素。因此，银行应该重点关注另外3项，即：提升能源使用效率，减少能源消耗量；使用可再生清洁能源；参与碳交易，购买碳汇抵消自身剩余碳排放。

## 二、中国银行业运营碳中和在探索中前行

目前在全球范围内已有许多金融机构宣布了碳中和目标，这些金融机构通过开展碳达峰碳中和工作，将环境“外部性”收益“内部化”，同时通过宣传公司整体的环保形象来提升无形的品牌价值，推动金融机构的市场洗牌。

中国银行业在运营碳中和方面起步较晚。在政策方面，银行业碳中和相关政策侧重于碳中和整体指导，对运营碳中和相关工作尚未有细化指导或规定。2021年6月，在银保监会指导下，中国银行业协会与60余家会员单位共同发起设立了中国银行业支持实现碳达峰碳中和目标专家工作组，中国工商银行为组长单位，中国农业银行、中国银行和中国建设银行为副组长单位。工作组制定了2021—2025年工作组规划，组织编写了《中国银行业支持实现碳达峰和碳中和目标的联合倡议》。同年，人民银行湖州市中心支行协同湖州银保监分局、湖州市金融办深入推进绿色金融改革创新，在浙江省湖州市开展“碳中和”银行建设试点，发布了全国首个《区域性“碳中和”银行建设指南》，配套制定了《银行业“28·58”碳达峰与碳中和远景规划》。在市场方面，绿色电力市场、碳交易市场、碳抵消手段等尚不成熟，绿色电力和碳抵消交易市场的供应远远无法满足潜在需求。

政策和市场相辅相成，需要协同发展。上述问题导致银行很难再

对运营碳达峰碳中和所需要的时间和财务成本进行准确的估算，因此当前中国银行业中缺少较为系统、细致的运营碳中和实施路线图样本。

境内已经宣布“碳中和”目标的银行数量较少。2家大型银行——国家开发银行与中国邮储银行，都宣布2030年实现自身运营与投融资的碳达峰，2060年实现自身运营与投融资的碳中和；华夏银行计划2025年实现碳中和；兴业银行与上海银行计划2030年实现自身运营碳中和（见表1）。

表1 境内公开发布碳中和路线图的主要金融机构

| 银行 | 碳中和路线图 |
| --- | --- |
| 国家开发银行 | 2030年前实现集团投融资与自身运营碳排放“双达峰”；2060年前实现集团投融资与自身运营碳排放“双中和” |
| 中国邮储银行 | 2030年前，建成碳达峰银行，实现自身经营与投融资碳达峰；到2060年前，建成碳中和银行，实现自身运营和投融资碳中和 |
| 华夏银行 | 2025年实现自身运营碳中和 |
| 兴业银行 | 2030年实现自身运营碳中和 |
| 上海银行 | 2025年实现自身运营碳达峰，2030年实现自身运营碳中和 |

上述银行中，除邮储银行分支机构达到数万家以外，其他大部分银行的分支机构数量均在千余家。可以看出，业务规模相对较小的银行，运营碳中和目标较为进取；而业务规模较大的银行，运营碳中和及投融资碳中和目标则倾向于与国家“3060”目标保持一致。所有已经公布运营碳中和目标的中资银行均未公布碳中和的具体实施方式。

在碳排放数据统计方面，中国银行是首个完成全球范围碳排放数据盘查的大型中资银行。根据披露的信息，其已经对境内外62个国家和地区的逾1.1万家机构过去3年的碳排放情况进行了盘查，2021年碳排放总量为153.41 万吨二氧化碳当量，并已在中银航空租赁、中银理财等多个下属机构的经营中实现了运营碳中和。

## 三、国际银行运营碳中和的“他山之石”

2021年4月，联合国气候行动与融资特使马克·卡尼（Mark Carney）与《联合国气候变化框架公约》气候行动倡导者、第二十六届联合国气候大会（COP26）轮值主席国、联合国“奔向零碳”全球行动倡议一道，宣布成立“格拉斯哥净零金融联盟”（The Glasgow Financial Alliance for Net Zero，GFANZ），该联盟合力支持实现一个共同的目标：助力全球经济向净零排放转型，实现《巴黎协定》目标。GFANZ已经汇集了160多家机构，资产总额达70万亿美元。旗下的所有倡议都要求签署者设定以科学为基础、与“奔向零碳”倡议标准相一致的中期和长期目标，确保在2050年前实现净零排放目标。联盟成员可制定各自的短期目标，以及制订各自的行动计划予以补充。

在国际大型银行公开宣布的碳中和目标中，有很大比例是自身运营碳中和目标。汇丰银行、巴克莱银行、摩根大通、花旗银行等机构已经公布了碳中和行动方案或路线图：巴克莱银行与摩根大通宣称已经于2020年实现自身运营碳中和，汇丰银行与花旗银行计划于2030年实现自身运营碳中和，且这4家银行都计划于2050年实现投融资的碳中和（见表2）。

表2　境外公开发布碳中和路线图的主要金融机构

| 银行 | 碳中和路线图 |
| --- | --- |
| 汇丰银行 | 2030年实现自身经营（范围1和范围2）和供应链（范围3中的商务旅行）零排放；2050年实现投融资零排放。<br>运营碳中和措施包括减少直接排放、清洁能源替代、购买碳指标进行抵消 |
| 巴克莱银行 | 2020年实现范围1、2、3（商务旅行）碳中和，计划于2050年将自身运营范围1和范围2温室气体排放减少90%以上（以2018年为基准），并以碳捕集为途径实现自身运营净零排放。<br>运营碳中和措施包括购买VCS国际碳汇抵消自身运营产生的碳排放，并计划于2030年前实现可再生电力的100%使用 |

续表

| 银行 | 碳中和路线图 |
| --- | --- |
| 摩根大通 | 自2020年起保持集团运营碳中和，确保100%使用可再生能源，计划于2050年实现金融组合净零排放。<br>运营碳中和措施包括提高能源使用效率、可再生能源替代、购买绿色能源凭证与通过参与碳交易购买碳补偿 |
| 花旗银行 | 计划于2030年实现自身运营净零排放，于2050年实现组合温室气体排放清零。在运营碳中和措施方面，其已于2020年实现了电力消耗100%可再生 |

以汇丰银行为例，自2013年起，汇丰银行每年9月30日发布过去一年的《二氧化碳排放报告》。报告披露的二氧化碳排放主要来自三大领域：一是汇丰集团（含拥有管理控制权的合资企业或联合资产）自有或租赁的商业建筑、车辆或其他交通工具所使用的能源；二是有控制权的离岸外包业务；三是商务旅行，包括航空、铁路、租用摩托车、出租车、汽车、船、客车、渡轮、帆船、有轨电车等。

汇丰银行通过“3R”方法中和自身碳足迹。一是Reduce，即管理和减少直接排放。从2011年到2019年，汇丰银行用纸消耗削减了69%，用水消耗削减了75%，员工人均能耗降低了20%。二是Replace，即用清洁能源替代化石能源。2019年，汇丰银行可再生能源消耗量占其能源消耗总量的29.4%。三是Resolve，即通过购买碳指标抵消剩余的二氧化碳排放量，以实现碳中和。

与国内银行机构相比，欧美等发达地区银行在运营碳中和方面有如下几方面的优势：

### （一）组织机制健全，历史数据翔实

发达国家大型银行往往设置了运营碳中和专项工作组或部门，负责制定、监督或审核相关目标，以促进净零目标的有效落实。花旗银行为了切实推进净零承诺，于2021年加大了气候领域的管制力度，成立了净零工作组，以支持净零排放计划的相关制订和落地工作。该工

作组由首席可持续发展官以及来自不同业务部门的领导人组成，共同实现净零层面的能力建设，为净零路径方法学提供决策，确保信息在花旗内部各个业务部门间流动。星展银行的董事会可持续发展委员会（BSC）由集团首席执行官（CEO）担任主席，每季度召开一次会议，负责监督星展集团的整体计划，并负责审核、批准其气候领域以及围绕着3个可持续发展支柱的ESG方面的战略与目标。类似地，摩根士丹利下设全球可持续金融团队，负责推动公司政策、活动、产品和服务方面的可持续发展，其核心之一是将气候变化问题纳入公司的战略规划、客户解决方案及业务活动。

在历史数据方面，很多欧美银行开展绿色低碳运营管理已有10余年时间，历史数据翔实，已经形成了较完善的统计机制和明确的指标管理要求。部分机构已经建立内部碳定价机制，及内部化温室气体排放的经济成本，这有助于在运营计划中设定碳预算，使评估碳排放和创造价值之间的权衡变得更容易，并为投资组合决策提供信息，推动企业实现运营碳减排目标。

**（二）绿电市场和碳抵消手段成熟**

绿色电力的碳排放量可不予核算，这是发达国家中较为常见的做法。汇丰银行、花旗银行、摩根大通、巴克莱银行等都计划通过“100%使用可再生能源电力+购买碳配额、VCS碳信用等方式抵消剩余碳排放”实现碳中和。

以花旗银行为例，花旗集团于2020年实现了电力消耗100%可再生。为了达成这一目标，花旗银行采用了自有物业加装太阳能发电系统、直接购买可再生电力及购买可再生能源证书等手段。同时，对自有物业开展节能改造，其位于北美洲的设施已完全换装LED照明设备，取得照明能耗减少近50%的效果。绿色建筑普及也构成花旗减排策略的一环。2020年，其纽约市总部大楼修缮工程完工后取得LEED白金级绿色建筑认证，其南达科他苏福尔斯办公设施取得LEED黄金级绿色建筑认证，其墨西哥城 Citibanamex Citi Solutions Center取得LEED黄金级绿色建筑认证。

碳抵消指用碳配额或核算边界以外的碳信用补偿或抵消边界内的温室气体排放，例如瑞士信贷在2020年通过碳抵消冲抵了8万吨二氧化碳排放当量，显著降低了其净碳排放量和人均排放强度。

**（三）能源结构相对简单，碳排放因子小**

在能源消耗量不变的情况下，随着碳排放因子不断下降，能源所产生的排放量也会下降。发达国家地区银行的能耗结构简单，除电力以外的其他化石能源消耗量很少，而绿色电力来源较丰富，主要运营区域内的电力碳排放因子普遍低于发展中国家（见表3）。以国内已披露相关信息的中国银行和建设银行为例，其2021年碳盘查采用的电力碳排放因子均参考发改委公布的区域电网平均二氧化碳排放因子，其中华北地区数值为0.8843kg$CO_2$/kWh，而在瑞士日内瓦，公布最新的电力碳排放因子为0.037kg$CO_2$/kWh，二者相差约24倍。

表3　境外部分国家电力碳排放因子典型值

| 区域 | 国家 | 电力碳排放因子（t$CO_2$/MWh） | 数据来源 |
|---|---|---|---|
| 亚洲 | 日本 | 0.4276 | 国立环境研究所 National GHG Inventory UNFCCC |
| | 韩国 | 0.7409 | UNFCCC CDM项目数据/Project 10503 ：Gimcheon SEED 1.5MW PV power plant project |
| | 新加坡 | 0.5114 | UNFCCC CDM项目数据/Project 9687 ：Grid connected electricity generation plant using natural gas at Jurong Island in Singapore |
| | 印度 | 0.9622 | UNFCCC CDM项目数据/Project 10652：Wind Power Project in Tamil Nadu by Green Infra Renewable Energy Limited（SECI-1） |

续表

| 区域 | 国家 | 电力碳排放因子（$tCO_2$/MWh） | 数据来源 |
|---|---|---|---|
| 大洋洲 | 澳大利亚 | 0.78 | Australian Government Department of Industry, Science, Energy and Resources |
| | 新西兰 | 0.101 | New Zealand Ministry for the Environment, Approaches to measuring New Zealands greenhouse gas emissions 2020 |
| 中东 | 阿联酋 | 0.4369 | UNFCCC CDM项目数据/Project 10105 : Dubai 200MW Photovoltaic Plant |
| 欧洲 | 英国 | 0.225 | EEA |
| | 法国 | 0.0511 | EEA |
| | 卢森堡 | 0.0585 | EEA |
| | 匈牙利 | 0.2164 | EEA |
| | 瑞士 | 0.037 | IRENA, Federal Office for the Environment FOEN |
| 美洲 | 美国 | 0.2075 | U.S. Energy Information Administration State Electricity Profiles |
| | 加拿大 | 0.12 | Canada. Environment Canada. Greenhouse Gas Division/2021 official national greenhouse gas inventory submitted to UNFCCC |
| | 巴西 | 0.6228 | UNFCCC CDM项目数据/Project 10490 : SHP Salto Santo Antonio CDM Project（JUN1205）, Brazil |
| | 智利 | 0.7224 | UNFCCC CDM项目数据/Project 10676 : Sol de Septiembre PV CDM Project |
| 非洲 | 赞比亚 | 0.9958 | UNFCCC CDM Standard Baseline-Grid emission factor for the Southern African power pool（version 01.0） |
| | 南非 | 0.9958 | UNFCCC CDM Standard Baseline-Grid emission factor for the Southern African power pool（version 01.0） |

此外，部分在中资银行中由银行直接管理并支付能源费用的运营职能，如餐厅、员工宿舍、数据中心等，在欧美银行中则可能属于第三方供应商采购的服务，相关碳排放不在该银行的范围1和范围2核算。以花旗银行为例，其2020年范围3排放量为257.92万吨，其中外购产品

和服务排放量为147.61万吨，占比近60%。

## 四、中国银行业推进运营碳中和的建议

如前所述，银行业实现自身运行碳中和的重点任务是：提升能源使用效率，减少能源消耗量；使用可再生清洁能源；参与碳交易，购买碳汇抵消自身剩余碳排放。围绕这些任务，笔者认为应该重点做好如下几方面工作。

### （一）完善绿色运营管理机制，扎实练好内功

开展运营碳中和工作是一个具有长期性、复杂性、投入较大的系统工程，要求具备良好的顶层设计。

第一，明确“谁领导”。确定董事会、高级管理层的职责，强化绿色运营管理的主责部门，建立统筹绿色运营的专业团队。第二，完善能源管理制度。建立能耗与碳排放的总量与强度“双控”管理制度，规范能源管理方式方法，实现经营发展与节能降耗的平衡。第三，匹配管理资源。建立与管理制度相匹配的考核和奖惩机制，对能耗总量和强度进行指标管理。探索建立内部碳交易机制。第四，配置人力资源。碳达峰碳中和管理是一项对专业性、政策性要求都非常高的工作，涉及环保、节能、减排、降碳、碳资产管理等专业知识，要求建立一支既懂金融又熟悉绿色环保政策和实践的复合型人才。第五，保证资金。设立碳中和相关预算，支持各级机构的清洁供暖、高效照明、碳中和网点建设、能源审计等具体工作。第六，打磨科技工具。应搭建碳排放管理平台，提高运营数据采集、统计分析、评价预测、决策支持、交易管理等功能的自动化和智能化。

### （二）聚焦节能减排

《中共中央 国务院关于完整准确全面贯彻新发展理念做好碳达峰碳

中和工作的意见》指出：实现碳达峰碳中和目标，要坚持“全国统筹、节约优先、双轮驱动、内外畅通、防范风险”原则。

中国银行业推进绿色运营工作应以节能减排为首要任务，这既是落实党中央的工作指导，也是当前市场环境下的必然选择。要避免为了碳中和而碳中和的错误观念，例如在尚未充分开展节能减排的情况下仓促进行碳抵消，虽然在形式上可以加快实现运营碳中和，但这不仅要支付额外的财务成本，而且在宏观层面起不到减少碳排放的实际作用，偏离了绿色运营的初衷。

具体到范围1和范围2的节能减排方案中：范围1的排放主要由化石能源燃烧产生，减排主要有3种途径：一是设备能效提升，将产生直接排放的设备装置更换为零碳或低碳设备，例如回收燃气锅炉的余热、燃气灶加装节能设施；二是能源替代，使用低碳能源替代高碳能源，例如将燃油车辆更换为混合动力车或新能源汽车；三是减少用能活动，通过降低能耗装置的使用频率来节能减排，例如鼓励员工低碳出行等。

范围2的排放由外购电力与热力产生，减排的主要路径是节能和使用可再生能源。在节能方面，一是节约用能，减少非必要能耗，杜绝浪费，倡导绿色办公。二是通过设施升级改造提升能效。三是发展绿色建筑，由于银行主要碳排放源自办公场所的建筑物排放，发展绿色建筑是节能减排的综合性解决方案。

**（三）积极尝试绿色电力市场**

范围2减排的另一主要方式是使用可再生能源。根据2022年1月21日国家发改委等七部门印发的《促进绿色消费实施方案》，绿色电力与绿证的排放量可以不予核算，这也是国际上常见的做法。在清洁能源市场成熟地区，银行业可以通过采购绿电或绿证的方式主动降低外购电力所产生的排放量。

具体来说，可以在建筑物内充分利用太阳能（光伏屋顶、光伏幕墙）及地源热泵等清洁能源替代外购火电、自建自用分布式可再生能源项目、向发电企业直接采购绿色电力等，最终目标是实现可再生能源的100%使用。

**（四）提前布局碳抵消**

碳抵消一般有两种方式，一是购买不同的碳抵消物，分别对外购电力、外购热力与消耗化石能源产生的排放进行碳中和；二是购买通用碳抵消物，统一对外购电力、外购热力与消耗化石能源产生的排放进行碳中和。截至目前，国内相关政府部门发布的碳中和指南文件较少，基本为大型活动的碳中和实施指南。这些文件中给出了用于碳抵消实现碳中和的碳信用种类，主要包括国家及地方碳市场配额、中国核证自愿减排量、各地区碳普惠减排量、CDM项目等。

在碳抵消相关政策和市场逐步完善的过程中，银行可以充分发挥绿色金融优势，一方面，做好相关管理机制和市场前沿技术的研究和支持，积极参与区域试点，积累碳抵消的理论和实务经验，争取获得高质量的碳信用。另一方面，提前介入碳抵消项目，如对可再生能源项目进行股权投资，获取减排量权益，或支持森林碳汇、碳普惠项目，获得碳信用等。

**（五）以点带面，行动为先**

推动运营碳中和既不能急功近利，也不能瞻前顾后。除了积极参与相关市场的区域试点以外，也可以选择能源与碳排放管理工作较好、能源结构较合理、具有一定经济基础的分支机构，鼓励自下而上地开展碳中和试点建设，在先行先试的基础上总结经验、以点带面，逐步扩展碳达峰碳中和的范围。

# 区块链技术为实现“双碳”目标增信加持

蔡恒进 | 中国碳中和50人论坛特邀研究员
武汉大学计算机学院教授

在“双碳”进程中，掌握碳排放数据是基本前提；在全国碳市场中，数据质量则被视为生命线。对此，如何保证数据真实、可信？如何实现全面监督管理？武汉大学计算机学院教授、博士生导师蔡恒进提供了一种全新思路：依托区块链思维，对所有数据进行存证，且记录不可篡改。每一项数据可认证、可追溯，由此为实现“双碳”目标增信加持。

## 一、区块链为数字世界建立时间秩序

问：区块链的世界是什么样的？

蔡恒进：未来网络世界应当像费孝通所言：“各美其美，美人之美，美美与共，天下大同。”

无信任的区块链体系遵循强调竞争关系的丛林法则，但该机制并不可持续。面向未来网络世界，我们需要建构负责任的区块链（Web3.0，元宇宙）体系，为节点打造协作环境而非恶性竞争环境。负责任的系统由负责任的节点及其交互形成，个人数据归个人所有，节点交互基于节点一定的信任基础，能够有效应对冷启动、女巫攻击等问题。第三方服务节点、监管审计节点也能合规合理地参与其中。

区块链技术是一种推动数字世界变得更加规范和公平的重要技术手段。其最大作用就是为数字世界建立时间秩序。因为从本质上来看，目前数字世界没有内禀的时间，每一个数字产品之间不存在先后顺序，比如我们每写一个文件都可以拷贝下来送给不同的人，而文件之间却是一模一样，分不清楚孰先孰后。区块链技术通过为数字产品进行确权，在很大程度上规避了数字产品出现所有权混乱的风险。

问：如何理解Web3.0？

蔡恒进：1989年Tim Berners-Lee创造了互联网（Web 1.0），初衷是为了解决当时各国研究者们之间的信息传递问题。20世纪90年代末至今，我们处于Web 2.0时代，用户可以进行更丰富的操作与交互，但中心化问题日趋明显，个人数据并不真正属于我们自己，而是由各中心化平台掌控。用户虽然可以是内容的生产者，但规则依然由互联网平台制定，用户缺乏对身份、数据和算法的自主权。

2014年以太坊联合创始人Gavin Wood提出了一种Web 3.0的概念——信息将由用户自己发布、保管、不可追溯且永远不会泄露，用户的任何行为不需要任何中间机构来帮助传递。Web 3.0作为去中心的个性化环境，将成为一个不会依赖任何中心组织、完全由用户掌控的时代。现在，我们普遍认为下一代网络（Web 3.0）将为人们提供去中心化的个性网络环境，用户隐私得以安全保护，又可以自由交互，数据权利清晰，将彻底打破互联网巨头对网络垄断的现状。

可以说，Web 3.0被寄予厚望。其将以用户为中心，让用户自主管理身份，赋予用户真正的数据自主权，打破中心化平台对数据的天然垄断，提升用户面对算法的自主权，并建立起全新的信任与协作关系，成为安全可信的价值互联网，可以重构全球经济体系，实现全球一体化经济。

## 二、在区块链网络中维护自己的数据

问：基于上述特征，区块链技术如何为我们提供更好的服务？

蔡恒进：人们通过相互协作创造价值，这一过程与信任有紧密关系，假如协作完全建立在对人的“去信任”之上有明显问题，因此智能合约等方式实际上是将协作转而建立在对代码的去信任之上，也遵循了Code Is Law（代码即法则）的理念。

实际上，我们都明白人性的复杂，有人能编写不可更改的代码或合约，就有人能够想方设法绕过这些规则，而在区块链系统中智能制约一旦部署就难以再撤回修改。因此，相比一味地追求去信任化或者构建信任机器（Trust Machine），我们主张节点之间需要有一定的信任基础。

基于信任，我们提出一项全新方案，叫作主动哈希交互网络（Active Hash Interaction Network，AHIN）。其特点包括，每一条链或者每个个人系统是用户私有的；用户自主决定与其他链交互，包括主动关联与接受关联。该方案从开始就是建立在信任基础之上，不仅是基于过去的关系，而且要展望并预期未来的关系。这种信任基础来自于我们在真实世界中的关联，体现为我们在区块链网络中对自己数据的持续维护，以及与其他节点的哈希交互。

问：该方案有何突出优势？

蔡恒进：主动哈希交互网络能够在现有Web 2.0基础上，进行低成本、低代码、简洁有效的技术升级，让Web 3.0的研发落地时间缩短

5~10年，实现具有隐私保护、数据权清晰可溯、安全高效、环境友好、监管友好、灵活可扩展、简单易实施的Web 3.0机制。

在现有区块链系统中，不论是算力为王的PoW，还是权益为王的PoS及其变体，根本上都是通过不同的规则，让节点之间竞争记账权，这样做的目的是提供激励机制，但也牺牲了系统中相互协作、承担责任的潜能。这样一来，我们容易陷入追求激励的怪圈，从而忽视追求技术进步到底是为了什么目标，在各种区块链平台中只留下一堆没多少实际意义的数据。

而在我们设定的方案中，每个节点对自己的数据承担责任。自己的数据存在自己的私链上，数据归个人所有，根据节点自己的想法，将部分数据分享给其他节点，数据本体的产生无须全网共识，可将双边信任转换为集体的自发性时间顺序，无须浪费资源的工作量证明机制，也不需要有垄断嫌疑的权益证明机制。

## 三、运用区块链思维让造假无处遁形

问：区块链是如何与“双碳”目标产生联系的？

蔡恒进：实现“双碳”目标，离不开使用最先进的技术予以推进，而区块链就是这样的重点技术之一。

二氧化碳排放看不见、摸不着，不易统计，碳排放数据获取需要经过相当规范、严格的统计核算体系。早前，生态环境部便严肃通报过碳排放数据造假典型案例，值得警惕。相关方面也始终保持着对碳排放数据造假零容忍的高压态势，要求切实提升数据治理。

要知道，区块链技术的主要功能之一，就是通过数据交互实现增信功能。一方面，任何创新创造都可以在区块链中进行存证，记录不可篡改，相关参与者、贡献者都在链条上清晰记录。当成果转化或兑现时，就可以根据记录按贡献程度回馈相应节点。另一方面，不同领域、不同社区甚至不同细分环节都可以有对应类型的通证。各类通证作为价值与共识的载体，在各自局部的生态圈中生成与流转，可以有各具特点的数量、交互频率、共识范围，随着节点之间的交互，不同通证之间又可以形成转化关系，体现出相对价值。

基于上述原理，在碳减排过程中，区块链就可以提供一系列数据服务，它不仅仅是一项技术，更是一种全新思维。

问：如何用好区块链技术，赋能“双碳”目标？

蔡恒进：有了区块链加持，数据不可以随意篡改，也不能随意增减内容。就算是真的删改过数据，其过程也会留下痕迹、有据可循。在碳减排及环境治理领域，我们非常需要这个功能。

试想一下，依靠各级主管部门、第三方核查机构等，我们需要花费巨大的财力、物力和人力对数据进行把关。而减排是一项长期工作，期间不可能所有事情都靠主管部门或相关方面进行监管，督促减排主体积极参与很关键。况且，即便到现在，也没有哪家第三方机构敢拍着胸脯说，自己经手的数据一定百分百没问题。比如，企业往往会在一段时间后拿出自己的碳排放报表，那么如何证明之前的数据没被编辑过？排放了多少、减少了多少、改善了多少，如何让每一项数据可认证、可追溯？

一个很好的方法就是引入区块链技术，它让数据变得可信。排放主体哪怕存在造假动机，在区块链世界中，编造一个可信的故事也是极其困难的。换句话说，减排行为更加公平，这样就可以鼓励大家拿出真实、客观的数据，让真正努力减排的“老实人”获益，而不是让那些只会讲故事、做数据的人投机取巧，让造假无处遁形。

（文/朱妍）

# 打造数字化碳金融平台，助力“一带一路”沿线及新兴经济体国家碳中和目标达成

## ——数字化“融资+融智”一体化服务碳中和企业平台设计方案

黄剑辉
中国碳中和50人论坛特邀研究员
中国民生银行研究院院长
华夏新供给经济学研究院首席经济学家

### 一、碳中和的时代背景及内涵分析

#### （一）碳中和的时代背景

1. 外部压力

（1）控制全球温度。2015年12月12日，在《联合国气候变化框架公约》框架下，近200个缔约方在巴黎气候变化大会上达成《巴黎协定》。《巴黎协定》是第一个被世界普遍接受的应对气候变化的工具。《巴黎协定》各缔约方将积极应对全球气候变化，把全球平均气温较工业化前水平升高幅度控制在2℃之内，并为把升温控制在1.5℃之内而努力。全球将尽快实现温室气体排放达峰，21世纪下半叶实现温室气体净零排放。

（2）岛国的呼吁。2009年9月22日，马尔代夫总统纳希德向出席联合国气候峰会的全球192个国家代表大声疾呼，呼吁各国立即付诸行动，遏制

全球变暖。“如果我们同往常一样无所作为，我们将无法生存，我们的国家将不复存在。”2009年10月17日，马尔代夫总统在水下签署文件，呼吁全世界减少二氧化碳排放，发出“SOS”，呼吁世界救救岛国。

（3）全球共识。全球已有超过120个国家和地区提出了碳中和目标，覆盖了全球65%以上二氧化碳排放量，占世界经济规模的70%以上，碳中和已经成全球共识（张锐、相均泳，2021；张永生等，2021）。大部分国家（地区）计划在2050年实现碳中和，如欧盟、英国、加拿大、日本、新西兰、南非等。美国总统拜登已明确表示，将在2050年实现碳中和。一些国家计划实现碳中和的时间更早，如乌拉圭、芬兰、冰岛和奥地利、瑞典分别将于2030年、2035年、2040年、2045年实现碳中和，苏里南和不丹已经分别于2014年和2018年实现了碳中和目标，进入负排放时代。中国宣布争取在2060年前实现碳中和。

2. 内生动力

（1）促进产业转型升级。产业转型升级要求将高消耗、高污染的产业转向低消耗、低污染的产业，在转型过程中需要建立绿色低碳循环发展的产业体系（易赛键，2020；邓峰，2021；郭朝先，2022；邵帅等，2022）。党中央提出碳中和的政策要求，会促进传统能源行业的低碳转型，达到节能减排的目的，推动产业结构调整和升级。

（2）绿水青山就是金山银山。习近平总书记提出了“绿水青山就是金山银山”的科学论断，同时他强调，我们要坚定不移走生态优先、绿色发展之路，增加森林面积、提高森林质量，提升生态系统碳汇增量，为实现我国碳达峰碳中和目标、维护全球生态安全做出更大贡献（尹铎、朱竑，2020；徐祥临，2020；姚修杰，2020）。

将生态和民生的改善，生活质量和环境质量的提升作为经济发展的出发点和落脚点。如图1所示，构建促进经济发展新动力机制——新

"三驾马车"（黄剑辉，2014，2016）。

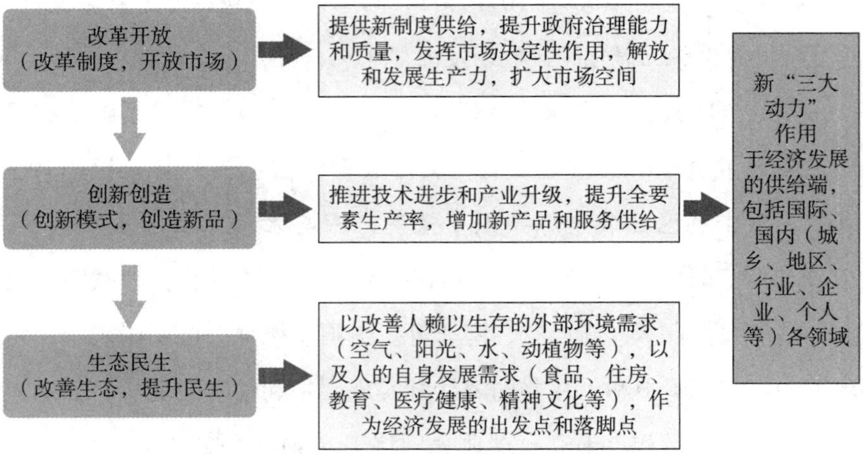


图1　新"三驾马车"示意图

资料来源：华夏新供给经济学研究院。

（3）"十四五"规划及"3060"目标。"十四五"规划纲要指出，生态环保任重道远，并提出了2035年远景目标：广泛形成绿色生产生活方式，碳排放达峰后稳中有降，生态环境根本好转，美丽中国建设目标基本实现。我国提出，二氧化碳排放力争于2030年前达到峰值，努力争取2060年前实现碳中和。

### （二）碳中和的内涵分析

1. 碳达峰

碳达峰指二氧化碳年总量的排放在某一个时期达到历史最高值，达到峰值之后逐步降低（见图2）。（现在的碳达峰，从总量、来源、效果上来讲，都应该是化石能源开采、冶炼、燃烧和相关产品排放的二氧化碳，其占比达90%以上。如果我们把这部分碳控制住，就相当于碳达峰了。）

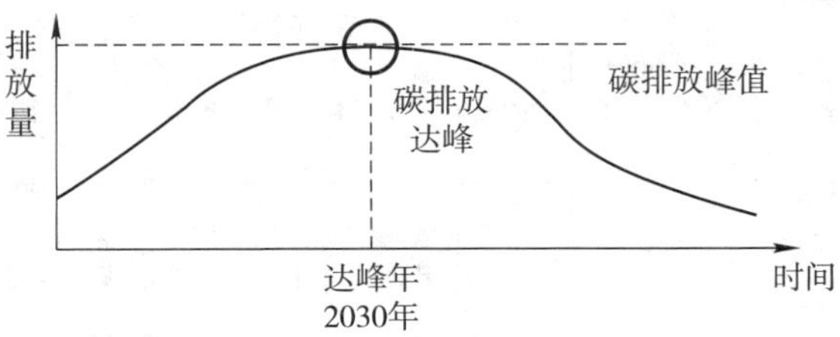


图2 碳达峰示意图

资料来源：华夏新供给经济学研究院。

2. 碳中和

碳中和是指人为排放量（化石燃料利用和土地利用）被人为作用（木材蓄积量、土壤有机碳、工程封存等）和自然过程（海洋吸收、侵蚀-沉积过程的碳埋藏、碱性土壤的固碳等）所吸收，即净零排放（见图3）。

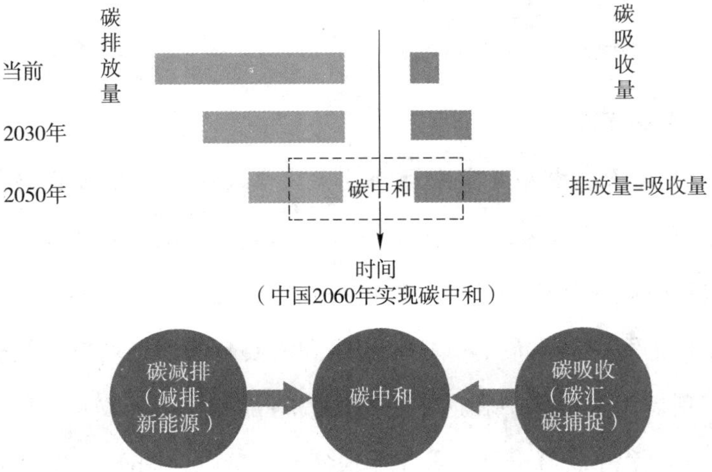


图3 碳中和（全球）示意图

资料来源：华夏新供给经济学研究院。

## 二、建立数字化碳金融平台的必要性和可行性

碳中和战略的顺利达成，需要社会各方积极参与、团结合作，贡献自身力量。实现全球碳中和需要从4个层面推进（见图4）。

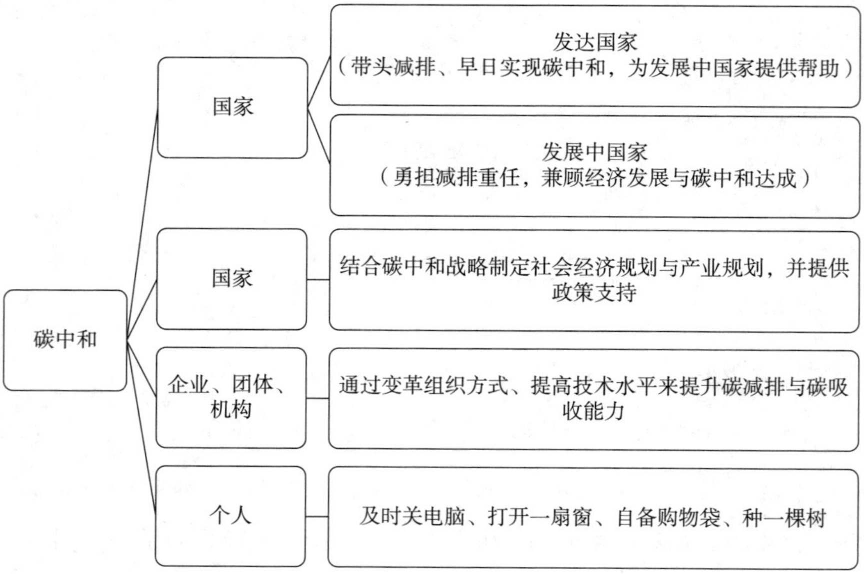


图4　碳中和战略推进图

资料来源：华夏新供给经济学研究院。

### （一）必要性

1. 碳达峰碳中和是党中央的重大战略决策，金融体系助力实现“双碳”目标大有可为，亟须通过机制加以支持

碳达峰碳中和作为党中央的重大战略决策，事关中国的高质量发展和全球的可持续发展。碳达峰碳中和需要政府与市场有机结合才能顺利实现。为实现碳中和这一更高的战略目标，需要政府引导实体经济在转型过程中选择合适的技术手段实现“减碳、固碳”，逐步达到碳中和的目的，具体而言，需要从三方面采取措施：一是能源供应方面，尽可能用非碳能源替代化石能源发电、制氢，构建“新型电力系统或能源供应系统”；二是能源消费方面，力争在居民生活、交通、工业、农业、建筑等绝大多数领域中，实现电力、氢能、地热、太阳能等非碳能源对化石能源消费的替代；三是人为固碳方面，通过生态建设、土壤固碳、碳捕集与封存等组合工程去除不得不排放的二氧化碳。在

转型过程中，需要充分利用金融的资源配置功能，引导中国经济向低碳方向发展，同时也有必要集合政府、金融机构、碳企业以及具有优势的其他机构共同支持碳中和目标的达成。

2. 碳中和相关企业融资需求巨大、供需错配严重，亟须创新金融供给，提高金融资源配置效率

渣打全球研究团队发布报告显示，为达成碳中和目标，2060年前中国在脱碳进程中需进行高达127万亿~192万亿元的投资，相当于平均每年投资3.2万亿~4.8万亿元，预计中国人民银行将在碳金融领域提供相关支持，金融机构在碳金融领域投资机会巨大。国家发改委价格监测中心的研究显示，中国若在2030年前实现碳达峰，所需项目资金每年在3.1万亿元以上，而目前每年的资金供给为5000多亿元，资金总缺口超2.5万亿元；若要在2060年前实现碳中和，则需在清洁能源发电、先进储能、绿色零碳建筑等领域新增超过百万亿元投资。考虑到政府财政资金仅能覆盖实现碳中和目标所需项目资金的少部分，需要金融市场弥补巨大的资金缺口。碳金融市场存在巨大需求的同时，也存在严重供需错配的问题，财信证券分析指出，目前碳金融主要投资于能源供应领域，而工业领域碳金融投资占比远低于其碳排放占比。因此，亟须创新金融供给，增加碳金融产品的资金供给量、改善碳金融产品资源错配问题。

3. 数字化成为主流发展趋势，亟须数字化平台赋能“双碳”目标

中国“十四五”规划和2035年远景目标纲要提出要迎接数字时代，充分发挥海量数据和丰富应用场景优势，促进数字技术与实体经济深度融合，赋能传统产业转型升级，催生新产业新业态新模式，壮大经济发展新引擎。数字化技术对提高金融组织运行效率意义重大，充分利用数字化技术解决现有碳金融“成本高、效率低”的问题，既能提高服务效率，又能为金融机构开拓出新的“蓝海业务”，通过数字化平

台赋能“双碳”目标将极大提高碳金融的运行效率，最终助力“双碳”目标实施。

### （二）可行性

1. 党中央支持推动碳达峰碳中和平台经济发展，政策助推碳金融平台建设

实现“双碳”目标，是以习近平同志为核心的党中央作出的重大战略决策，国家层面给予了高度重视。“十四五”规划纲要指出要“促进共享经济、平台经济健康发展”，平台经济发展将助力中国高质量发展和高品质生活服务目标的达成。

2. 多家金融机构布局碳金融，金融机构战略需求支持平台发展

近年来，商业银行在碳金融领域的探索不断深入，已经从绿色信贷、绿色债券等向碳金融方向发展。与此同时，商业银行参与碳金融的产品逐渐丰富，资金导向作用也日益显现，金融机构出于自身发展的战略需求将支持平台发展壮大。

3. 碳企发展空间巨大，融资缺口为平台建设提供了强大动力

碳中和不仅仅是短期的投资风口，更是涉及一系列能源结构调整，一系列技术进步，一系列发展方式转变的投资机会。这对金融行业来说是一个巨大的蓝海，未来碳交易市场将迎来巨大发展契机。日益壮大的碳企产生的巨大融资需求为平台建设与发展提供了强大动力。

## 三、建立数字化碳金融平台的机遇与挑战

### （一）机遇

1. 碳企不同发展阶段的融资需求不同，为不同类型的创新资本提供了多元化的投资窗口

碳中和相关企业在不同发展阶段的经营风险与增长潜力存在差异，

金融机构投资不同企业产生的潜在风险与收益同样存在较大差异，不同的投资者倾向基于自身比较优势与风险偏好投资不同的碳中和相关企业，即便是相同企业的不同发展阶段或是不同风险项目也会带来多元化的投资机会。

2. 高耗能企业有内在转型需求，为金融机构助力企业转型提供了良机

在低碳发展背景下，诸多传统高耗能企业将面临经营和转型方面的压力，这些企业为了生存与发展有内在转型的需求，在转型过程中必然产生资金需求，这为金融机构助力企业转型并获取收益提供了良机。

3. 企业可通过交易碳排放权获益，为金融机构参与碳交易提供了机遇

在降低碳排放的方式中，碳排放权交易是最有效的市场化方式。2019年，全球碳排放总量为360亿吨，其中，中国占比为29%，美国占比为15%，欧盟占比为9%。但2020年，全球碳市场总成交量约为2300亿欧元，其中欧盟占比接近90%，中国占比却很小。随着中国碳交易市场不断发展，倘若中国在碳交易、碳信用领域可以接近欧盟水平，那么中国碳交易市场将产生大量的投资机会，这为金融机构参与碳交易提供了重要市场机遇。

**（二）挑战**

1. 碳企发展初期经营不确定性大、信用信息缺乏以及抵押物不足，加大了金融机构的投资难度

在降低碳排放的政策背景下，将涌现出诸多企业开展降低碳排放相关项目。但在企业自身层面，诸多发展潜力大但规模较小的碳企在发展初期经营不确定性大、缺乏信用信息以及缺少抵押物；在外部环

境层面，中国征信基础设施水平相对较低，这都增加了金融机构筛选优质项目的难度，加大了金融机构的投资风险。

2. 高耗能企业固定资本投入高、经营理念转变难度大，加大了金融机构助力企业转型升级的难度

在降低碳排放的政策背景下，大量高碳资产加速折旧，降低了资产所能产生的经济效益，增加了高耗能企业的转型成本，加之企业既有经验理念、经营经验会对企业未来发展产生一定的影响，这些因素都加大了高耗能企业成功转型的难度，增加了金融机构的投资风险。

3. 企业碳排放定价难度大，加大了金融机构利用碳排放权开展金融交易的难度

目前，中国试点地区碳交易市场的价格调控更多依赖管控手段，只有个别交易市场推出了碳远期合约，但成交并不活跃，投资者基础与交易机制不够丰富，碳交易的市场价格发现机制尚不完善，企业碳排放定价难度大，这不仅增加了金融机构评估相关企业价值的难度，也增加了金融机构将碳排放权作为抵押资产时的定价难度，加大了金融机构开展碳排放权业务的难度与风险。

## 四、全球发达国家促进碳金融发展的经验借鉴

### （一）美国成立环境责任经济联盟，政策激励与金融支持推动碳减排

美国在鼓励金融业支持低碳项目方面，除了利用法律给予支持外，还通过政策激励、引导金融机构进行碳金融产品创新的方式来引导金融机构支持低碳项目融资。美国成立的环境责任经济联盟建立了连接投资者、公众利益集团和企业的强大网络，在筛选投资项目

时，参考对地球环境负责的筛选原则对项目进行评估，并要求申请贷款的企业每年向环境责任经济联盟提交环境报告，激励企业开展低碳项目。

**（二）英国启动“贷款担保计划”并成立碳金融组织，金融支持低碳项目发展**

2012年，英国政府启动“贷款担保计划”为环保类项目提供融资担保服务，此外，英国政府还设立了英国绿色投资银行为节能环保项目提供融资支持，助力经济生产降低碳排放。除了以上支持方案，早在2001年，英国政府就设立了碳基金，寻求低碳技术的商业合作机会，并为商业和公共部门的节能环保项目提供资金支持。

**（三）荷兰发展PPP融资模式并设立低碳环保项目基金，增加社会资本参与推动碳减排**

荷兰的PPP模式由政府、企业和公众三大参与方签署协议，节能项目由企业负责开发、政府负责监督，项目运作资金主要源于社会资本，政府无须垫付资金，只需给予补贴和税收优惠，该方案显著降低了碳排放量、改善了居民生活环境。在设立低碳环保项目基金方面，荷兰国防集团、荷兰银行通过设立定向基金来支持节能环保项目的实施，在提供资金支持的同时，还为其客户提供综合的节能解决方案，促进经济可持续发展。

**（四）日本政策投资银行引入环境评级，积极引导金融机构将风险控制与环保社会责任有机结合**

日本政策投资银行为了促进企业投资环保项目，实现经济可持续发展，自2004年4月开始从事环境友好型融资业务，该业务的核心特征是评估信贷项目时，对有融资需求的项目进行环境评级，满足评级要求的项目才能获得贷款，并且对购买环保设备、开展环保技术研发的项目给予低息贷款。在此过程中，日本政策投资银行还与多家金融机构合作，基于对企业的环境评级为环保项目提供融资。2006—2007年，日本政策投资银行出于降低企业二氧化碳排放量的考虑，在原环境评级融资业务的基础上更新了信贷审核标准，并于2007年在环境省的大力支持下，再次推出了环境评级贴息贷款业务，进一步加大了对环保项目的支持力度。

**（五）韩国金融机构引入环境友好型金融产品，信贷支持促进环保项目发展**

在促进节能减排、降低碳排放方面，韩国多家金融机构通过设立基金、成立相关部门或组织的方式来支持环保项目的实施。例如，韩国产业银行于2010年推出了专项基金来支持环保项目；韩国进出口银行、韩国中小企业银行不仅通过设立基金支持低碳项目，还通过设立专责小组与专业组织合作的方式来促进低碳项目的实施。

从发达国家促进碳金融的发展经验看出，大力发展碳金融为低碳、环保项目的发展提供了重要的资金保障，而碳金融的大力发展又离不开政府的大力支持与金融机构的积极配合。参考发达国家碳金融发展的实践经验，首先，由于低碳环保项目具有较强的正外部性，仅仅依靠市场自发供给所提供的低碳项目总量将低于社会最优水平，中国在大力发展碳金融的过程中，需要政府给予政策及资金层面的支持来激励企业增加低碳项目的投资；其次，由于低碳项目融资需求巨大，需要发挥金融机构在资金融通过程中的巨大作用，相关组织需要引导金融机构在社会责任与自身利益的共同激励下积极参与低碳项目融资。在此过程中，建立一个能连接碳企与其他相关组织的平台对发挥各主体在降低碳排放中的作用、实现各方需求以及提高碳中和相关企业的融资效率将起到重要作用。

## 五、服务“一带一路”沿线国家及新兴经济体国家数字化“碳企链融”平台的特点与整体框架

### （一）平台特点

1. 整合政府、金融机构等社会资源，引导生产要素配置低碳行业

中国及“一带一路”沿线国家等新兴经济体国家，为实现碳中和目标，需要充分调动社会资源，引导生产要素配置低碳行业。中国“双碳”目标的实施会对未来中国金融业的发展方向产生重要影响，中国的产业金融将围绕“碳中和”的整个产业链条开展相关业务，相关金融组织将沿着资金的交易链寻找整个供应链，将金融服务嫁接于企业的全周期生产经营中。在此过程中，通过建立数字化“碳企链融”平台整合政府、金融机构、智库等社会资源来应对气候变化问题会大大拓展金融长期增长的最大可能性边界。“碳企链融”平台就是致力于突破碳金融的生产边界，打造无边界金融。

2. 多方合作实现优势互补，发挥平台各方在降低碳排放中的比较优势

政府、金融机构以及其他组织在服务碳中和相关企业时具有比较优势。例如，政府不仅可以利用政策及财政资金支持碳金融发展，还可以利用数字化技术，依托于国家信用和科技信用，有机结合政府和市场两种力量，将国家信用注入科技研发全过程；而某些机构在获取企业和业主的信用信息、充分挖掘抵押物价值方面具备较强的优势。平台在整合政府与金融机构资源的同时，引入工商、税务、征信等相关机构或信息平台，丰富基础信用信息的供给渠道，并探索金融征信与政府征信的可行融合模式；将融资担保、资产评估、审计等融资辅助机构引入平台，方便融资服务全流程的顺畅运行，通过“碳企链融”平台将这些组织连接在一起能更好地发挥各自比较优势，实现优势互补，为资金供需双方提供一站式高效服务。

3. 提高碳市场的流动性和交易价格的有效性，激励企业降低碳排放

通过建立连接各资源方的平台，不仅能增加碳交易权的信息流通，还能提高碳交易权的抵押价值，有利于提高碳市场的流动性和交易价格的有效性，从而提升碳交易权的内在价值，这将激励企业出于自身收益的考虑而降低碳排放。

4. 提高碳金融的资源配置效率，降低低碳企业融资成本

一方面，平台可以发挥自身在整合社会资源、发挥各方比较优势以及提高碳排放权价值等方面的综合优势，提高碳金融融资需求匹配时的信息获取效率、降低金融机构的贷前风控成本以及提升贷后管理工作能力。另一方面，平台可以把碳中和产业内大型龙头企业作为依托，不断吸引产业链上下游中小碳企业通过平台获得优质综合金融服务，并通过数字化技术提高金融机构服务碳企业的效率，从而降低低碳企业融资成本，促进低碳项目发展。

**（二）整体框架**

1. 构建碳企评级体系，设置碳企白名单

通过构建碳企评级体系，设置碳企白名单，为具备降低碳排放能力的企业提供融资便利，这为平台实施碳减排激励措施提供了重要评审基础。在碳企评级体系的构建过程中，可以联合“一带一路”沿线国家有关政府组织、学术机构以及实力较强的评估机构基于科学合理的评估方法来建立评级体系。

2. 引入“一带一路”沿线国家政府、金融机构以及其他社会组织，实现多方共建平台

为了充分调动社会资源，需要发挥社会各方资源优势。在平台建设过程中，应积极引入政府、金融机构以及其他社会组织，发挥政府在信用水平、政策支持、财政补贴方面的优势，发挥金融机构在提供

金融服务方面的优势，发挥其他社会组织在获取碳中和相关企业信用信息、挖掘抵押物价值等方面的优势，不断增加资金供给方的数量和类型，提高碳金融的资金供给水平，同时，在建设“碳企链融”平台的过程中，链接“华新链智”，通过“华新链智”对接中国碳中和50人论坛等组织的国内外一流专家学者满足企业“融智”需求，构建一站式、立体化、全方位的综合金融服务网络，通过平台实现“一带一路”沿线国家有关各方的利益诉求，激励各方积极参与平台建设。

3. 引入碳排放权抵押及交易机制，充分挖掘碳排放权的经济价值

碳交易的核心是将碳排放“成本化”，中国碳交易体系的建立有助于形成碳排放定价信号，赋予碳排放权具备抵押价值与交易价值，引导整个社会实现低碳转型。在此过程中，“碳企链融”APP平台应连接全国碳交易市场，借助全国碳交易市场的交易规则与交易价格形成机制以及各参与方在开展碳金融方面的比较优势，提高碳排放权的抵押价值与交易效率，从而充分挖掘碳排放权的经济价值。

4. 引入数字化技术，覆盖项目的交易撮合、风险审核以及贷后管理全流程

平台通过引入数字化技术实现科技赋能，进而提高金融组织的运行效率，降低低碳项目的融资成本是提高平台运行效率的关键环节。以“碳企链融”平台为核心，引入大数据、区块链、人工智能等数字化技术，打造线上化网站及APP，将金融供给方与需求方有效连接，打通资金渠道，整合政府、金融机构、企业、征信等多方力量和资源，打造一站式线上融资智能生态圈，提供全方位、一站式产品服务体系和综合服务，提升金融机构精准获客、信用评估和风险管理水平，降低资金供需双方信息不对称程度、降低金融机构运行成本，提高金融机构服务碳金融相关项目的运行效率（见图5）。

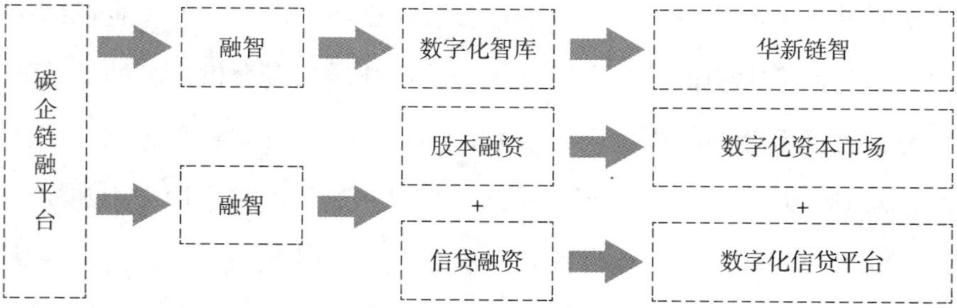


图5 服务“一带一路”沿线国家“碳企链融”平台整体框架

资料来源：华夏新供给经济学研究院。

## 六、数字化“碳企链融”信贷平台整体设计方案

### （一）主要原则

1. 聚焦实体

立足金融服务本质，以服务实体经济为目标，重点服务“一带一路”沿线及相关新兴经济体国家的实体经济中的碳企业，以市场化方式发展碳金融，为低碳项目提供融资。

2. 科技赋能

充分利用区块链、大数据、人工智能等金融科技，通过科技手段自动化、智慧化收集海量企业信用信息、提升碳金融供需双方匹配效率，减少金融机构人力物力投入，改善金融机构与碳企之间的信息不对称问题。

3. 效率优先

整合“一带一路”沿线国家相关政府、金融机构、碳企业以及具有某些优势的其他机构，打通资金流通“堵点”，实现资金供需双方高效匹配。在供给端提升金融机构精准获客、信用评估和风控水平，在需求端拓展碳企业融资渠道，提升其融资效率。

4. 综合服务

致力于打造“融资+融智+融商”智能生态圈，提供一站式综合金融服务，使有需求的碳企业可以更便捷、更轻松地实现融资；在融资支持的同时为碳企业提供信息咨询等增值综合服务，为碳企业的长远发展保驾护航。

5. 共建共享

引入“一带一路”沿线国家有关企业、大型金融机构、大型实体企业、互联网公司等投资入股，参与平台建设，共享平台资源。在平台发展过程中，秉持开放包容的态度，随时吸纳优秀的企业和机构加入平台，不断推动平台发展壮大，共享发展红利。

6. 互惠共赢

参与平台建设的机构，以互惠共赢的原则开展各项业务。平台以当地地方政府组织相关工商企业、金融机构为主导建立，兼容并包各类优秀机构，以真诚共赢的态度对待每一位平台建设参与者与客户群体，使平台建设机构与客户皆可通过平台获得福祉，实现携手发展。

**（二）运行原理**

“碳企链融”信贷平台运用平台思维，回归金融本质，搭建基于区块链、大数据、人工智能等金融科技的数字化信贷平台，将碳金融供给方与需求方有效连接，打通资金渠道，整合政府、金融机构、碳企业以及具有某些优势的其他机构，打造一站式线上融资智能生态圈，提供全方位、一站式产品服务体系和综合服务，提升金融机构精准获客、信用评估和风险管理水平，降低资金供给方与碳企之间的信息不对称程度，精准高效匹配资金双方供求，从而为碳企提供有效的融资支持。

具体而言，以“碳企链融”平台为核心，引入大数据、区块链、人工智能等科技手段，打造线上化网站及APP。金融需求方在线上提出具体融资需求，由平台上的金融供给方根据需求、自身条件等进行“抢单”，提供金融解决方案（见图6）。

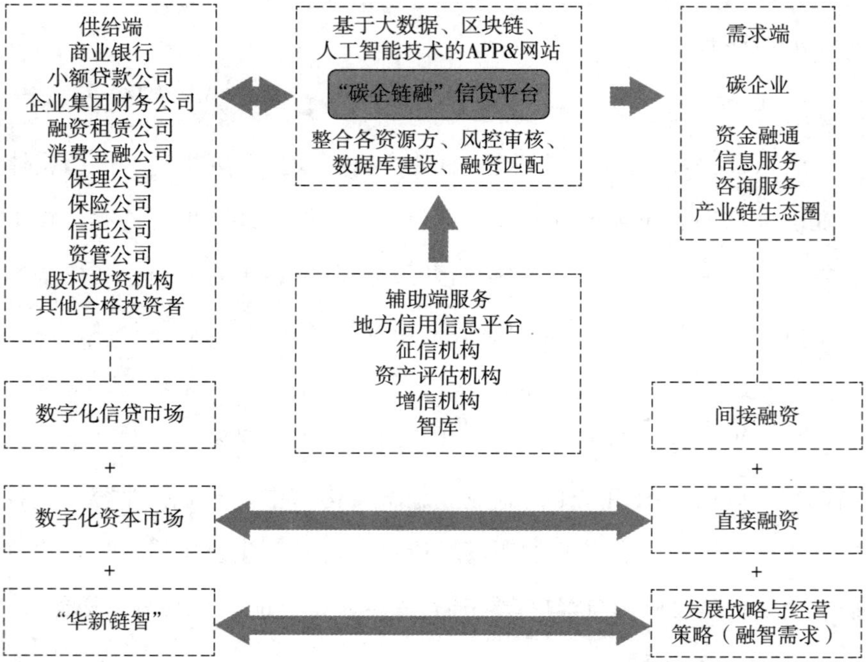


图6 “融资+融智”一体化服务碳中和企业平台运行原理

资料来源：华夏新供给经济学研究院。

### （三）主要功能

1. 融资匹配功能

将资金供给方与资金需求方进行精准、高效匹配，有效降低金融机构的获客成本，扩展获客途径，快速解决碳企业融资渠道信息不畅等问题，消除信息不对称对融资双方的不利影响。平台作为直接融资、间接融资的综合服务平台，除信贷融资外，风险投资（VC）、私募股权（PE）、投资银行等金融机构皆可注册参与平台业务。平台具备特色功能——智能搜索系统，即金融服务、产品、融资工具集成搜索系统。该搜索系统分为两个维度开发建设，维度一是检索特定金融机构可提供的产品与服务；维度二是根据碳企业输入的模糊融资需求条件，检索匹配符合要求的金融服务和产品。

2. 融资辅助功能

在平台中引入工商、税务、征信等相关机构或信息平台，丰富基础信用信息的供给渠道，并探索金融征信与政府征信的可行融合模式；将融资担保、碳交易权与资产价值评估、审计等融资辅助机构引入平台，方便融资服务全流程的顺畅运行，为资金供需双方提供一站式高效服务。

3. 信用整合功能

通过大数据、人工智能、区块链等技术的应用，突破传统信用信息收集壁垒，将信用信息收集过程触达企业日常生产经营的每个角落，不断收集完善企业信用信息，并进行动态化管理，形成具有时间维度、多角度、全覆盖的碳企业信用画像。

4. 风控服务功能

平台相关机构可以提供成熟的科技金融风控技术，并向中小型金融机构提供风险评估报告，使其通过风控咨询服务，有效提升自身信贷业务风险防控能力，从而更好地为广大碳企业服务。

5. 产业梳理功能

平台以特定碳产业内大型龙头企业为依托，不断吸引产业链上下游碳企业通过平台获得优质综合金融服务。平台通过大数据、人工智能、区块链等技术手段不断积累全产业链信息，形成系统性产业链数据库，以此为基础向广大金融机构提供行业信息咨询服务，带动相关金融机构供应链金融服务的发展和行业风控研究水平的提升。

6. 贷后管理功能

通过融资信息对接、信用信息管理等功能的实现，有效积累融资大数据，为资产处置、债务清理等贷后业务提供有力支撑。同时，平台引入资产管理公司、拍卖公司等相关机构，可以有效提升金融机构不良资产处置效率，改善通过平台开展业务的金融机构资产流动性。

7. 咨询服务功能

通过与国内外知名智库合作，向参与平台的金融机构及碳企业提供金融行业和相关产业研究报告、战略咨询、企业管理、商业机会对接等服务，从而助力金融机构管理效能提升及业务机遇发掘，促进碳企业持续发展。同时，平台通过建立碳企业数据库，将碳企业相关信息进行整合，为金融机构提供系统的碳企业信息咨询。

8. 技术输出功能

平台通过大数据、区块链、人工智能等金融科技的不断深化应用，积累出一整套成熟的智能化、自动化的风险识别、运营管理系统，使科技在众多应用场景中扎实落地。待技术完善成熟后，可进一步对外输出技术方案，帮助建立更多平台化智慧运营的机构，使区块链、大数据、人工智能等技术在开展碳金融业务中获得更广泛的应用。

**（四）客户群体**

平台服务群体主要包括资金供给端金融机构、资金需求方碳企业和融资辅助服务机构等群体（政府部门、信用机构、增信机构等金融服务中介机构）。

1. 资金供给端

主要由金融机构组成，涵盖信贷供给方商业银行、小额贷款公司、企业集团财务公司、融资租赁公司、消费金融公司、保理公司、信托公司及大型企业财务公司等，可提供以信贷为主的多元化融资服务；

保险公司、资产管理公司、风险投资机构、私募股权机构等金融机构可以灵活开展股权、债权或股债结合的融资服务。

2. 资金需求端

以碳企业为主要客户群体，包括可以在“减碳、固碳”方面有所作为的相关碳企业。

3. 辅助服务端

包括为碳企提供政策支持与补助的政府机构，资产评估机构、征信机构、担保增信机构、审计机构等为资金融通业务提供服务的融资辅助机构以及智库机构等，融资辅助机构通过平台提供一站式服务提升碳企融资效率的同时，也会促进辅助服务机构获客、提升经营效率。同时，通过引入智库机构，在为碳企提供咨询服务的过程中可有效扩展智库机构的客户范围并提升其知名度。

**（五）服务模式**

1. 交易撮合服务

通过平台注册认证的碳企业，可以获得平台授权，通过填写融资需求表，从而在平台上发布融资需求。平台借助区块链技术和大数据后台系统对企业信息的真实性进行核验，在确认信息无误的情况下，人工智能系统将对企业融资需求与资金供给端的金融产品进行自动化的最优匹配，并将融资需求同时发送给多个资金供给机构。资金供给机构采用“抢单模式”，响应碳企业的融资需求，资金供给机构在完成风险审核后，与有融资需求的碳企业进行签约，开展后续融资服务。

2. 融资增信服务

平台引入保险机构，通过信用保证保险中的贷款履约保证保险等产品为资金供给方解决后顾之忧。还可通过融资担保机构，最大限度降低资金供给方的风险。此外，平台还会连接国家融资担保基金合作的各地官方融资担保机构，以争取优惠政策支持。

3. 风险审核服务

“碳企链融”平台依托各大型金融机构全国性的信息网络和强大的风控能力，可以为中小金融机构提供全面的风险审核服务，全维度立体化地呈现碳企业信用信息和风险评级。资金供给方还可以利用平台连接的工商、税务、司法等部门的信息，对客户进行风险画像，进而充分输出平台的风控能力。

“碳企链融”平台上还可通过邀请百行征信、鹏元征信、联合信用征信、百融云创等第三方信用服务机构入驻，对外提供风控服务。

4. 贷后管理服务

“碳企链融”平台虽然不承担信贷风险，但可向资金供给方提供“贷后预警与协助管理”增值服务。交易撮合完成后，平台将依托强大的信息资源和智能化预测模型，持续对融资企业进行动态监控，及时向资金提供方发出智能预警。根据融资企业所处行业出现的政策风险、市场风险等，平台及时向融资企业发送经营预警，向资金提供方发送贷后风险预警。一旦融资企业出现逾期还款征兆，平台将启动智能催收服务。如果融资企业出现严重经营困难情况，平台通过入驻的会计师事务所、律师事务所，向融资企业提供相关咨询服务，向资金供给方提供相关司法服务。此外，平台在每笔交易完成后，还会对资金供求双方开展服务成效评估，以进一步提升平台服务质效。

5. 综合金融服务

平台通过不断的迭代更新为供需双方客户提供“一站式金融服务和综合解决方案”。在融资方面，不断扩展资金供给方的数量和类型，丰富产品供给，构建一站式、立体化、全方位的综合金融服务网络。在融智方面，链接“华新链智”平台，为资金供需双方提供全面、专业的线上资讯和线下咨询服务，帮助客户科学决策。在融商方面，通过举办各类经贸洽谈会、企业峰会等助力企业开辟新业务渠道、开拓新商业空间，融入全球资金链、产业链和价值链。在网融方面，通过平台赋能与科技驱动，及技术输出帮助企业建立供应链系统，融入共享生态，为企业提供更全面、更便捷、更智慧的服务。

**（六）盈利模式**

1. 交易撮合费用

按照“成本+合理利润”的基本原则，平台将对其促成的融资交易提供阶梯式的差别服务费率，既覆盖单笔撮合交易的运营成本，又最大限度降低资金供需双方的负担。此外，服务费将采取双向收取方式，以平滑各方的负担。

2. 风控服务费用

平台依托各优势主体所形成的成熟风控体系，借助工商、税务、司法以及碳企业自身提供的信息，给予碳企业综合信用评级以及碳企业白名单等级，帮助相关金融机构进行风险审批，服务费用与交易撮合费用比例挂钩。此外，平台还提供现场尽调服务（初期可限贷款100万元以上档位，后续根据实际运营情况进行动态调整），与实际运营成本挂钩。

3. 咨询服务费用

平台为碳企业提供全面的融资、融智、融商服务。一是为融资企业提供信用保证保险、增信担保服务，向保险及增信担保机构收取合同金额0.3%的信息服务费。二是向为资金供需双方提供咨询服务的信用评级机构、律师事务所、会计师事务所收取合同金额0.3%的信息服务费用。①

① 具体的费用收取比例，可以根据实际运行情况进行动态调整，在满足平台各方收益要求的前提下，尽最大可能降低碳金融的融资成本。

4. VIP会员费用

经过平台注册审核，可成为普通会员，“碳企链融”还提供VIP会员服务，会员需求能够得到优先响应。VIP会员不仅能够定期收到“碳企链融”平台的专题研究报告，而且还能链接“华新链智”平台，享受折扣服务。

## （七）投资主体

“碳企链融”相关主体见图7。

图7 “碳企链融”相关主体

资料来源：华夏新供给经济学研究院。

1. 工商企业、金融机构

由“一带一路”相关国家政府组织相关工商企业、金融机构作为平台建设主体，联合其他相关机构设置“碳企链融”APP平台。

2. 碳企业

平台可引入实力较强的大型碳企业，将其完整的供应链体系从线下搬到线上的“碳企链融”平台，提升碳企业供应链融资的效率。

3. 互联网企业

平台可积极引入腾讯、阿里巴巴、百度等互联网企业，以及“一带一路”有关国家大型企业作为战略投资者，提升平台的影响力，帮助互联网企业“流量变现”，实现互利共赢。

4. 金融机构

“碳企链融”是一个开放式的平台，可引入银行、保险、基金、PE、VC等金融机构以及会计师事务所、律师事务所、融资担保机构、信用评级机构、信用信息平台等中介入股。

**（八）运营机制**

“碳企链融”采取平台化的组织架构和运营管理模式。前台由市场团队和客服团队组成，中台以产品服务团队和风控合规团队为主体，后台则由IT运维、人力及财务团队组成（见图8）。

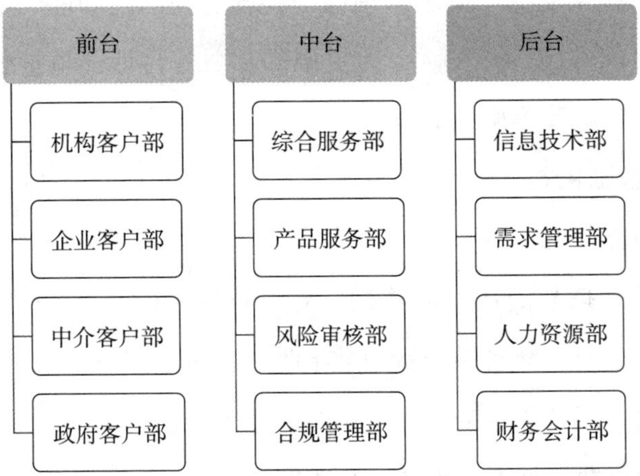


图8 “碳企链融”平台运营体系

资料来源：华夏新供给经济学研究院。

1. 前台运营

根据客户及服务对象的不同，前台市场团队可以分为（金融）机构客户部、企业客户部、中介客户部、政府客户部，分别对接资金供给方、资金需求方、融资增信服务方以及政府公关的市场开拓。相应的客服团队亦可按照条线设置。

2. 中台运营

中台按照全力支持前台业务的原则设置，可以分为产品服务部：为前台业务扩展团队提供产品与服务的迭代更新支持。综合服务部：负责整个公司办公、“三会”管理、对外宣传等综合事务。风险审核部：对接各类数据库，对每笔业务进行实时风险监控与审核。合规管理部：按照监管规定对各项业务进行合规审批，落实反洗钱规定，并负责公司对外的相关法律事务。

3. 后台运营

后台全面推进数字化管理流程，可以设置信息技术部：全面负责平台运营的技术支撑。需求管理部：将各业务部门和前、中台的需求转化为IT需求并进行开发。人力资源部和财务会计部负责公司团队管理培训和财务审计等相关工作。

**（九）激励机制**

1. 首期会员优惠

在市场开拓与商业引流前期，对于首期（6个月）入驻“碳企链融”平台的企业，交易撮合费用减半收取、风控服务费用可享受“零”加成、赠送一年“碳企链融”平台的研究报告。首期加入VIP会员的企业，免收会员费，且第二年会员费减半。

2. 会员积分升级

“碳企链融”平台的会员成长体系，大体可分为加分和减分项。在加分项中，资金供需双方在完全按照合同约定事项下完成资金的交付、使用、偿付后，以“资金量×时间（年）”的结果作为正向积分（无积分清零规则），否则为积分扣分项。会员积分采取比例动态调整，并享受相应的折扣优惠。

3. 平台优质认证

“碳企链融”平台中的融资辅助企业，包括会计师事务所、律师事务所、融资担保机构、信用评级机构、保理机构等金融服务中介。平台采取客户外部评级与内部客户评价相结合的方式进行考核。服务评价高的融资中介企业将被授予“平台认证优质企业”的称号，不仅能够提升企业在平台上的曝光率，还能够减免该机构在平台上的“保证金”。

**（十）风险防控**

1. 合规风险

平台在经营过程中，应保证所有业务在依法合规的前提下开展。平台应成立专门的风险合规部门，并由专人负责，建立平台完整的内部控制制度并严格执行。定期检视中国相关法律法规以及部门规章的最新监管要求，并定期对平台内部控制体系运行的有效性进行审计。建立与监管主管部门的常态化沟通机制，及时了解监管动态并指导业务开展。

2. 信用风险

碳企业可能因大环境变化、经营不善、自身因素等影响出现偿债困难，存在违约风险。因此，平台在设计架构中，应引入信用保证保险等风险管理工具，从而有效降低平台金融机构因碳企客户违约造成的损失，避免平台金融机构因顾虑违约风险而造成“不敢贷、不愿贷”的局面。

3.“跳单”风险

平台在运营过程中会面临着达成合作意向的金融机构和碳企业在经过平台撮合后绕开平台，“跳单”单独对接业务的风险。因此，在平台设计方案中，一是要在服务合同条款上按照法律对融资双方加以约束；二是在金融机构和碳企业在平台注册时收取一定信用保证金；三是一旦出现“跳单”违约情况，考虑将违约双方信用信息通过区块链等技术记入平台信用大数据库，并与征信机构合作探索将不良信用记录记入征信机构数据库的可行性；四是不断提升平台服务水平，特别是数据库的建设，从而有效提升用户黏性，从根本上解决上述问题。

4. 连带责任风险

在撮合资金借贷双方的过程中，若融资方发生债务违约，可能对平台造成不利影响，存在平台附有连带担保责任的风险。因此，平台在业务宣传过程中，应避免夸大平台担保责任现象的发生，在撮合双方融资过程中，明确告知平台的义务不包括连带责任，并在合同条款中明确平台的法律责任不包含连带责任。

5. 同业竞争风险

在平台发展壮大过程中，难免出现资源、人才流失，另起炉灶与平台竞争的现象。因此，平台在发展过程中应充分注意知识产权保护与核心技术的保密工作。一方面，通过金融科技的运用强化平台核心技术的保密措施；另一方面，通过引导平台重点客户入股，以及实施重点员工股权激励计划，将与平台经营密切相关的客户和员工利益与平台利益高度绑定，有效夯实平台长期稳定发展的基础。

## 参考文献

［1］邓峰，任转转. 信息网络，高技术产业集聚与工业绿色转型[J]. 经济经纬，2021（38）.

［2］郭朝先.“双碳”目标下我国有色金属工业转型发展研究[J]. 广西社会科学，2022（9）.

［3］黄剑辉. 构建中国经济中长期可持续发展的新型驱动力：以新制度供给提升要素配置效率拓展市场空间[J]. 财政研究，2014（10）.

［4］黄剑辉. 推进供给侧结构性改革是全球走出此轮危机的必由之路[J]. 中国财政，2016（11）.

［5］邵帅，范美婷，杨莉莉. 经济结构调整，绿色技术进步与中国低碳转型发展：基于总体技术前沿和空间溢出效应视角的经验考察[J]. 管理世界，2022（38）.

［6］徐祥临. 培育“绿水青山”的价值及实现形式初探[J]. 马克思主义与现实，2020（3）.

［7］姚修杰. 习近平生态文明思想的理论内涵与时代价值[J]. 理论探讨，2020（2）.

［8］易赛键. 产业转型升级的基层探索[J]. 红旗文稿，2020（21）.

［9］尹铎，朱竑. “两山论”与旅游情境下自然的商品化[J]. 旅游学刊，2020（35）.

［10］张锐，相均泳. “碳中和”与世界地缘政治重构[J]. 中国社会科学文摘，2021（12）.

［11］张永生，巢清尘，陈迎，等. 中国碳中和：引领全球气候治理和绿色转型[J]. 国际经济评论，2021（3）.

# 数字创新解决企业碳管理痛点难点，助力“双碳”目标实现

李　菁　中国碳中和50人论坛特邀研究员
安永大中华区金融服务气候变化与可持续发展合伙人

当今世界正经历百年未有之大变局，绿色低碳议题也正在以前所未有的姿态参与到这场大变局中来，成为一个举足轻重的变量。实现“双碳”目标，对内是转变发展方式、实现高质量发展的关键环节；对外是塑造负责任大国形象，强化地缘博弈能力的重要因子。目前，中国实现“双碳”目标和绿色发展面临着诸多挑战，包括新一轮科技革命和产业变革带来的冲击。企业亟须通过减少化石燃料使用，加强碳管理践行“双碳”目标。针对绿色低碳转型过程中面临的痛点难点，企业可通过运用数字创新工具，提高碳数据质量，增强碳管理能力。

## 一、低碳转型驱动企业高质量发展

可持续发展已成全球话题，我国减碳行动也在加速。“双碳”目标的本质就是要占据绿色经济的制高点，倒逼中国经济走向高质量发展道路，毋庸置疑这将创造巨大的市场机遇。对企业来说，减碳不仅是生存问题，也是发展问题。政府的相

关法律法规标准将不断提升，产业链对减碳的要求也越发严格，落后的企业将面临丧失市场机会的风险。

随着低碳投资理念被广泛接受，越来越多的投资人将ESG因素纳入投资决策，其中企业是否制定了低碳转型目标与路径将成为被投与否的重要指标。换句话说，减碳工作做得好的企业将有机会获得更多投资人青睐。随着减碳进入实践阶段，各界的焦点已从为何减碳转变为如何减碳。然而，很多企业在减碳过程中面临思路不清、缺乏技术能力等问题，减碳工作存在诸多痛点与难点。

## 二、碳排放统计核算是企业碳管理的重要基础

碳排放统计核算是一项重要的基础性工作，也是企业开展碳减排的起点。2022年4月，国家发改委、国家统计局、生态环境部等部门印发了《关于加快建立统一规范的碳排放统计核算体系实施方案》（以下简称《实施方案》），明确了碳排放核算工作“四位一体”的重点任务体系，以及包括统计数据填报、排放因子库、先进技术应用等在内的保障措施。《实施方案》要求进一步提升行业企业碳排放数据质量。结合已有行业企业实践经验，统筹兼顾准确性、可操作性以及监管成本等多个维度，制修订企业以及设施温室气体排放核算方法指南标准，逐步建立完善企业温室气体报告制度。不断强化行业企业碳排放数据的日常监管，加强碳排放核查以及第三方审定与核证机构的监督管理，加大对控排企业碳排放数据质量的监督执法力度，对数据造假等行为加大处罚力度，筑牢行业企业碳排放数据质量基石。

## 三、企业开展碳管理工作的机遇与挑战

对于企业而言，面对监管、供应链以及投资人的碳压力，亟须提

高碳核算、披露的及时性、准确性。目前，由于针对各行业统一的碳核算体系建设还处于起步阶段，企业在开展碳管理时仍面临诸多挑战。

首先，数据收集是企业碳管理面临的主要问题之一。人工统计和数据填报很容易导致错误及误差，特别是对于一些体量比较大的企业而言，整个集团针对环境的相关量化数据需要将相关表格发给子公司进行填写，很多子公司的信息很可能收集不全或出现数据错误。其次，企业难以明确碳排放范围。对于企业而言，不仅需要其对运营全范围的碳排放进行梳理，还要关注上下游供应链的碳排放。目前国内企业大都没有明确其在哪一类碳排放量范围实现碳中和，如果没有明确排放范围，那么企业提出的碳中和目标将存在歧义，且不具备任何可比性。最后，明确减排路径是企业在关键时点实现目标的前提，如何选择最优解决方案是企业设计碳中和路径的难点。企业可以根据“双碳”目标制定政策规划和总体框架，结合自身战略发展制定相应的碳减排目标，并将减排目标纳入部门负责人考核体系，通过碳管理系统随时提取各部门目标完成情况。落实到详细的过渡计划以及路线图上，对自身的碳排放数据等环境信息进行实时披露。同时，关注碳转型过程中的风险，做好前瞻性的风险预测和评估。

随着全供应链、全生命周期碳中和理念的推广，企业对供应链的低碳减排要求也在不断加强。目前，部分企业已经开展全供应链的碳减排工作，并且任命供应链管理部门的负责人加入减排项目小组，将低碳环保作为供应商筛选指标之一。在促进自身低碳转型的同时，带动上下游供应链企业低碳发展，为实现全社会绿色低碳转型，助力调整产业结构、优化能源结构做出贡献。

## 四、数字化技术赋能企业碳管理

“双碳”目标对企业碳管理提出了新要求，这不仅依赖规范统一的核算体系，更需要先进的技术手段来确保碳数据核算与披露的全面、科学和可靠。未来，碳管理的趋势可能是依赖数字化工具，在现有的办公系统嵌入碳信息收集系统，由子公司负责人定期向集团总部推送相关的数据，并借助信息化技术一键式导出相应数据。企业可借助这类系统明晰地判断、核算和披露企业自身运营及上下游供应链的二氧化碳排放量、减排量等环境效益，重点解决以下管理难点：

（1）碳数据核算。依据国际和国内碳核算方法，明确企业碳排放范围，结合大数据、人工智能、机器学习等新兴技术，以信息化手段解决温室气体排放核算问题。

（2）碳目标制定。在碳核算的基础上进行数据分析，制定目标清晰且切实可行的碳中和战略规划，明晰阶段性目标和行动路径，稳步推进绿色低碳转型。

（3）碳中和规划。通过信息化技术，对各种碳中和路径进行可行性和经济性分析，选取最优解决方案。

（4）碳足迹管理。设置企业碳账户、供应商碳账户，实时监测、分析碳排放数据，解决精准引导的痛点。

（5）碳信息披露。依据监管或市场规定的报告披露要求，直观显示披露口径，回应市场的披露关注点，全面展示企业碳数据。

数字化和绿色化正成为全球经济复苏的主旋律，目前已有不少服务机构凭借技术优势在金融智能化方面进行了积极的探索。其中，安永针对企业碳管理需求开发了“3060碳管理系统”。该系统通过碳核算、碳分析、碳中和、碳账户、碳披露、碳资讯、系统管理等模块功能，一站式解决企业统计碳排放量、挖掘减排潜力分析、管理碳资产以及信息披露等核心问题，为企业提供碳中和数智化解决方案，拥抱行业绿色低碳转型。该系统“碳中和”模块中创新性地加入了数字孪生碳中和元宇宙，可实现对各类型碳系统交互虚拟化应用。

在系统和元宇宙空间里，系统基于对碳管理相关策略的定性定量分析形成了多种碳中和实现方案场景，每种场景具备多种可配置的路径。用户可以根据安小永机器人推荐的路径来微调定制自己的碳中和策略方案，并对方案成效进行预测分析，将方案执行内容进行量化和分配。同时，系统也通过硬件接口标准化设计、数据治理与融合形成的数据库，研发了元宇宙模式来支持现实与虚拟空间数据实时互动互相映射，多地多部门的用户可以在元宇宙空间里进行实景沙盘演练和策略制定，能够更有效地进行沟通。

对于金融机构而言，系统的碳核算模块除了涵盖传统的范围1、范围2碳排放的核算，还增加了投融资碳排放和投融资项目减排量的内容，并以此为基础实现多维度、全方位的碳分析；碳中和模块展示了金融机构在不同情境下的碳中和路径，为其制定个性化碳达峰碳中和时间表提供决策依据；碳账户模块可多维度展示不同碳账户的数据，可有效引导金融机构的低碳转型；碳披露与碳资讯模块可充分满足金融机构披露业务与获取信息专业性的需求，将有效引导金融机构向绿色资产配置资源。

实现“双碳”目标需要全社会方方面面的参与，企业在其中可以发挥引领示范作用，以碳管理为抓手，以数字创新为着力点，将高质量可持续发展理念融入战略与管理，在实现经济效益与环境效益、社会效益共赢的同时，为推进中国式现代化、实现高质量发展蓄势添能。

# 以小微企业主体评价和供应链管理为核心推动绿色普惠金融发展

## ——蚂蚁集团关于小微绿色金融的探索与实践

李振华 | 中国碳中和50人论坛特邀研究员
蚂蚁集团研究院院长

我国绿色金融发展势态良好，但同时也存在“绿而不普”的问题。人民银行数据显示，截至2022年6月，我国本外币绿色贷款余额达19.55万亿元，同比增长40.4%，存量规模全球第一；绿色债券余额达1.2万亿元，居全球第二位。但从某种程度而言，我国绿色金融可以称为绿色项目金融或绿色产业金融，受项目或产业特性影响，绿色金融的覆盖范围主要聚焦能源生产供应、交通运输、基础设施建设等领域，小微企业在这些领域的参与度十分受限，获得绿色融资工具支持的力度严重不足。近年来，监管机构和学界越发重视推动绿色金融与普惠金融融合发展，提出要注重将绿色金融资源惠及人人，以绿色金融推进小微企业绿色低碳转型。蚂蚁集团一直以服务小微企业为使命，自2016年国家号召发展绿色金融以来，蚂蚁集团积极思考如何利用金融产品和数字技术服务小微企业绿色发展，并从“绿色主体评价”

和“绿色供应链”两个角度开展系列探索，现将相关思考与实践分享如下。

## 一、发展小微绿色金融面临的挑战

小微企业作为经济的“毛细血管”，具有“小、散、多”等特征，其绿色发展对推动低碳社会建设具有“积沙成塔”的重要意义。蚂蚁集团与1.1万家数字化服务商合作，持续助力小微企业普惠发展，旗下网商银行截至2021年底通过数字信贷服务的小微企业和个人经营者累计超过4500万户。在走访调研小微企业绿色金融需求的过程中，我们发现不少小微企业对“绿色发展”处于“有意识、无行动”的状态。这一方面受限于目前以支持项目或产业为主要对象的绿色金融政策，市场上面向小微企业的绿色金融产品供应极少，使得小微企业缺乏申请金融支持以进行低碳转型的渠道；另一方面，部分小微企业缺乏绿色低碳转型相关专业知识，不了解自身可以采取哪些具体行动以进行节能减排。促进金融机构发展小微绿色金融不仅可为小微企业绿色转型提供优惠的资金支持，还有助于在小微企业中普及低碳环保的知识。

目前金融机构在发展小微绿色金融时仍面临多项挑战：一是小微企业流动性贷款绿色认定缺乏政策依据。小微企业贷款以流动性贷款为主，然而目前人民银行绿色贷款统计的主要依据是贷款投向需符合《绿色产业指导目录（2019年版）》，其资金投向多限于绿色产业中具有先进技术表现的项目，未对流动贷款的绿色认定进行明确规定。二是依据流动性贷款用途进行“认绿”可操作性较低。小微企业贷款存在规模较小、生产生活经营资金混用等现实问题，若以跟踪资金用途的方式对小微企业流动贷款进行绿色认定，需要客户经理对资金用途的涉绿程度进行详细评估并限制贷款专款专用，由此将导致贷款管理成本极高、不具经济性。三是难以碳减排量为指标评估小微绿色贷款的环境效益。自“双碳”目标提出以来，减碳效应成为绿色金融发展的一个关键绩效评估指标。但我国碳计量体系尚在建设过程中，鲜有小微企业进行了碳盘查和碳核算，小微企业自身碳排放情况缺乏基础数据。同时，从我国小微企业的行业分布情况来看，从事批发零售的小微企业超过全行业的一半，从事生产制造的小微企业占比不足10%，难以从其提供的商品或服务的角度直接计算小微企业的碳减排效益。因此，若以碳减排情况作为考核小微企业绿色金融服务绩效的单一指标，则会使小微绿色金融的服务对象范围变得极为狭窄。

## 二、蚂蚁集团服务小微绿色金融发展的主要路径

蚂蚁集团从自身的客群特点和技术能力出发，联合多方合作伙伴，共同探索构建出一套客观的指标体系并对小微企业的环境友好程度进行科学评价，同时以供应链金融服务为抓手拓展小微绿色金融服务客群：

一是搭建小微企业绿色主体评价体系。考虑到小微企业的贷款流向难以跟踪，借鉴国际上绿色主体债券和ESG贷款等可持续金融产品理念，蚂蚁集团联合金融机构、地方监管部门、专业智库和国际组织等13个机构对小微企业的生产、经营、物流等行为特征和环境影响开展联合研究，构建起全国首个小微企业环境友好程度评价指标体系，并推动浙江省金融学会制定团体标准《小微企业绿色评价规范》。该评价体系一方面旨在提供一套绿色低碳行动指南，让小微企业能够系统、全面地了解自身可以从哪些维度作出改变，为其日常生产经营活动提供绿色发展参考；另一方面，蚂蚁集团以该评价体系为核心，发挥的数字技术能力，以“线上数据+线下尽调”互补的形式，形成了

一整套“认绿”“评绿”的数字化方法与模型，帮助金融机构更便捷地实现对小微企业主体表现进行绿色判别，并将评价结果和贷款优惠等激励政策相结合，以降低金融机构开展绿色普惠金融业务的成本和难度。

二是以供应链金融服务小微企业绿色发展。以供应链的传导机制引导核心企业的上下游小微企业进行绿色转型，从而促进整个供应链的绿色化转型和产业链的绿色升级，是金融机构服务大型企业供应链管理的重要内容，也是目前G20可持续金融组中讨论较多的议题。网商银行借助数字技术开发了一套创新的供应链金融产品矩阵——大雁系统，通过构建各行业细分品类的知识库，将风控授信策略细化到行业品类粒度，并以量化手段叠加行业经验的方式还原供应链纵横网络关系，高度把握客户经营周转需求。自2021年起，基于这套底层风控和客户质地评估逻辑，网商银行开始了发展绿色普惠供应链金融的探索，其以《绿色产业指导目录（2019年版）》为主要政策依据识别绿色商品、绿色项目、绿色企业，综合运用金融科技手段，整合物流、资金流、信息流等进行数据分析，实现小微绿色金融资源精准投放，促进了产业整体绿色升级。

【实践案例一】蚂蚁评估支持台州建立“微绿达”应用系统

在人民银行杭州中心支行和台州市中心支行的指导下，蚂蚁信用评估有限公司联合合作伙伴以“小微企业绿色评价”团体标准作为方法论基础，依托台州市数智金融服务平台搭建了“微绿达”应用系统，通过在平台嵌入流动贷款绿色识别功能，实现了为台州辖内金融机构提供流动贷款绿色认定服务。

该系统推动了小微企业绿色认定在“数智化、行业化、共享化”

方面的创新。一是基于团体标准梳理了小微企业的绿色场景，发挥平台原有超4.3亿条信息的大数据优势，以“关键词”智能匹配、建立“绿色生产资料库”等方式，实现了对符合绿色贷款标准的流动贷款的高效、低成本智能认定。二是确定了“重点行业突破–细化场景分析–总结思路输出方法学–行业全面拓展”的渐进式认定思路，以团体标准为通用性评价基础，聚焦当地模具制造、汽车零部件和配件制造两大支柱行业，通过对重点行业生产运营全流程中可能出现的替代、减量、减污、增效、提质、回收利用等绿色场景进行系统梳理分类，完善并确定了对行业有高适配度的具体评价指标。三是台州数智金融服务平台运行近8 年，辖内大部分金融机构均通过该平台进行贷前审查，系统依托该平台新建流动贷款绿色识别功能模块，可方便辖内金融机构快速查询和应用，以统一平台的模式解决了金融机构小微绿色认定能力建设的问题。

台州“微绿达”流动贷款智能绿色识别功能于2022年2月底系统上线试运行，截至7月底台州市金融机构已通过该系统功能评价了6000余家市场主体，进行了1.3万笔的流动性贷款分析，识别出了350亿元的流动性绿色贷款，显著提升了辖内普惠小微绿色贷款占比。人行台州中支结合评价结果出台专项政策性融资担保产品，融资担保利率下降近30%。基于“小微企业绿色评价”标准和数智化的平台能力，台州辖内已初步探索出一套数字化、流程化、可推广的普惠流动贷款绿色认定模式。

【实践案例二】网商银行创新绿色供应链金融产品

围绕小微企业融资需求，网商银行创新推出针对小微供货商、小微经销商、小微电商以及小微投标商的系列产品（见图1）。

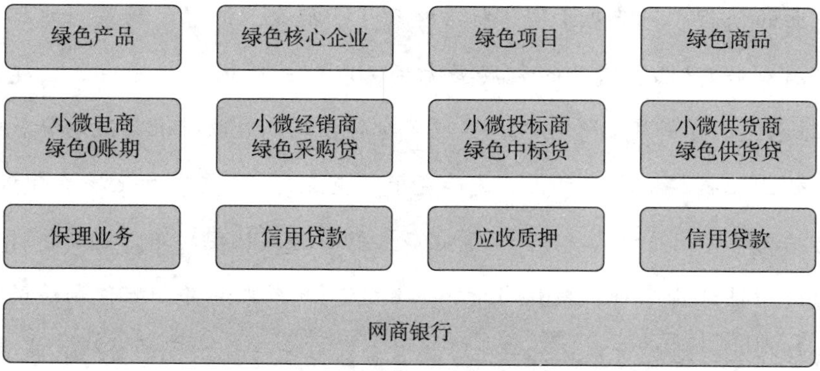


图1　网商银行绿色供应链金融产品和服务

网商银行在2021年推出首款绿色供应链金融产品“绿色采购贷”，该产品旨在对绿色核心企业以及其供应链下游的小微经销商进行融资贷款，鼓励小微经销商向更绿色、更环保的企业采购绿色商品与服务。绿色采购贷无须上游核心企业担保，随借随还、按日计息无须抵押，无地域限制，可服务全国，使得下游的经销商能快速在销售旺季获得资金支持。该项业务受到绿色核心企业和经销商的广泛认同，经过一年时间，网商银行已与海尔集团、箭牌家居、三棵树、台铃等超过130家绿色核心企业达成合作，覆盖家电、家居、二轮电动车等行业，累计提供超300亿元贷款支持，服务了超过2万家小微企业。此后，网商银行扩展供应链金融服务范围，提升服务深度。2021年“双十一”期间，网商银行向天猫电商客群中销售绿色商品的商户推出“绿色0账期”服务，帮助小微电商主体快速拿到销售回款。这项服务有效帮助小微电商提高了资金流转效率，提升了小微企业销售绿色商品积极性，对探索从销售侧引导绿色消费有重要意义。

2022年，网商银行推出面向建筑行业小微供货商的“绿色供货贷”。“绿色供货贷”是由网商银行向中国建筑旗下产业互联网公司上游的上万家绿色建筑、绿色建材小微供货商提供的融资服务，也是国内民营银行首次为建筑行业供应链上游小微企业提供绿色贷款服务。另外，有实力的小微企业，如果能够中标参与符合《绿色产业指导目录（2019 年版）》的绿色项目，可以获得额度更高的“绿色中标贷”，缓解资金周转难题。2022 年上半年，网商银行共为污水处理、人居环境整治、美丽乡村建设、土地保护等191个绿色项目中标小微企业授信，小微企业最高可申请中标金额30%的信贷。

## 三、关于发展小微绿色金融的建议

上述以“小微企业绿色主体评价”和“绿色供应链金融”服务小微企业绿色低碳转型的模式仅是蚂蚁集团和合作伙伴发展绿色普惠金融的初步探索，目前依然面临政策依据不足和缺乏长效激励机制等挑战。为推动绿色金融与普惠金融融合发展：

第一，建议监管部门出台支持小微企业绿色发展的政策工具。监管部门可研究制定绿色金融与普惠金融融合发展的指引及激励机制，实现绿色金融与普惠金融政策的打通，在确保不发生重复调节的前提下，允许交叉使用。一是，研究构建国内统一、与国际接轨、清晰可执行的绿色小微评级标准，并将其运用到征信系统中，探索以融资主体、经销商品等绿色属性认定小微绿色贷款的标准体系，为财政补贴、银行贴息等提供决策参考。二是，拓展现有绿色金融货币政策的覆盖范围，将“小微绿色信贷”纳入《绿色信贷指引》和《绿色债券支持项目目录》等支持范围，为金融机构开发小微绿色金融产品、发行小微绿色ABS和绿色金融债等提供政策依据，促进小微绿色金融服务拥有融资优惠与便利，提升商业可持续性。

第二，建议产业部委、地方政府、企业主体及第三方机构多方协作，加强对供应链上下游全链路的绿色协同管理研究与政策支持。首先，推动“绿色生产”体系中的“绿色供应链管理企业”覆盖更多行业，通过官方渠道定期筛选和公布代表性强、影响力大、经营实力雄厚、绿色供应链管理基础好的核心企业。其次，通过财政补贴或税收优惠等形式鼓励核心企业提升供应链绿色表现，引导上下游企业树立碳管理意识、建立碳账户、开展碳盘查碳管理碳披露等工作，丰富企业层面碳的基础数据。

第三，建议鼓励金融机构加大利用金融科技服务小微企业绿色发展的创新与尝试。一方面，优化对小微企业融资等业务的环境、社会和治理风险评估，鼓励银行等金融机构通过自建系统或采购第三方SaaS服务等方式，进行小微企业绿色主体、行为和场景的贴标认定。另一方面，与政府大数据平台及专业数据商等合作，促进小微企业的碳数据等环境信息的管理与共享，助力金融机构在评估小微企业绿色程度和发放绿色信贷时更有“数”可依，避免“洗绿”风险。

# 欧盟“碳边境调节机制”立法进程及其对中欧经贸的影响


姚　铃 | 中国碳中和50人论坛特邀研究员
商务部欧洲研究所所长
夏传信 | 商务部国际贸易经济合作研究院欧洲研究所所长助理


2021年7月，欧盟委员会提交碳边境调节机制（CBAM）草案，开启了欧盟碳市场改革关键立法的进程。2022年上半年，欧盟立法决策的另外两大机构——欧洲议会和欧盟理事会分别于2022年6月22日和6月29日形成各自关于碳边境调节机制的立场。从立法进程看，目前欧盟碳边境调节机制立法已进入最后的三方协调立场阶段，预计年内有望最终完成。总体而言，草案内容是相关利益方相互妥协的产物，既体现了欧盟要成为全球第一个“气候中和大陆”的雄心，同时也兼顾了缓和欧盟高碳产业因乌克兰危机而加重的绿色转型负担、保障社会弱势群体较为顺利适应绿色转型的需求。

## 一、方案兼顾减排雄心及保护产业竞争力考量

碳边境调节机制是欧盟“2030年适应减排55%”一揽子措施的关键措施之一，也是欧盟碳

市场建设发展至第四阶段的重要举措，旨在通过对不符合欧盟碳排放规定的进口产品征收碳关税，化解由非欧盟国家不对称气候治理政策造成的“碳泄漏风险”。2022年，围绕实施时间、覆盖产品、排放类别、治理机构、免费排放配额、出口碳成本和国际责任等7个方面，欧盟层面就CBAM草案进行了充分讨论。从欧洲议会和欧盟理事会完善后的内容看，CBAM将是一份兼顾欧盟碳减排雄心水平和保持其产业竞争力的法案（见表1）。具体表现在：

第一，产品覆盖范围和排放类别的扩大体现了欧盟碳减排雄心。草案最初覆盖的进口产品包括水泥、铝、化肥、电力和钢铁五大领域，排放类别仅限于直接排放（产品生产过程中释放的温室气体）。2022年6月，欧洲议会通过的修订案要求增加碳关税覆盖的进口产品范畴，从五大领域增加至九大领域，新增有机化工、塑料、氢和氨四大领域；将间接排放（产品生产过程中使用的电力消耗产生的碳排放）连同直接排放共同纳入碳成本计算。欧盟理事会和欧盟委员会虽均支持草案内容，但从近年来欧洲议会在欧盟立法决策中的强势地位看，其修订案主张的上述两方面内容很大程度上会得到考虑。

第二，免费排放配额的安排及出口碳成本补贴体现了欧盟维护自身产业竞争力的考量。欧洲议会主张6年内（2027—2032年）完全取消免费排放配额；而欧盟理事会和欧盟委员会尽管对取消配额的方式有分歧，前者主张渐进式，后者主张直线式，但两大机构均支持草案内容，即10年内（2026—2035年）完全取消CBAM覆盖产品的盟内产业的免费排放配额。同时，出于对欧盟产品因承担较高碳排放成本而导致出口竞争力减弱的担忧，欧盟理事会支持欧洲议会的主张，要求欧盟委员会考虑对出口产品提供免费排放配额，即为出口产品提供碳成本补贴。如何取舍，取决于欧盟对碳泄漏风险的充分评估及有关国际贸易规则的综合考量。

表1 欧盟三大机构关于碳边境调节机制的立场比较

| 分类 | 欧盟理事会方案（2022年6月29日） | 欧洲议会方案（2022年6月22日） | 欧盟委员会草案（2021年7月14日） |
| --- | --- | --- | --- |
| 实施时间 | 2026年正式实施；2023—2025年为过渡期 | 2027年正式实施；2023—2026年为过渡期 | 2026年正式实施；2023—2025年为过渡期 |
| 覆盖领域 | 钢铁、铝、化肥、水泥和电力五大领域的直接排放 | 直接排放领域扩大至九大领域，新增有机化工、塑料、氢和氨 | 适用五大领域的直接排放，包括钢铁、铝、化肥、水泥和电力五大领域 |
| 排放类别 | 直接排放 | 直接排放+间接排放 | 直接排放 |
| 治理机构 | 设立统一的欧盟治理机构 | 设立统一的欧盟治理机构 | 分散在27个欧盟成员中 |
| 免费排放配额 | 2026年削减2.5%，2027年削减5%，2028年削减10%，2029年削减22.5%，2030年削减48.5%，2031年削减61%，2032年削减73.5%，2033年削减86%，2034年削减100% | 2027—2032年，按照7%~9%~15%~19%~25%~25%比例削减 | 2026—2035年，每年10%削减，直至完全取消 |
| 出口产品碳成本补贴 | 评估CBAM对出口碳泄漏的影响，并考虑是否需要采取额外措施（如给予欧盟出口产品免费排放配额） | 评估CBAM对出口碳泄漏的影响，并考虑是否需要采取额外措施（如给予欧盟出口产品免费排放配额） | 无相关建议 |

资料来源：欧盟委员会官网、欧洲议会官网、欧盟理事会官网。

## 二、欧盟碳边境调节机制将给我国带来较大影响

碳边境调节机制是欧盟实现2050年气候中和的组合工具之一，与碳排放交易体系共同构成了一枚硬币的正反两面。欧盟委员会2021年7月提出的碳边境调节机制草案，因仅涉及我国对欧盟出口的钢铁、铝、

化肥和水泥四类产品（2021年合计占我国对欧盟出口总额的1.5%），对我国出口产品的直接影响尚不明显。但2022年，该机制经过欧盟理事会和欧洲议会的修改完善，其对我国出口产品的不利影响恐进一步增大，特别是在能源转型和我国相关产品进入欧盟市场方面，额外碳成本对我国影响正在显现。

一是我国对欧盟出口面临额外碳成本的产品从四大类扩大至八大类，覆盖钢铁、铝、化肥、水泥、有机化学品、塑料、氢和氨共131种产品（海关HS四位编码）。2021年上述131种产品对欧盟出口合计387亿美元，占我国对欧盟出口总额的7.5%。其中，我国对欧盟有机化学品和塑料出口金额分别达到155.6亿美元和151.1亿美元，出口数量分别为365万吨和422万吨，若按照欧盟当前碳价80欧元/吨简单计算，我国对欧出口有机化学品和塑料将分别面临2.9亿欧元和3.4亿欧元的额外关税。

二是我国钢铁、铝出口未来可能遭遇欧美等联合限制。与水泥、化肥等产品主要出口发展中经济体不同，我国钢铁和铝产品主要出口欧盟、美国和日本等发达经济体，2021年对三方出口合计金额分别占我国钢铁和铝出口总额的13.1%和18.0%。美欧在“贸易与技术理事会”框架下已开始就构建钢铝产品可持续贸易规则加强协调，未来相关规则可能被更多发达经济体采纳，将给我国钢铁和铝产品出口及产业发展带来压力。

三是我国能源结构转型压力增大，尤其是在提高可再生能源发电占比方面。欧洲议会的碳边境调节机制修正草案将间接排放纳入碳排放计算，即制成品的生产、加热和冷却过程中使用的电力要纳入排放计算，将对我国现有能源结构构成威胁。目前我国可再生能源发电约占全社会用电总量的30%，但可再生能源占全社会能源消费总量的比重仅为15%；欧盟可再生能源发电比例2020年约为40%，可再生能源占能源消费总量的比重为22%，我国与欧盟在可再生能源的发展方面存在差距。目前，欧盟是我国第二大贸易伙伴，一旦间接排放最终确定纳入碳边境调节机制，我国对欧盟出口企业将面临在产品生产中加大使用绿电的紧迫性，进而挑战我国可再生能源在全社会用电总量的既定占比目标，对此相关企业需尽早谋划并妥善应对。

# 积极应用金融投资工具，加速碳中和目标实现

路广兆 | 中国碳中和50人论坛特邀成员
华软实业集团总裁、浩丰科技（300419）副董事长

国务院于2021年10月印发的《2030年前碳达峰行动方案》指出，要处理好发展和减排、整体和局部、短期和中长期的关系，统筹稳增长和调结构，把碳达峰碳中和纳入经济社会发展全局。我国在实现碳中和目标的道路上，将伴随着产业升级与技术替代，目前高碳、高污染、高能源消耗的发展模式，将会被更清洁、更高效的能源利用模式代替。金融资本是产业创新发展的加速器，是产业规模化发展的助推器，需要多渠道使用金融投资工具，推动产业升级，加速技术转化与替代，进而助力碳中和目标的实现。

## 一、发挥股权投资基金的市场化引领作用，缩短碳中和相关技术从实验室走向市场的路径

《科技支撑碳达峰碳中和实施方案（2022—2030年）》对科技与“双碳”目标的关系提出了整体概括：完善碳达峰碳中和科技创新体系，释放创新活力，营造适宜碳达峰碳中和科技发

展的创新环境，为实现碳达峰碳中和目标持续发挥支撑和引领作用。科技创新与科技成果转化其实是一个艰难的过程，科研院所的研究人员掌握了一些技术的前沿应用，产业化需要从实验室走向市场，但是科研时间周期长、失败概率大、技术与市场结合难度高都可能会导致科技创新研发立项多、课题多，产品应用少，市场化应用产品更少。

科技研发企业不能只考虑股东的资本金投入，还应该考虑积极通过私募股权和风险投资进行外部融资。许多科技研发企业商业模式不成熟，项目定位不清晰，客群分析不精准，收益率计算不完善，依靠科技研发企业自身力量很难解决这些问题。截至2022年10月底，中国大陆以碳中和、低碳投资为主题的股权投资基金共有96家，涉及72家管理机构，其中51家公开了募集规模，已公开的募集金额约为2880亿元。股权投资基金的介入，会给科技研发企业带来市场、资金、产业等方面的诸多资源，为科技成果实现从实验室到市场销售的这一过程提供加速动力。

金融资本会为科技研发企业带来积极的市场化投资及运营视角。科学研究更加讲求验证研究对象在极致条件下某种目的的实现性，对于成本与产出的比率往往不够关注。市场化的视角，是价格、成本、产品适应性、消费者喜好等诸多因素平衡后的结果。股权投资基金会站在差异化竞争、迭代更新、管理提升、投资收益优化等角度，协助科技研发企业推动产品从实验室进入大规模市场销售。通过产业投资基金的引导和投后管理工作，使得科技研发企业将科技成果转化真正当作一门生意，降低单一项目的失败概率，避免无效投入，为科技型企业提供更强大的发展助力。

## 二、发挥并购基金的产业整合作用，加速碳中和产业链的资源重聚，通过优势互补形成整体合力

根据工业和信息化部数据，截至2021年末，我国企业的数量达到4842万户，其中99%以上都是中小企业。中小企业是我国经济韧性、就业韧性的重要支撑，大量新技术、新产业、新业态、新模式都源自中小企业。但我们要清醒地看到，小企业抵抗风险能力弱，研发创新能力和市场拓展资源有限，在经济下行的环境中，存在着较大的生存风险。碳中和产业链快速发展，需要有针对性地构建具备一定规模、有持续研发创新能力、可上下游拓展的高成长性的中等规模企业，既能成熟对接大企业的配套业务，又能引领小企业的业务创新，可在碳中和产业链供应链发挥“四梁八柱”的作用，通过强链、补链、稳链发挥资源聚合的重要作用。

并购基金既可以帮助特定企业对外开展锚定式的产业并购，合并同类项，减少同类项企业在相同的环节重复付出的社会成本；又可以将基金作为并购主体，主动开展上下游产业的并购，让上下游企业实现高效衔接，减少因信息不对称等因素造成的不必要的重复投入与资源浪费。通过并购基金的推动作用，为市场加速培养更多中型企业，让大型企业带动中型企业发展，让中型企业带动小型企业发展，更好地发挥优势企业的产业聚焦和资源带动作用，有效节约社会资源，减少各自企业的试错成本。

碳中和领域的产业并购投资也可以转向技术互补式并购，比如高污染企业并购具备降碳能力的企业，高科技企业并购传统高污染类企业推动技术更新换代，通过传统能源企业与新技术应用企业的合并整合，会为双方企业带来益处，实现资源的优化配置，达到降低整体社会排放水平的目的。

## 三、发挥上市公司的示范引导作用，鼓励上市公司围绕低碳、清洁能源等碳中和产业进行资产重组，担当碳中和产业实践者与引领者双重角色

上市公司在我国产业结构和市场中扮演着重要角色，既能体现产业研发与创新的动态，又能通过财富聚集和分配体现社会资本市场导向，上市公司的规范化的治理结构使得上市公司既可以享受经营收益，又可以获得资本市场上的乘数效应。在碳中和的发展进程中，不容忽视上市公司的直接产业带动和资本市场带动引领的作用，应加大鼓励上市公司通过自身进行资本运作的力度，助力碳中和技术和产业的发展。

2022年11月，A股存量上市公司数量正式突破5000家，据不完全统计，我国A股市场，碳中和板块内约有169家上市公司，总市值超过33200亿元。在碳中和目标的确立和不断推进过程中，上市公司将面临一定的压力和挑战，若主动采取措施迎接挑战，进行产业升级就会具有更大竞争优势，通过上市公司的资本放大效应，可获得生产经营与资本经营的多层次、多维度收益。上市公司为保持自身的领先优势，可加码布局更多的创新型技术路线，也可以通过增发股份、发行债券等方式进行募资，支持新技术的研究与新项目的落地。

碳中和上市公司的新业务转化将会展现3个趋势：一是优化能源结构，关注清洁能源比例不断上升的科技业务。二是优化能源排放方式，关注能耗强度下降的科技业务。三是应用新型降碳负碳技术，关注创新的碳捕集、碳聚合、负碳应用场景及更为绿色的新技术、新发展模式。

实现碳中和的承诺，是人类社会共同的努力方向。金融投资行业应发挥自身专业优势，通过资源聚合，减少社会资源的低效和浪费投入，发挥资本的创新引领和推动作用，积极助力碳中和相关产业的完善发展。

# 经典案例篇

不要把“双碳”目标仅仅看作困难，这是机遇！

绿色转型关键在于增长和减碳的共生共赢

低碳城市建设要从“补砖头”转向“补人头”

天合光能：用太阳能造福全人类，做推动碳中和的使者

加强科学营造林 促进碳汇增倍 助力实现碳中和

打造国家级氢能产业平台，推动氢能产业链高质量发展的要素分析

——以中国氢能联盟为例

朗诗的碳中和实践

“3060”导向林业产业新境界

“双碳”目标下的新能源产业演变之路

交通领域碳减排的特点及潜在机遇挑战

碳中和背景下保障我国电力供应体系可靠性的建议

发挥林业“碳库”作用 积极应对全球气候变化

鹏飞集团：打造全球领先的清洁能源智慧企业

# 不要把“双碳”目标仅仅看作困难，这是机遇！

傅成玉 | 中国碳中和50人论坛联席主席
中国石油化工集团公司原董事长、党组书记

实现碳达峰碳中和，事关中华民族永续发展和构建人类命运共同体。我们每个人、每个系统、每个组织都将牵涉其中，谁都不可能置身事外。每一个人、每一家企业、每一个单位都不应把碳中和仅仅当作难题、挑战，而是要看作宝贵机遇，并主动作为。早行动、早主动、早受益。

## 一、谁都不可能置身于“双碳”目标之外

问：据您观察，自我国提出“双碳”目标以来，各方的认识和态度发生了哪些显著变化？

傅成玉：中国自1992年起就是《联合国气候变化框架公约》签字国。但在过去较长一段时间，从全社会角度看，我们并未将减碳当作一项涉及全局的事业来做，或者说仅有少数官员、学者、企业人士参与其中。从全社会范围看，知道“双碳”的概念，特别是“碳中和”这个概念的人以前并不多。2020年9月22日，在第75届联合国大会一般性辩论上，国家主席习近平向全世界郑重

宣布——中国将提高国家自主贡献力度，采取更加有力的政策和措施，二氧化碳排放力争于2030年前达到峰值，努力争取2060年前实现碳中和。正式提出了“双碳”目标。自此，“碳中和”便成了响遍全国的热词。短短两年多时间，“双碳”目标能够在我国形成普遍认知，这本身就是一件很了不起的事。从产业层面看，尽管受疫情影响，我国新能源产业发展日新月异，突飞猛进，能源结构调整步伐明显加快。电动汽车业发展令人耳目一新，已在国际上崭露头角，产业结构调整不断深化。从国家层面看，碳达峰碳中和已经被纳入国家生态文明建设总体方案，纳入《中华人民共和国国民经济和社会发展第十四个五年规划和2035年远景目标纲要》。2021年9月中共中央、国务院发布了《关于完整准确全面贯彻新发展理念做好碳达峰碳中和工作的意见》，2021年10月国务院发布了《2030年前实现碳达峰行动方案》，有关部委也先后出台了各种配套政策和管理文件。这使我们国家在碳治理上既有了顶层设计，又有了实施方案和相关配套政策与管理制度。尽管从时间角度讲，我国碳中和目标制定比较晚，但在执行和落实上，我国是最认真的，取得的进展也是非常大的。

今天我们更深刻地认识到，实现碳达峰碳中和事关中华民族永续发展、事关构建人类命运共同体，是一场广泛而深刻的经济社会系统性变革。我们已经能够站在更高处来理解碳达峰碳中和的深刻意义。认知改变了，行动上就变得自觉了。现在，从国家到企业、从机构到个人，对碳达峰碳中和都有了更深切认知，开始认识到中央提出的“双碳”目标解决的不仅仅是气候变化问题，而是涉及能源安全、能源转型、产业转型、科技创新以及发展方式转变等事关我国经济高质量发展的一系列重大问题。因此每个系统、每个组织、每个人都不可能置身事外，都应该积极参与其中。我们已经清楚，这不是别人要我们做，而是我们必须要做，必须要做好。

问：你怎么看待实现“双碳”目标面临的巨大困难和挑战？

傅成玉：“十四五”时期，我国生态文明建设进入了以降碳为重点战略方向、推动减污降碳协同增效、促进经济社会发展全面绿色转型、实现生态环境质量改善由量变到质变的关键时期。这绝非今天或明天的一日之功，不仅“十四五”期间，到2060年之前，我国都将以降碳为重点方向，碳中和绝非轻轻松松就能实现。

中国工业规模大，一次能源消费85%是化石能源，其中煤炭又占很大比例。我国已经成为温室气体排放大国，存量二氧化碳已超过100亿吨。西方发达国家实现碳达峰时人均GDP 4万美元，预计2030年之前我国实现碳达峰时的人均GDP在2万美元左右。我国的经济还要发展，还需要消费更多的能源。这些都对我国实现碳中和目标构成了现实的巨大挑战。但我们不能一味站在困难角度去看问题，换个角度看，碳中和更是一个重大发展机遇。走绿色低碳发展之路，既要解决资源环境和生态约束问题，也是通过科技创新和技术进步来推动能源转型、产业升级和发展方式的转变；既是打造国家未来竞争能力，也是实现中华民族永续发展的必然选择。这当然对我们未来自身发展是有好处的。“无限风光在险峰”，要攀登世界高峰就要勇于克服前进中的困难与挑战。反过来讲，只有艰难险阻、重重挑战，才能成就我们达到世界高峰。所以，我们要主动抓住这一重大历史机遇。

在看到困难和挑战的同时，也应该看到我们具有的巨大优势。首先，是我们国家的制度优势。这就是由国家主导，政府、企业、机构和人民群众形成共识、形成一体，上下齐动，形成的强大的执行力和创造力。其次，配套的国家政策和制度具有连续性，是我国实现碳中和目标的最重要制度保障。这是西方国家无法比拟的。

第一，我国实现碳中和目标具有巨大潜力。前面提到的那些困难和挑战，换个角度看就是我们的潜力。比如，我国碳排放总量大的背后也反映了我们的能效低这样一个根本性问题。到目前为止，我国单位GDP能耗是世界平均值的1.7倍，是发达国家的2倍到3倍。这说明我国在提高能效上有巨大潜力。提高能效是我国目前最现实、成本最低，见效最快也是最容易实现的。提高能效意味着同样的产出消耗更少的能源，同时也减少了污染物和二氧化碳的排放。提高能效的核心是技术进步和清晰明确的政策导向。我国应该花更大的力气，把功夫下在提高能效、降低能耗上。

第二，碳捕集、利用与封存（CCUS）是实现碳中和的重要途径，在我国有巨大的发展空间。多年来，国内外企业和研究机构在这个领域做了大量工作，也积累了较多的经验。从国际国内进展情况看，无论是物理还是化学的方法，都有了值得关注的进展。北美从空气中提取二氧化碳成本昂贵，但在美国政策补贴后其成本大幅下降，再加上碳市场功能会促进从空气中捕捉二氧化碳的技术进步和技术迭代加快，还会使其成本大幅降低，有可能成为未来主流技术之一。在我国，二氧化碳利用是企业和研究机构的主攻方向，二氧化碳的储藏主要应用在油田驱油上，值得关注的是二氧化碳的直接矿化利用在工业领域已经取得了重要进展，未来将会有更大的突破。

第三，新能源产业和电动汽车的快速发展已经成为推动“双碳”目标实现的重要力量。我国经济还要继续发展，人民生活水平还要继续提高，这就意味着我国还要消耗更多的能源。我国新能源产业的发展不仅可以满足未来经济发展对能源增量的需求，还会逐渐替代传统能源，达到实现碳中和时新能源占85%和化石能源占15%的能源结构的目标。

总之，不仅要看到困难和挑战，更要看到机遇和发展。克服困难战胜挑战的背后是科技创新、技术进步。克服困难战胜挑战的过程就是追求产业升级转型、技术不断迭代、设备更新换代的过程。我国新能源和电动汽车产业高速发展的实践证明，对中华民族而言这是重大机遇。目前，我们的新能源产业、电动汽车产业已经走在世界前列，能源结构优化调整有了重大进步，有这么好的基础，我们应更有底气、有能力，应该更加积极进取。不是难而不做，正是因为难才要主动作为。

## 二、推动“双碳”目标要从基础抓起

问：按照您的思路，我国制造业，特别是高能耗、高排放企业如何抓住机遇?

傅成玉：中国是制造业大国，自然也是资源消耗与污染物及温室气体排放大国。因此，中国传统能源产业和制造业就成为我国实现“双碳”目标的关键领域。抓住了这些领域和高耗能、高排放企业就抓住了“双碳”目标落地的关键环节。我国实现“双碳”目标，除了国家规划计划和相关政策等重要因素之外，我们要特别关注两个环节：一是企业环节，二是碳治理要建立在科学基础之上。企业，特别是制造业是落实我国实现“双碳”目标的最关键领域，碳达峰碳中和目标只有在企业落地实现，我国“双碳”目标的实现才有保障。而企业“双碳”目标的实现则必须建立在扎实可靠的科学基础之上。

国家主管部门要求企业必须建立可操作性强且有效的碳减排科学基础，使碳减排在企业层面做到可测量、可实施、可核查，让减碳过程公开透明，使碳减排数量真实可信。只有企业微观层面做到了真实可信，国家宏观层面才能说得清楚。无论是碳排放总量，还是在碳减排具体措施的真实可靠性上，国际上与我们自己的认识有很大差别，甚至我们的碳排放数字不被认可。其根本原因是我们没有做到碳减排项目的可测量、可实施、可核查，在碳减排措施和方法上没有做到公开透明。实现“双碳”目标的过程，就是推动技术进步的过程，就是实现产业结构调整、发展方式转变、高质量发展的过程，政府和企业必须从碳减排的底层逻辑做起，必须在碳治理基础工作上下功夫。

第一，企业要做好碳盘查，摸清碳“家底儿”。做碳盘查的目的，是搞清楚每家企业究竟排了多少温室气体，是如何排出的，即是在哪些生产环节，哪些生产过程排出的。一般认为，不同的化石燃料所含的二氧化碳量不同。某种化石燃料经过燃烧后所释放的二氧化碳量再乘以某种化石燃料消耗的总量，就得出某种化石燃料所释放二氧化碳的总量，再把其他各种化石燃料经燃烧后释放的二氧化碳总量相加，就得出了全国的二氧化碳排放总量。用这种方法计算的碳排放总量作为参考是可以的,但不能作为国家碳治理宏观管理政策和管理制度制定的标准和依据。因为这个总量的计算不是建立在企业生产过程基础上的，是非常粗放且不准确的。企业在实际生产过程中，生产的产品不同、工艺流程不同，同样的燃料所释放的二氧化碳量是不同的。相同的产品，相同的燃料，不同的工艺流程所释放的二氧化碳也是不同的。1997年通过的《京都议定书》，就已对碳治理中的碳的统计核算给出了清晰约定和基础方法学。发达国家基本都是按此约定执行的。一直以来我国企业没有按此约定执行，其中一个原因是我们长期受“阴谋论”困扰。今天我们的认知改变了，对碳达峰碳中和提出了更高更严格的要求。因此，企业需从碳治理的基础工作入手，要补上这一课。所有制造业企业都要开展碳盘查这项碳管理的基础性工作。通过碳盘查不仅可以清楚知道企业自身排放了多少二氧化碳，而且还知道是在哪些环节排放的、是如何排放的。这为接下来的二氧化碳治理和减排工作，包括在哪些生产领域，哪个生产过程，哪个中间环节，选择什么样的工程技术，如何对已选择的工程技术的减碳效果进行评估等一系列的碳减排管理和碳统计核算工作打下了坚实的基础。

碳盘查工作必须从基层开始，要细化到每一个生产装置、每一条生产线，并且都要开发单独的算法。针对不同的生产线、不同的装置所使用的燃料、原料，所采用的工艺流程，所生产的具体产品等开发不同的算法，进而得出排放总量。联合国已经开发了2000多种算法。我们国家多年来也开发了300多种算法。在这些算法覆盖的领域，都可以直接应用，超出这些算法范围之外的，则需要单独开发新的算法。这些新算法的开发要有独立第三方的参与，并得到国家主管部门及联合国清洁发展机制的认可，方可用于计算碳排放量，累计后就有了碳排放总量。可见，企业的碳盘查是我国实现碳达峰碳中和的最基础性工作。把基础工作做扎实了，接下来企业碳减排的工程技术选择、方法学选择及碳减排效果评估等工作的开展，就可以使碳减排项目做到可测量、可实施、可核查，就可以做到碳减排项目、措施和方法上的公开透明。国务院印发的《2030年前碳达峰行动方案》，保障措施中第一条就是“建立统一规范的碳排放统计核算体系”，其基础就是企业的碳盘查。这个“统一规范的碳排放统计核算体系”必须要建立在各个行业、各个企业的“统一规范的碳排放统计核算”基础之上。没有企业的碳盘查这个碳统计核算基础，国家的“统一规范碳排放统计核算体系”是不可能建成的。其实，企业只要按照联合国清洁发展机制中的约定及相关方法开展碳盘查，企业的碳统计核算及评估基础就建立起来了。这是西方发达国家企业30多年前就开始做的工作。我们今天才做，所以叫补课。我们不是为了补课而补课，而是为了通过企业扎实的碳管理基础工作，来实现企业的技术进步、转型升级、可持续发展，来实现“双碳”目标。企业碳治理的基础工作，对国家宏观碳治理来说也是非常重要的，使国家的碳治理工作有了更坚实的基础，可以使国家碳治理从目前无奈的碳配额管理转到针对具体地区、行业、企业的科学指标管理。这将为我国碳市场健康发展建立科学指标体系，并打下管理基础。

第二，在此基础上，企业才能制定出有科学依据的实现碳达峰碳中和的长远规划目标和分步实施的时间表、路线图，才能制定出建立在与相关产品、燃料、物料，工艺技术流程，生产方式等路径选择基础上的施工图。我们现在有一种倾向，无论是地方还是企业都非常重视规划时间表、路线图，却不太注重施工图，这种行为应该尽快改变。离开有效的、可操作的施工图，再好的规划目标都没有保障。施工图是建立在碳盘查和科学评估基础之上、可落地、可执行的实施方案。

（文/朱妍）

# 绿色转型关键在于增长和减碳的共生共赢

肖　松　中国碳中和50人论坛联席主席
西门子全球执行副总裁
西门子大中华区总裁兼首席执行官

在政策指引、市场驱动和技术赋能的合力之下，中国的“双碳”蓝图正加速变成现实。对于广大企业而言，绿色发展之路本就并非一片坦途。当前新冠疫情反复和经济下行压力加大更使绿色发展之路布满荆棘。

一边是市场挑战日益加剧，竞争空前激烈；另一边是低碳转型道阻且长，时间紧任务重。许多企业不得不面对双重未知、双重压力。

还记得2021年9月在西门子中国“零碳先锋计划”的发布仪式上，面对企业界同仁，我曾分享过我的理念：“迈向碳中和之路非一蹴而就，也非一成不变，需要持之以恒、与时俱进。”在充满不确定性的当下，“先锋”二字变得更加意义非凡：路虽远，行则将至；事虽难，做则必成。

我始终相信，增长与减碳并非鱼和熊掌不可兼得，而是相辅相成，互为支撑。只有做到二者的共生和共赢，才能始终屹立于时代潮头。

那么企业究竟如何在增长中促减碳，在减碳中谋增长？又如何打造业绩成长与绿色转型的共生模式？

我们愿意分享西门子的经验，概括为一句话——“一点一杠双驱动”，即以产业低碳化为支点，以低碳产业化为杠杆，数字化和低碳化双轮驱动。

## 一、以产业低碳化为支点

人们要打破固有认知，即绿色环保会让产业发展背上沉重负担。恰恰相反，低碳化所带来的节能降本、提质增效，以及在客户群当中产生的品牌效应将有利于企业提升竞争力。《“十四五”工业绿色发展规划》提出，到2025年，中国绿色环保产业产值将达11万亿元。

面对机遇和挑战，应对之道在于全盘规划，长短期结合，重点突破，从投入产出比最高的领域入手，例如核心排放源的减碳，重点绿色产品、重点工厂的碳中和路线图或绿色供应链，等等。

更进一步，企业可由点及面，建立完善的碳管理体系，在从设计、生产到运营、维护的全生命周期，进行碳足迹的核算、分析、监控和优化，从而真正将绿色基因融入发展战略。

在工业产品绿色设计方面，西门子早在1993年便已建立并推行绿色设计的企业标准，是这一领域的先行者。当前，公司在全球范围致力于达成相关产品至2030年100%实现生态设计的目标，在产品的全生命周期减少能耗与碳排放，节省原材料，提高耐用性和可循环利用率。例如西门子发电机出口断路器HB3、SIMOTICS 1LE0 IE4高能效电机，以及Blue GIS环保气体绝缘开关设备等产品均已应用于各行各业，使公司、客户乃至整个生态环境受益。

上海西门子开关有限公司被工业和信息化部评为国家级“绿色工厂”

上海西门子开关有限公司（SSLS）更是平衡经济效益和环境效益的典范。在绿色产品方面，工厂从立竿见影的手段入手，使用可循环包装材料，同时在研发阶段投入更大精力，优化产品生态设计。在能效方面，工厂实施了相对轻量化的中央空调系统改造，同时重点投入建成屋顶分布式光伏发电站，不仅每年节省电费近100万元，还可为电网提供百万度电的清洁能源。结合产线数字化升级，SSLS减碳成效显著，不仅成为国家级“绿色工厂”，业绩增长还快于行业平均水平。

## 二、以低碳产业化为杠杆

产业低碳化奠定了基础，要让绿色转型发挥乘数效应，则需以低碳产业化为杠杆，撬动整个产业链，让“绿水青山”和“金山银山”真正实现双向转化。

低碳产业化意味着企业利用自身减碳的技术和经验，赋能更多生态伙伴共同减碳。关键是要找到自身业务及行业属性与“双碳”的结合点，构建由碳中和驱动的创新商业模式，甚至参与或主导相关行业标准的制定，进而领跑低碳“赛道”。

西门子在绿色环保领域积累了丰富的行业知识和实践经验。在此基础之上，我们向广大企业提供高定制化、高可行性的端到端碳中和解决方案，涵盖碳基线核查、碳中和战略与路线图制定、智慧能源管理，以及数字化工厂减碳，等等。

不久前，我们帮助国内一家领先的输配电装备制造企业进行了“双碳”顶层规划，包括碳足迹追溯、“双碳”目标设定、技术实施路线图和绿色产品设计。在西门子助力下，客户还申请并获得SBTi（科学碳目标倡议）组织认证和省级绿色工厂认证，取得可持续发展道路上“从0到1”的突破。

借助西门子创新技术，河钢唐钢新区的封闭式“无人”料场实现更清洁高效的智慧料场运营

在绿色钢铁领域，西门子与河钢集团始终并肩前行。从唐钢新区智能无人化料场，到石钢智能钢厂顶层规划及关键设备预测性维护，我们携手树立了一个又一个创新标杆。基于自身数字化能力和减碳经

验，河钢还推出了碳中和数字化平台，为钢铁及上下游企业精准降碳提供全流程服务。西门子也正与河钢共同探索，为达成钢铁产业的碳中和愿景提供科技支撑。

## 三、数字化和低碳化双轮驱动

今天，无论所在行业或业务规模大小，数字化和低碳化都已成为企业发展的结构性机遇。据全球电子可持续发展倡议组织（GeSI）的研究，至2030年，数字化技术将赋能各行各业实现全球减碳20%。

首先，数字化技术是摸清碳“家底儿”的利器，能实现产品碳足迹的可信精算与追溯。例如，西门子创新解决方案SiGreen可帮助提升产品碳排放透明度。它基于区块链技术，不仅覆盖工厂的核心制造过程，也贯穿整个供应链。这一解决方案已在西门子德国安贝格工厂和成都数字化工厂成功落地。

其次，数字孪生让从设计开始的全生命周期减碳成为可能，基于海量数据分析，节能降本增效。人工智能、云计算和工业5G等前沿技术融入工业、建筑、交通和能源等重点排放行业，也可显著提升速度、质量和效率，优化成本、减少排放。

最后，蓬勃发展的数字化平台能有效联结各方力量，带动上下游企业协同增效，加速产业低碳化和低碳产业化进程。

可以说，数字化是低碳化的“主引擎”，释放绿色发展的潜能。而低碳化则为数字化导航，并为其提供创造价值的无限空间。二者的深度融合必将推动产业高质量发展迈上新的台阶。

在南京，西门子全球首座原生数字化工厂已正式开业。它不仅在产能、生产效率和产品上市时间等方面取得飞跃，更在绿色低碳领域成就斐然。通过各项节能增效举措，新工厂每年可减少超过3300吨碳排放。

福建奔驰在西门子数字化技术支持下提升能源数据透明度

在汽车领域，福建省重点能耗示范企业福建奔驰在全厂范围部署了西门子定制的能源管理系统，覆盖水、电、天然气、蒸汽、压缩空气等能源介质，集成从底层数据采集到上层数据分析的全过程，实现能源数据的智能化管理。

在常熟，西门子正与合作伙伴携手，探索数字化与低碳化融合的切实路径。我们以常熟数字化赋能中心为载体，在软硬件技术支持和人才培养等方面，赋能常熟及长三角地区的产业转型升级。同时，我们正与多方伙伴密切协作，围绕“沪苏零碳数字产业园”，打造零碳园区和零碳建筑新的典范。

## 四、勇当零碳先锋，共创绿色生态

在当前百年未有之大变局和全球新冠疫情交织叠加的风口浪尖，低碳转型是企业主动求变、主动突破、主动创造的历史性窗口。但这绝非任何一家企业或组织仅凭一己之力就能完成。

西门子愿继续作为先行者、践行者和赋能者，与各界伙伴携手，勇当零碳先锋，共创绿色生态。这也正是“零碳先锋计划”的意义所在。我们不仅为实现西门子全球至2030年达成碳中和的目标贡献力量，还力争至2025年在中国帮助超过500家重点供应商和上万家客户加快减碳步伐。

我们为“零碳先锋计划”所取得的点滴成果而倍感骄傲，因为这向前跨出的每一步都意味着有更多的中国企业跻身“零碳先锋”的行列，实现从“绿”到“金”的跨越。

2022年对于西门子来说意义非凡，因为这是西门子与中国同心同行的第一百五十年。站在新的历史起点，我们愿带着不变的初心和承诺，向着绿色生态的美好未来继续笃行不怠！

# 低碳城市建设要从“补砖头”转向“补人头”

尹　稚

中国碳中和50人论坛成员
清华大学建筑学院教授、博士生导师
清华大学中国新型城镇化研究院执行副院长
清华同衡规划设计研究院创始人

城市是人类生产、生活的中心，更是实现“双碳”目标压力最大、责任最大的实施主体。城市碳排放占比高达75%，是实现碳减排目标的“主战场”。建设低碳城市有哪些重要抓手？具体又面临哪些挑战？城市更新如何能助力低碳城市的发展？带着这些问题，中国城市报记者专访了清华大学中国新型城镇化研究院执行副院长、清华大学建筑学院博士生导师尹稚。

中国城市报：“十四五”规划纲要提出，科学规划布局城市绿环绿廊绿楔绿道，推进生态修复和功能完善工程，优先发展城市公共交通，建设自行车道、步行道等慢行网络，发展智能建造，推广绿色建材、装配式建筑和钢结构住宅，建设低碳城市。低碳，成为城市发展的重要命题。这对未来我国城市发展释放了哪些重要信号？

尹稚：这一系列表述透露出，发展低碳城市有三方面抓手：首先是格局减碳。一方面使城市功能布局更合理，在保证城市良好运营基础上能够实现更好的碳减排。另一方面，城市里还有大量的非建设用地，也就是所谓的绿色空间、开敞空间，这部分空间怎么增加绿量、创造有限的碳汇，这其实就是格局减碳。此外从国土的角度来看，在区域协调发展的大背景下，大中小城市功能之间、不同的主体功能区如何协同来实现整体的碳耗下降，也是格局减碳。

其次是交通领域的减碳。创造更高效、更便捷、更短出行距离的出行模式，打造短出行城市。比如现在提倡的15分钟生活圈、一小时家园圈，都是努力建设绿色出行体系，包括鼓励公交、自行车、步行出行，都是有利于减碳的。

再次是建筑领域的减碳。在这方面我国已经提倡发展多年，最早是从设计领域实现突破，用好的设计策略来解决节能减排的问题；随后又重点转向建造技术，用好的建造材料实现节能减排；现阶段的重点则是转向绿色建筑的运营评估，更重视落地运营中是否能有实际效果。

中国城市报：打造低碳城市，既是建设新型城市、推动可持续发展的题中之义，也是应对气候变化、实现“双碳”目标的必然之举，同时也是中国式现代化特别是中国城市现代化的组成部分。您如何理解发展低碳城市的意义？

尹稚：从国家碳中和愿景来讲，可持续发展肯定是最终目的；所有的终端部门都要提高能源的高效利用，提高效率，做能源结构调整；城市规划和生活方式，则是通过空间格局调整来实现变化的。比如说我们建了15分钟生活圈，那么老百姓日常出行大概80%以上都是近距离出行，在这个近距离出行中，所谓的绿色出行就有可能占到非常高的比例。

值得注意的是，建设低碳城市很重要，但是很多的碳消费链条并不是“块块”形的。一个城市的管理是以属地管理为核心的，比如一个城市会分成很多个区，一个区又分成很多个街道，从街道再往下细分，这里面又有很多个社区……而一个社区的供暖系统、污水排放系统，都只能按地段管控到本小区。所以在碳的计算和碳行为的管控方面，很难完全把其纳入这种“块块”的管控中。

此外城市里几乎所有跟碳有关的行为，还受到垂直的时间线、专业线等条线的影响，需要比如宏观的能源部门、电力部门统筹规划。此外，城市减碳也面临一些统计性难题，比如核算范围、统计口径等，很多是在非审计清单里的，没有办法实现完整的对接。

因此，城市减碳既有属地制的问题，也有行业线的问题。一个城市、一个社区想要实现低碳发展，不是只靠城市管理职能就能实现的，还是需要和企业合作、和条线上的管理部门合作，才能够达到所谓低碳城市的建设目的。

城市可以低碳，也可以达峰，但是城市本身很难做到统计上自平衡的碳中和，或者说，很难要求以“块块”为单位的城市实现所谓的“零碳”，这是由其系统的非完整性决定的。

中国城市报：具体在落地层面，建设低碳城市面临哪些要求和挑战？

尹稚：近些年减碳措施也面临着许多探讨，比如到底是应该“补砖头”还是“补人头”。

以节能减排型的传统社区改造为例，老建筑改造之所以没有动力，是因为只是补“砖头”，和个人行为不挂钩；交通也是这样，绿色补贴往往是补给公交运营公司，而不是补给老百姓个人，这就导致公交乘坐率未必能上得去。

所以这些年我们也在探讨，如何通过现代技术，把所有的绿色出行和个人行为挂钩。比如手机能够记录一个人全天的运动状态，且通过公交卡、骑行卡等，很容易识别一天中用过什么样的交通工具；通过出行速度也可判断某一段行程，是步行、骑车，还是坐公交——当这些识别完后，一个人每天实现了多少绿色交通的时长加功效，就可以被计算出来，这时可以给予适当奖励，比如兑换一些必要的生活物资。再比如用电方面，一个人在当年节约了多少度电，第二年就可以在阶梯电价里补给多大的份额，或者是给予多少优惠。

总体来说，我们在大规模建设、物质条件提升期，补贴政策以补硬件为主，而进入一个以存量运营为主，更需要实际衡量真实的使用效果的时期，就要不断加大对个人行为的奖励力度，落在“补人头”上，才能够使减碳走得更远一点。

中国城市报：有数据显示，全球城市面积仅占地球陆地的3%，却产生了70%以上的碳排。也有观点认为，建筑、交通和工业是城市能源消耗的三大重点领域，是温室气体排放的主要来源。如果以城市牵头做碳减排的主力军，您觉得重点应该从哪方面入手？

尹稚：首先是建筑领域。建筑减碳我们已经有了几十年的实践，且它的核算单元、核算单位都是相对比较稳定的。除了建筑本身如何设计、如何搭建实现减碳以外，还需要关注的是，在建筑里的生活和发生的经济行为、社会行为和人的日常生活行为——这些行为的减碳能做到什么程度，这些都可以在建筑里划分出明确的单元、明确的人群、明确的使用功能，可以为它建立起更为合理的行为指标。这些也就是我们近几年讨论的，绿色建筑发展正在走向后评估时代，走向行为管控。

其次是交通领域，城市能做到有限控制。城市交通分两块，一个是长距离的对外交通，一个是内部交通。内部交通城市可以发挥很多作用，如交通工具的改善、交通线路的合理化、城市的功能调整、鼓励绿色出行的频度、里程的不断增加。再比如这两年很多城市倡导的慢行体系的建设，也是在加大绿色出行的体量。

工业减碳对城市的难度和挑战最大，因为需要在税收利益、产值利益和低碳利益的博弈当中寻找一种平衡。

中国城市报：实施城市更新行动，也被写入党的二十大报告。您认为，城市更新对实现城市绿色低碳高质量发展有哪些帮助？

尹稚：城市更新跟一般的城市建设行为不太一样，它更多的是问题导向，是解决城市发展当中既有建设中存在的问题，比如说经济效率太低、财税能力不够；民生保障能力太差、配套不健全、治理方式落后；环境脏乱差、不符合当代的卫生习惯、不符合当代的生活品质对其精雕细刻的要求；甚至是美学方面的差距……基本上怎么把城市做精做好、做美都在里边了。

从低碳的角度来说，城市更新主要体现在两方面，首先是既有建筑的节能改造。城市更新提倡的是小规模渐进式更新，而不是大拆大建。这个过程中涉及了大量既有建筑，这就要求除了要解决它安全质量提升的问题（如抗震等结构改造），还要解决在利用它的过程中综合能耗下降的问题。

其次是实现城市功能重组。大到城市战略级的土地资源的重构和重组，小到中微观结构的重组，比如一个社区内部的土地利用结构。如何使生活更方便、出行距离更短等的这些重组，间接都是和低碳城市有关联的，包括在城市的核心地带留住自然空间，建设社区花园，等等。

中国城市报：城市更新项目具有业态多、投资高、周期长、利润低等特点。目前我国城市更新行动实施过程中容易碰到哪些困难？应如何解决？

尹稚：我认为采用房地产开发项目的方式实现城市更新并不可取，这是以项目核算制下的经济利益导向为主的。一方面，其对城市资源总承载量的突破往往远超过了公共投资的配套能力，比如产生了更多的交通出行量、对基础设施扩容的需求容易导致新的城市病；另一方面，则是对社会结构的破坏，比如对底层利益群体的侵害。

城市更新目前从国际到国内都比较火爆的是宗地改造，也就是俗称的“二产进三产”，把老码头区、老工业区、老仓储区改造成商业区，它还是有利可图的，可以用资本运作模式去做。

对于另外一部分微利甚至无利可图的城市更新，可以借鉴的一种模式是让改造行为的核算周期长期化，比如短债变长债。其中涉及跨界的新型伙伴关系的建立，比如政府的引导资金、企业的政策性资金、本身有改造意愿的社会资本，以及老百姓的一部分自筹资金，把这些都放到一个资金池子里，包括PPP（政府和社会资本合作模式）、以REITs为代表的资产证券化等。

这就意味着城市更新的主体开始从项目制转向服务品质的提升，从建造商转向运营商、服务商，对当地城市政府来说，这也是一项稳定税源。

中国城市报：最近几年从政策层面，城市更新进程加速，如北上广深四地均已立法；多地明确严控大拆大建、鼓励微改造；鼓励社会资本与公众参与，充分调动各方参与积极性……但实际落地的进展并不算快，未来城市更新是否有可以推荐的实践模式？

尹稚：未来的城市更新将从单个项目走向片区统筹。随着土地资源的不断紧缺及更新类项目实施难度的不断加大，通过统筹实施来均衡各项目之间实施难易度的片区更新模式将会逐渐成为未来城市更新的主流形式。

# 天合光能：用太阳能造福全人类，做推动碳中和的使者

高纪凡 | 中国碳中和50人论坛成员
天合光能股份有限公司董事长

在“双碳”目标的引领下，光伏已成为我国未来新能源产业发展的生力军和主力军。其中，龙头企业的示范作用不可或缺。

天合光能的诞生，受启发于《京都议定书》和美国克林顿政府提出的“百万太阳能屋顶计划”，公司为中国乃至全球最早一批光伏企业之一。从自主创新屡屡创造世界纪录，到成为光伏领域率先获得中国工业大奖的企业，从创下多个“第一”为绿色低碳贡献智慧，到布局多个海外项目，成为引领行业的“全球名片”，天合光能秉承“用太阳能造福全人类”的使命，“做推动碳中和的使者”，致力于成为全球光伏智慧能源解决方案的领导者，助力新型电力系统变革，创建美好零碳新世界——这是董事长高纪凡坚持的愿景。

## 一、为“双碳”目标贡献智慧和力量

问：以“双碳”目标为指引，天合光能在发展思路、规划上作出了哪些调整和布局？

高纪凡：气候变化是全人类的共同挑战。极端天气变化引发的生态、经济损失等问题，迫使我们加速改变对传统能源的依赖。实现碳达峰碳中和是一场广泛而深刻的经济社会系统性变革，其面向的不仅仅是气候问题，本质上更是发展问题。“双碳”目标的落地，将带来观念重塑、价值重估、产业重构等根本性变化，全面改变我们的经济结构、能源结构、生产方式和生活方式，任何企业都不能脱离其中，天合光能自然也不例外。

事实上，天合光能的诞生受启发于《京都议定书》和美国克林顿“百万太阳能屋顶计划”，天合光能在碳中和大潮下应运而生。2022年11月，我们作为光伏企业代表，受邀参加了二十国集团工商峰会（B20峰会），并当选为能源、气候和可持续发展工作组成员。我们共同倡导，全球各个国家和企业之间应在新能源领域加强合作，利用各自的技术、资源、市场、人才和资金等优势，进行优势互补，长板合作，加速推进向以光伏为主的低碳清洁能源转型，共同应对全球气候变化。

秉承“用太阳能造福全人类”的使命，天合光能坚持身体力行，着力打造以光伏为核心的智慧能源解决方案。成立25年来，天合光能通过技术、产品、商业模式及管理创新，引领行业发展，围绕光伏能源、储能、氢能、智能电网“四个关键”，积极助力“双碳”目标的实现。

问：在绿色低碳领域，天合光能取得了哪些代表性成绩？

高纪凡：通过技术、产品、生态和商业模式持续创新实践，我们持续引领未来能源发展，推动世界前行。2015—2021年，天合光能致力于提高能效，让自身每兆瓦的生产用电较2015年减少了76.8%，水资源使用减少了73.39%，相较2020年带动温室气体排放下降了32.2%。2021年，天合光能加入了“科学碳目标”（SBTi）全球倡议，对自身碳中和提出更加严格的目标。截至2022年4月，天合光能组件出货量突破

100GW，每年可生产清洁能源电力约1350亿千瓦时，总装机容量是三峡水电站的4.4倍，由此减少二氧化碳排放量约1.35亿吨，相当于在全球种下74亿棵树。

例如，我们积极践行组件产品全生命周期的减碳，创新提出“青海战略”，在青海布局了从硅料到组件的垂直一体化生产的集群。通过绿电和开发新能源，集群碳排放总量相较于使用化石能源降低了95%。再如，我们推动光伏上下游企业组建了“600W+”的光伏开放创新生态联盟，目前已有99家企业加入；与中国能建、宁德时代等联合发起成立中国新型储能产业创新联盟，为政府和企业搭建桥梁，推动产业上下游有效联动，引导行业健康有序发展。

## 二、以自主创新领跑绿色低碳赛道

问：绿色低碳技术是减碳的重要支撑。在自主创新方面，天合光能开展了哪些工作，成效如何？

高纪凡：攻关绿色低碳技术，被视为提升产业“含绿量”“含金量”的关键路径。对此，天合光能始终将创新引领作为第一发展战略和核心驱动力，搭建起业内全面领先的科创体系，不仅用一连串的“第一”为碳达峰碳中和助力，还引领中国光伏企业开启了参与制定国际标准的先河，成为全球太阳能行业的创新引领者和标准制定者，发明专利拥有量居光伏行业第一。

举例来说，我们率先将双玻技术引入组件规模量产，极大促进光伏发电平价上网进程。目前，双玻组件全球应用累计已超155GW，为双面发电产业化提供了技术保障。2021年1月，针对天合光能“600W+”至尊双面双玻平单轴双排竖装2P跟踪系统价值，权威第三方机构DNV GL进行了全场景的度电成本优势和收益测算。结果显示，相比166mm双面双玻组件，前者可节省BOS高达6.32%，对应度电成本降幅达3.72%。

天合光能不仅是全球光伏智慧能源的领军企业，目前还在同步布局储能系统、氢能、能源物联网技术等，为打造零碳新能源体系奠定基础。比如，天合储能电池研究院以降低度电成本LCOS为研发攻克方向，已成功开发出长循环寿命300Ah的天合芯，实现12000次循环。我们的高性能单台电解槽，能耗满足国标一级能效的标准，单台产气量最高可达1000Nm$^3$/h，实现了高品质标准化生产，产品品质一致性高。

问：有了技术支撑，如何推动绿色低碳成果惠及更多人群？

高纪凡：天合光能就是要做推动碳中和的使者，通过提供绿色经济安全的产品和解决方案，让更多人参与到用太阳能造福全人类的活动中。

这些年，我们已推动多个全球性ESG项目的落地。尤其值得一提的是“百万屋顶计划”——构建以客户为中心的分布式光伏服务生态体系。该项目通过将户用光伏系统交付到老百姓的手里，让其在实现清洁发电的同时，从中获取利润和社会认同感，每一位用户都能加入这场清洁能源转型变革当中。截至目前，原装家用光伏系统累计近40万用户电站接入，原装工商业光伏系统200+行业深度合作、1000+项目经验、2000+项目合伙人，并持续服务大量户用和工商业客户。

作为全球领先的光伏智慧能源整体解决方案提供商，我们很愿意发挥领军企业优势，目前公司还在青海率先打造了源网荷储（电源、电网、负荷、储能）一体化零碳产业园，为当地打造国家清洁能源产业高地贡献天合智慧和力量。

## 三、参与应对气候变化的全球事业

问：应对气候变化是全球面临的共同事业。在对外合作方面，天合光能如何推进布局？

高纪凡：全球化一直是天合光能发展的重要战略。近年来，我们引进了来自60多个国家和地区的国际化高层次管理和研发人才，并且公司在瑞士苏黎世、美国费利蒙（硅谷）、美国迈阿密、日本东京、新加坡、阿联酋迪拜设立了区域总部，并在马德里、墨西哥、悉尼、罗马等地设立了办事处和分公司，在泰国、越南建立生产制造基地，业务遍布全球150多个国家和地区，截至2022年11月底全球员工超过23000人。

在“一带一路”倡议的引领下，我们在“一带一路”沿线国家加速布局，加强与国际同行的合作交流，巩固和提升中国光伏企业在全球的领导地位。目前，越来越多的合作伙伴都在接触或应用了210至尊组件。天合光能不断以自己的方式，为全球能源转型贡献着力量。

问：结合上述实践经验，您认为新能源产业发展还面临哪些较为集中的关键议题？对此有何建议？

高纪凡：光伏能源、储能、氢能、智能电网是构建新型电力系统、加快落地“双碳”目标的关键。对此，我想提以下四点建议。

一是大力发展光伏产业。过去25年时间，我国光伏发电技术发展迅速，发电成本降到了原来的1/25。未来一二十年乃至30年，光伏发电成本还会持续下降，度电降至1毛钱甚至5分钱，这是科技进步驱动的根本性改变。对此，建议国家把光伏技术创新纳入国家重大创新体系统筹。

二是大力发展储能产业。随着产业规模不断扩大，光伏等可再生能源发电的间歇性，给原有电网体系带来巨大挑战。构建以新能源为主体的新型电力系统，储能必须加速发展，尤其是新型储能系统。扩规模、降成本，将带动储能在发电、电网、用户侧的安装使用，应积极汇聚各方力量加速推动产业进步，不断提升储能装置的安全性和可靠性，建议加快成立国家级储能行业组织来协同规范。

三是创新引领发展高性能、高品质、模块化和智能化氢能。例如，高性能单台电解槽，碱槽框架多对一设计，可有效降低制氢单位系统成本；模块化标准模块集成，适应大规模解决方案；同时配有智能化运维、自动化控制，可提升运维效率。天合氢能大型碱性水电解制氢系统稳定可靠，为煤化工、石油化工、钢铁冶金、交通运输及其他工业等领域，提供单位制氢成本（LCOH）理想的解决方案。

四是推动智能电网发展。大力发展智能光伏产品和系统，打造源网荷储一体化、分布式智能电网新业态。同时，基于新能源领域的研发和产品优势，前瞻性布局数字能源，以零碳建筑、智能园区、公共及商业项目为目标和突破口，共同推进碳交易、绿电交易和新型电力系统建设。

（文/朱妍）

# 加强科学营造林 促进碳汇增倍 助力实现碳中和

李怒云
中国碳中和50人论坛成员
原国家林业局气候办常务副主任
中国绿色碳汇基金会创会秘书长

## 一、发展林业是应对气候变化的战略选择

中国是全球恢复森林植被最快的国家，也是人工林面积最大的国家。近40年持续不断的大规模植树造林和保护森林，不仅有效地改善了国土生态环境，为国人提供了清新的空气、清洁的水源、良好的居住环境等日益丰富的生态产品，还大量吸收了同期化石能源燃烧排放到大气中的二氧化碳，为减缓和稳定大气中温室气体浓度做出了巨大贡献。最新数据表明，我国森林面积达2.2亿公顷，森林覆盖率达23.04%，森林蓄积达175.6亿立方米，人工林达7954.28万公顷，森林植被总生物量达188.02亿吨，总碳储量达91.86亿吨，人工林面积居全球首位，是全球森林资源增长最快的国家。

我国地域辽阔，森林类型多样，固碳树种众多，具备增加林业碳汇的天然禀赋。而且现有林中60%是中幼龄林，加强森林抚育管理，提高森

林质量，能快速增加碳汇。加拿大皇家科学院院士陈镜明教授团队研究结果表明：1999—2008年中国林分生物量碳汇已超过美国。美国森林碳汇近30年基本稳定，而中国森林年龄大都低于美国，所以碳汇增长较快。中科院研究成果也显示：2001—2010年，中国森林生态系统碳汇量约占全国陆地生态系统碳汇总量的81.3%。根据国家温室气体清单，2014年中国林地碳汇量达到每年8.4亿吨二氧化碳当量，约占全国陆地碳汇总量的80.7%，全国木质林产品碳储量还增长了约1.1亿吨二氧化碳/年。我国近十几年土地利用变化与林草净吸收二氧化碳超过11亿吨，抵消了全国9%的人为碳排放。

林业措施增加碳汇成为国家应对气候变化、实现碳中和的重要抓手。在中国承诺的应对气候变化国家自主贡献中，林业目标在大幅提高。2009年承诺到2030年森林面积和蓄积量分别比2005年增加4000万公顷和13亿立方米；2015年承诺到2030年增加森林蓄积量40亿立方米；在2020年联合国气候雄心峰会上，中国国家自主贡献林业目标又提高为：到2030年增加森林蓄积60亿立方米。随着国家天然林保护、退耕还林等重大林业工程的实施，中国森林植被恢复和保护得到进一步加强。中国自主贡献承诺的前两个林业目标已经实现。真正体现了林业在可持续发展中具有重要地位，在生态建设中具有首要地位，在应对气候变化中具有特殊地位。发展林业是应对气候变化的战略选择。

## 二、加强营造林是增加碳汇的重要措施

虽然中国在生态建设中做出了巨大贡献，并在植被恢复和年均营造林规模上居全球首位。但是，从森林资源整体质量上看，我们与世界发达国家还有很大差距。特别是近30多年来，我国的森林虽然保持着面积和蓄积“双增长”的良好局面，但森林资源质量不高、树种结

构单一、疏密不均、林地利用率低等问题仍然十分突出。我国人均占有林地面积本来就很少，且每公顷森林蓄积量仅为94.83立方米，只有世界平均水平131立方米的72.4%，仅为巴西的一半，不足德国的1/3。而其中人工林蓄积量平均只有每公顷59.30立方米；全国乔木林平均胸径13.4 厘米，平均树高10.5米，每公顷年均生长量仅4.73立方米；森林质量综合评价为“好”的仅占20.68%。如我国占森林总面积36%的人工林，多以单一树种为主体，而占比近2/3的天然林，大都是天然次生林。由于长期的过量采伐，目前我国普遍存在目的树种不足、结构稳定性差等问题，导致森林生态系统的多重效益特别是碳汇功能难以得到有效发挥。

面对碳达峰碳中和的国家应对气候变化战略目标，增加森林碳汇并发挥森林的多种效益无疑是林业生态建设的重头戏。那么，中国增加森林碳汇的潜力在哪里？根据森林资源清查数据我们知道，中国目前大约还有3000多万公顷宜林荒山荒地可以造林增加碳汇，但这些地区主要在西部，造林难度较大。在降雨量低于400毫米的西北地区，植被恢复主要依靠灌木树种，相对来说增加碳汇的潜力有限。中国增加碳汇潜力的希望还在于南方降雨量800毫米以上地区的人工造林和占比全国森林面积近61%的中幼龄林。

第一，科学造林增加碳汇。就人工造林而言，在南方有限的无林地实施造林项目特别是国家储备林，采用良种良法、科学培育是关键。高标准种植和管护，以获得较快的林木生长量，在实现造林目的的同时获得加倍的增汇增量。如江西丰林投资开发有限公司就作出了表率。该公司从2007年开始大面积造林，种植以湿地松为主的用材林，立足高质量造林，采取“遗传控制、立地控制、密度控制”等科技措施，同时加强后期管理。通过中幼林追肥、抚育除杂、密度中期调整、防火林带建设等精心管护措施，使亩均林木生长量从过去的0.6立方米/亩增长到1.1立方米/每亩。林木生物量增加的同时碳汇量也大增。2009年该公司率先开发国内试点碳市场的中国核证自愿减排量碳汇项目。经国家发改委气候司审核确认备案21.9万亩20年计入期预估碳汇量485万吨。2015年，该项目首期63.59万吨碳汇减排量获得签发并陆续全部出售，获得了不菲的收入。预计今后该公司的碳汇收入将达到2亿多元。不仅为更好地经营森林提供了资金保障，也为向国家提供优质木材奠定了基础。这可以称为科学造林的“碳汇增倍工程”！

第二，可持续经营森林碳汇倍增。对森林经营而言，占森林面积60.94%的中幼龄林是碳汇增倍的来源。中幼龄林具有生长迅速的生物学特性，只要投入到位、科学抚育管理，伴随着森林质量的提升，就具有较高的固碳速率和较大的增汇潜力。

为此，国家林业主管部门高度重视森林经营。2005—2019年，相继出台了《全国森林经营规划（2016—2050年）》《森林经营方案编制与实施纲要》以及《森林经营方案编制与实施规范》《简明森林经营方案编制技术规程》两个行业标准。下发了《国家林业和草原局关于全面加强森林经营的意见》。2020年又下发了《国家林业和草原局办公室关于开展全国森林经营试点工作的通知》并决定在全国73个单位开展全国森林经营试点工作。

2020年7月1日实施的新《森林法》，对森林经营的相关工作给予了重点关注，其中第二十六条对森林经营规划、第五十三条对国有林业企业事业单位森林经营方案编制、第七十二条对不编制森林经营方案或没有按照批复的森林经营方案开展工作的国有林业企业事业单位的法律责任等都作出了严格规定。

国家林业和草原局采取科学措施开展森林经营试点示范。2012年以来，在全国设立了15个（2016年增加到20个）森林经营样板基地。选择了包括100多个乔木树种在内的各种林分进行经营示范。通过科学的技术措施，提升了森林生长和收获能力。该项目首席专家中国林科院陆元昌博士团队对样本基地动态监测后得出结论：通过经营作业的林分与无经营林分相比，平均生长量每公顷提高到9.6立方米/年。与我国目前每公顷年平均生长量4.73立方米相比，生长能力提高了一倍多，其中有82%的林分生长量都有提高，差异最大值为每年每公顷6.31立方米；有30.4%的林分每公顷年生长量提高在3立方米以上，有60.8%的林分每公顷年生长量提高在1立方米以上。

此外，中央财政也对开展森林经营给予资金补助，促进森林质量提升。自2009年开始，中央财政安排森林抚育补助资金每亩补助100元；试点阶段的2009年安排500万亩，2010年增加到2000万亩。2011年开始至“十三五”末，年均增加到4500万至5300万亩。“十四五”开始，补助标准调整为每亩200元，年均安排任务2000多万亩。虽然国家的补助金额和覆盖面离实际需求还有较大差距，但对进一步搞好森林经营工作奠定了基础。通过保护现有森林，加大人工林改造，加强中幼林抚育和退化林修复等方式扩大新造林面积。全国每年造林和森林抚育都在1亿亩以上。

我国在森林植被恢复和保护上为全球做出了表率和贡献。在自然的解决方案基础上，调整优化林分树种结构，特别是要将以针叶树为主的人工林，调整为针阔混交或以针阔混交林为主的优质林分。林分树种的变化，能引起整个森林生态系统发生根本改变。不仅可以大幅度增加碳汇，还对增加和保护生物多样性、发挥森林的综合效益起到积极的促进作用，提高生态碳汇质量，确保森林多种效益的发挥。

通过以上分析可以看出，中国增加碳汇潜力除了通过加快植被恢复、保护现有森林、加强退化林地修复等方式扩大新造林面积外，增加林业碳汇的空间就是继续加大森林抚育力度和科学经营管理，持续不断提高森林质量，提高林地利用率。在保证抚育资金投入的情况下，通过科学的森林经营措施，将会成倍地增加森林碳汇，对实现碳中和起到举足轻重的作用。

专家认为，在保持资金全额投入的情况下，经过科学抚育经营，林木生长量平均可达到7立方米/年公顷，在南方地区突破9立方米/年公顷也是可以做到的。在未来实现碳中和的窗口期40年时段内，如果把全国平均每公顷森林蓄积量从目前的100立方米，提高到林业发达国家的300立方米或以上，把人工林的平均每公顷蓄积量从目前的59.3立方米提高到林业发达国家的300~800立方米，不仅能实现森林经营的“碳汇增倍工程”，还将持续提高森林生态系统适应气候变化的能力，同时为国家生态安全和木材安全提供支撑，更好地发挥森林的生态、经济、社会效益，真正实现绿水青山就是金山银山，为国家实现碳中和目标做出应有的贡献！

## 三、多种竹子、多用竹产品，增汇减排

竹子是我们最熟悉的植物。有人说竹子非草非木，确实。如果说它是树，它没有树木特有的横断面的年轮，竹子里面是空的；如果说它是草，又未免长得太“高大强”了。竹子在植物界到底属于哪个家族？实际上，竹子被植物学家列入了禾本科家族并命名为“竹亚科”。我们熟悉的水稻、小麦、高粱等都是竹子的近亲，但竹子的体型却是它们的几倍甚至几十倍。

竹子最显著的特点是外部有节而内部中空。正是这个特点让竹子生长迅速，笋芽破土而出。有观测记录，竹子24小时可长1.21米高，有

“三日掀石、十日齐墙、百日凌云”之说；2~3个月即可完成高生长和粗生长；3~5年即可成林，且年年出笋长新竹，产量高，一次种植可永续利用。从古至今，从书写工具（竹简）到战争武器，从建筑材料到劳动和生活工具，从美食材料到中华文化，竹子无所不能，无处不用。而这一切都源自竹中的“碳”！正是竹子强大的固碳能力，才让它取之不尽，用之不竭。

中国是世界竹子的分布中心，素有“竹子王国”之称。全球已知竹类植物1642种，中国种植有800多种，其中500多种原产于中国。中国有全世界直径最大的30多厘米的巨龙竹，也有全世界直径最小的0.1~0.2厘米的菲白竹。中国是竹子栽培最早、竹子加工利用最好的国家。在竹子种植面积、竹笋产量、竹产品加工和贸易等方面中国均居世界首位。根据2020年《全球森林资源评估报告》结果，世界竹林面积约为3500万公顷，中国有641.2万公顷。其中毛竹林是中国竹林的主体，约占全国竹林的3/4。

竹子具有丰富的价值。一是替代木材和保护资源价值。竹林的生物生态学特性——不断出笋快速成熟，隔年采伐、持续利用。作为一种优良的可再生生物材料，我国每年可砍伐的竹子大约有18亿根，相当于木材资源的20多万立方米。而2018年采伐竹子达31亿根，为我国提供了约22.5%的材质资源，减少了对木材的砍伐利用。“以竹代木”“以竹胜木”，减少木材消耗，保护了森林资源。二是农民致富的经济价值。竹子可食可用。作为美食材料的竹笋，如浙江临安农民的雷竹笋一年销售额就达千万元。竹子加工产品类型众多，目前已开发的竹产品种类超过1万种，涉及衣、食、住、行等人们生产生活的各个方面。从刀、叉、勺、吸管、杯子和盘子等一次性餐具，到家居耐用品，再到工业领域的竹缠绕管廊等，竹子被广泛用于建筑、桥梁、家具、汽车和日用品等各个领域。竹材用途广泛，可实现全竹利用，几乎没有废料。三是功能丰富的生态价值。竹子固碳释氧能力强。有利于水土保持，孕育清洁的水源、清新的空气和宜人的气候。国际竹藤组织的工作报告指出，1公顷集约经营的毛竹林地上植被的年固碳量为5.1吨。浙江农林大学在浙江安吉竹林中的碳通量观测结果表明：在合理经营状态下，每公顷毛竹林年吸收固定二氧化碳量可达到24.31吨。对保持大气中二氧化碳和氧气的平衡，减缓和适应气候变化，发挥着不可替代的作用。毛竹林中空气负氧离子日均值为1800~33300个/立方厘米，大大超过世界卫生组织规定的清新空气中负氧离子标准浓度1000~1500个/立方厘米。四是社会效益显著。竹产业属于劳动密集型产业，产业链很长，可以吸引大量劳动力就业，有利于缓解农村社会就业压力，促进农村经济发展和农民增收。据统计，我国现有4500多万人从竹林经营培育和竹子产品加工中获得收入。五是历史悠久的文化价值。历代文人墨客无不吟诗作赋赞美竹子，天人合一的竹文化源远流长、享誉中外。我国悠久的爱竹、种竹、养竹、赏竹的文化传统，弘扬了中华文化，增强和提升了大众的生态文明和环保意识。苏东坡说，“宁可食无肉，不可居无竹”；国学大师陈寅恪认为，中华文化是“竹子的文化”；英国科技史专家李约瑟博士也认为，中华文明是“竹子的文明”。我们从科学与文化两个角度观察，可以说，竹子被固定下来的二氧化碳也就成为中华文明的载体（《竹林碳觅》）。

值得一提的是竹制品在很多领域都可以替代塑料产品，竹制品用后可完全自然降解，能更好地保护环境，保护人类健康。

竹子能替代哪些塑料?

竹缠绕复合材料技术生产的竹缠绕复合管、管廊、高铁车厢、房屋等系列产品能够大量替代塑料制品；火力发电厂的冷却塔使用的竹格淋水填料优于塑料填料。除了工业化应用，以竹代塑的竹产品在我们身边也越来越常见。从一次性竹餐具、汽车内饰、电子产品外壳、体育器材到产品包装和防护用品等，竹子产品的应用五花八门。“以竹代塑”能够起到美化环境、减碳固碳、发展经济、增收致富的作用，还能够满足人民群众对生态产品的需求，提升人民群众的幸福感和获得感。

有数据表明，我国竹林每年可实现减碳1.97亿吨、固碳1.05亿吨，减碳固碳总量达到3.02亿吨。如果全球每年使用6亿吨竹子替代PVC产品，预计将减少40亿吨二氧化碳排放。

因此，鼓励企业和社会公众，支持以竹代塑，多使用竹筷、竹家具等竹产品，不仅能帮助竹产区农民更多更快地培育竹子、依靠竹子致富，还能够减少塑料制品的使用，减少碳排放，为保护地球家园做出贡献！

## 参考文献

［1］李慧. 保护森林，我们在行动[N]. 光明日报，2021-03-21（2）.

［2］肖文发，朱建华. 森林“四库”系列解读：森林是碳库[N]. 中国绿色时报，2022-04-22（3）.

［3］陆元昌. 全国森林经营样板基地 2013-2018 年森林经营及成效[N]. 监测技术报，2018-6-30（4）.

［4］周国模，施拥军，潘诚. 竹林碳觅[M]. 科学普及出版社，2020：34-40.

［5］迟诚，李志强. 五问“以竹代塑”[N]. 中国绿色时报，2022-07-06（1）.

# 打造国家级氢能产业平台，推动氢能产业链高质量发展的要素分析
## ——以中国氢能联盟为例

刘小奇
中国碳中和50人论坛成员
国家能源集团国华能源投资有限公司董事长
国家能源集团氢能科技有限公司董事长

“双碳”目标下，氢能产业进入产业化导入新阶段，氢能和燃料电池新技术、新应用和新模式方兴未艾。氢能行业的高质量发展需要国家级产业平台提供全方位支撑，实现跨学科、跨行业、跨部门的资源整合与协同。

## 一、氢能产业迈入发展新阶段，国家级氢能产业平台肩负重要使命

当前，全球氢能产业加速发展，并成为各国能源技术革命和应对气候变化的重要抓手。全球近30个国家制定出台了相关的国家氢能发展规划或路线图，美国、欧盟、日韩等主要发达国家和地区均将氢能纳入能源发展战略，持续加大技术研发与产业化扶持力度，氢能由示范应用逐步走向规模化推广，产业链条不断完善，产业规模快速扩大[1]。

我国高度关注氢能产业发展，逐步加快氢能发展布局。政策层面，自2020年以来，政府先后发布了《关于开展燃料电池汽车示范应用的通知》《关于完整准确全面贯彻新发展理念做好碳达峰碳中和工作的意见》等政策，推动氢能“制储输用”绿色发展。2022年3月，国家发改委和国家能源局联合发布《氢能产业发展中长期规划（2021–2035年）》，明确氢能是未来国家能源体系的重要组成部分；25个省份发布氢能专项政策超过300项，对氢能产业的引导和支持力度不断加大。技术创新层面，“十五”以来，国家重点研发计划累计支持氢能项目超20亿元，“十四五”将氢能专项单列，国家发改委采用揭榜挂帅等方式，持续加强全产业技术装备攻关。示范应用层面，政府依托“北京冬季奥运会”“燃料电池汽车示范城市群”“氢进万家”等重大工程及大型项目[2]，积极探索氢能产业的市场化、规模化、集约化发展路径。

在国家及地方持续推动下，我国已初步掌握氢能制备、储运、加氢、燃料电池和系统集成等主要技术和生产工艺。98家央企中开展氢能相关业务的达45家，上市公司、大型民企逐步入场氢能。全产业链企业已突破2000家，初步形成京津冀、长三角、粤港澳大湾区等主要氢能产业先行区。氢能在交通领域已实现规模化示范应用，在发电、冶金、化工等领域应用正有序展开。截至2022年前三季度，中国已建成302座加氢站，燃料电池汽车保有量超过1.1万辆，氢能产业迈入快速发展新阶段。

然而，我国氢能产业总体上仍处于发展初期，存在技术水平不高、基础设施不足、商业模式不清晰、成本居高不下、标准法规滞后等问题，同时片面追求应用规模、同质竞争、产能过剩等，相关风险已初步显现，需要国家级行业组织合理规范引导，应坚持以稳慎发展为导向、以科技创新为根本、以自主化可控为目标，协同政府并联动企业，积极做好政策引导、产业统筹、规范化等工作，保障我国氢能产业科学有序发展。

## 二、紧扣氢能产业战略目标，中国氢能联盟高标准推进国家级平台建设

2018年，在国家发改委、工业和信息化部、国资委和国家能源局等多部委的指导下，由国家能源集团牵头，联合国内产学研用20家骨干企业共同发起成立了“中国氢能联盟”。自成立以来，中国氢能联盟始终秉持推动我国氢能产业实现高质量发展的初心与使命，聚焦合规建设、能力建设和生态建设，全方位参与国家氢能政策顶层设计、研究与技术攻关和示范应用，加强国际合作和氢能科普，成员单位超过150家，覆盖了全国23个省份，行业影响力稳步提升。

国家能源集团作为中国氢能联盟的理事长单位，同意将联盟秘书处设在所属的国华投资（氢能公司），并授权其负责联盟的日常运营，国家能源集团积极支持中国氢能联盟加强能力建设，从5个方面高标准打造国家级氢能平台。

一是智库能力建设。中国氢能联盟致力于打造国家级氢能产业智库，设立研究院积极参与国家氢能产业规划和技术装备研究；配合科技部、国家能源局等部委开展氢能国家科技力量评估、科技助力“双碳”专项行动、能源科技监测会商等工作，举办氢能以及氨能在工业、交通等领域应用研讨会；持续编制发布氢能产业白皮书，定期与国际能源署、国际可再生能源署、国际氢能委员会等单位联合发布氢能专题报告；启动氢能政研课题揭榜挂帅，以及与《清洁能源》杂志打造国际氢能关键技术应用专刊，汇聚业界协同力量。

二是数字基础能力建设。中国氢能联盟建成上线我国首个氢能产业大数据平台，收录全球氢能相关政策和标准1000多个、企业2000余

家、项目2600余个以及反映国内氢能生产与消费的氢流图、中国氢价指数等内容，打造行业数据公约，推动氢能智慧管控、安全运营以及上下游协同；与地方政府、产业园区、企业相结合，在氢能数据平台、氢能数字化平台的开发实践上，形成氢界、氢瞰和氢数“三位一体”数字化“底座”，以数字化赋能氢能产业创新升级。

三是质量基础能力建设。中国氢能联盟牵头组织“氢能领跑者行动”，对标国际一流技术指标，通过完善氢能关键技术装备评价标准体系和搭建合格的检测认证机构测试平台，提升氢能装备技术检测、认证、应用等质量基础设施服务能力，推动自主化技术迭代创新和商业化应用。目前已完成首期碱性水电解制氢系统测试评价，发布《碱性水电解制氢系统“领跑者行动”性能评价导则》，5家电解槽企业入围首期白名单[3]。中国氢能联盟研究院还与北京低碳院共建氢气品质联合检测实验室，从源头上为氢能发展提供品质支撑。

四是绿色基础能力建设。中国氢能联盟牵头制定发布我国首个《低碳氢、清洁氢与可再生氢的标准及评价》，开发了可再生能源制氢减碳方法学和燃料电池汽车减碳方法学，完成了国内首次清洁氢能认证，成功助力“绿色冬奥”；支撑燃料电池汽车示范应用城市群评价工作启动试运行，为制氢项目全生命周期碳足迹评估提供科学、准确和及时的服务[4]，更好地推动了氢能产业绿色发展。

五是生态基础能力建设。中国氢能联盟积极搭建国内外行业交流平台，获批中欧能源技术创新合作氢能专项牵头单位，与苏州市联合创建中欧氢能创新中心；组织开展“中国氢能产业博览会”“氢能专精特新创业大赛”“世界氢能青年科学家论坛”“与氢同行科普月”等品牌活动，持续推进中日、中欧、中俄、中澳等国际交流，组织国内14个区域氢能行业组织召开氢能月度会商，协同上海、宁夏、盐城、温州等地方政府举办氢能峰会，持续优化做强氢能产业生态。

## 三、结论与展望

中国氢能联盟始终秉持推动我国氢能及燃料电池产业高质量发展的初心与使命，聚焦国家能源绿色低碳转型和实现“双碳”目标，充分发挥桥梁纽带作用，加快推进产业链上下游合作、成果转化和商业应用。5种能力是中国氢能联盟实现国家级高端平台的重要因素，也是构建中国氢能产业高质量发展的重要关键。

展望未来，中国氢能联盟将紧跟行业与市场的变化需求，继续提升氢能新型基础设施服务能力，创新内涵与机制，更好地服务于行业、市场与国家战略。中国氢能联盟将与业界一道凝聚价值共识、激发创新活力、深化开放合作，为科技支撑中国式现代化培育发展新动能，绽放氢能新光彩。

## 参考文献

[1] 中国氢能源及燃料电池产业创新战略联盟.中国氢能源及燃料电池产业发展报告[M].北京：人民日报出版社，2021.

[2] 国家能源局.中俄能源合作投资指南（中国部分）[EB/OL].（2022-11-20）[2023-03-01]. http://www.nea.gov.cn/2022-11/30/c_1310680667.htm2022.

[3] 央广网.我国氢能产业体系和形态初步构建[EB/OL].（2022-11-15）[2023-03-01]. https://baijiahao.baidu.com/s？id=1749483941102744751&wfr=spider&for=pc.

[4] 中国氢能联盟.低碳氢、清洁氢与可再生氢的标准及评价[S].北京：中国产学研合作促进会，2020.

# 朗诗的碳中和实践

田　明　中国碳中和50人论坛成员
朗诗集团董事长

2000—2019年全球建筑行业的碳排放量持续在增长。根据《2021年全球建筑建造业现状报告》，建筑部门占全球最终能源消费的36%，以及与能源相关的二氧化碳排放的37%，中国作为碳排放总量最高的国家之一，建筑部门的全过程碳排放占全国的比重超过了50%。我们当今所面临的环境危机是不断消融的冰川，减不下来的碳排放，生物多样性的丧失，荒漠化加剧，极端气候的频发。建筑及房地产行业作为国家的能耗大户，必然会成为我国实现碳中和目标当中的重要一环。降低建筑的能耗，推动绿建发展，是我们所有建筑从业者不可推卸的责任，而且刻不容缓。

面对全球新经济发展需求，中国房地产企业正在进行一场向绿色经济持续迈进的行动。2016年6月5日世界环境日，朗诗联合多家企业和机构共同发起了中国房地产行业绿色供应链行动（以下简称“绿链行动”），推行“不绿色、不采购”项目。我们希望通过这个行动，号召房地产企业通过绿色采购，撬动上游供应商，推动行业力量联合，共同促进可持续发展。

绿链行动已经连续6年走进联合国气候变化大会，联合国环境规划署前负责人艾瑞克曾评价，绿链行动“在总量规模上对全球碳排放影响重大，这是国际上首例由行业自发、集体推动的可持续发展的案例”。

秉持着先从面广量大的品类着手，和后易后难、循序渐进的工作原则，目前我们已经实现了13个绿色采购方案的落地，包括门窗节能、木材来源合法化，等等。在日常落地执行层面，绿链行动还通过设立白名单、绿名单、黑名单的差异化管理来推进工作。白名单是达到环保生产要求的供应商准入名单。绿名单是在节能减排方面表现优秀的企业，联盟的成员会优先采购他们的产品。目前，加入绿链行动白名单的企业从最初的159家扩展到了现在的近4000家。

建筑行业将是碳中和的最后一个重要战场，也是最难的战场。从更长远的角度来看，绿链行动的发展壮大，不仅是建筑与房地产行业的福祉，更是助力“双碳”目标实现的重要举措。

落基山研究所发布了落实2060碳中和路径的报告，明确提出了推动中国建筑部门实现碳中和的3个路径。分别是需求减量、超高能效以及化石能源替代，从具体的落实举措当中，我们可以看出，未来做建筑不再只是唯技术论，更需要建筑企业对节能减排有深度认知，对运营管理有绿色思维，也需要联动上下游的供应链，从源头上降低建筑业的总能源需求。

我想以朗诗为例，和大家分享朗诗的绿色低碳路径。

从朗诗历代产品的更迭和不同建筑类型的减碳代表作品可以看出，我们减碳的第一途径是节能：首先，运用被动式建筑的理念，给建筑穿上一层既隔热又保温的外套，加上门窗的良好密闭性能，优化调整建筑的流线和功能，从源头上将建筑的能耗水平降到极低的程度。其次，在提高用能效率方面，采用超高能效的设备，以及智能化管理手段。同时加强运行调试和运营的管理，避免技术堆砌，以结果为导向，来实现超低能耗的建筑，促进深度的节能减排。在能源替代方面，我们通过地缘热泵系统，生物质发电、吸收式热泵、太阳能光伏等各种本地的可再生能源，以及余热、余冷来替代化石能源的使用以降低碳排放。

经过测算，朗诗的绿色建筑整体上实现了80%以上的综合节能率，远超过65%的国家标准。截至目前，我们共有53个国家绿色建筑评价标识三星级认证，绿色项目占总项目的数量达到了70%。上海、南京、杭州、苏州等9个城市的第一个绿色三星建筑都是朗诗打造的。在2019年实施新国标首批6个获得三星标识的认证项目当中，朗诗出品就占据了三席，朗诗的公共建筑、住宅项目多次获得国际绿色建筑的顶级认证，包括WELL、LEED、BREEAM、PHI、DGNB等。

20年来的经验积累，朗诗积极探索建筑节能减排之路。我们在住宅产品不断升级迭代的同时，将业态也从住宅逐渐延伸到了办公、园区等多种形态，以及存量更新等更多的领域，并且向第三方提供一站式的绿建解决方案，涵盖了建筑的新建和改造，以及长期的高效运维，推动建筑和房地产行业走向碳中和，助力早日实现“双碳”目标。

基于在减碳方面的多年积累，朗诗于2021年的12月24日20周年司庆之际，发布了《朗诗控股碳中和路线图》。明确提出了力争2035年实现全集团碳中和的目标，旨在以科学的方法和战略决心，逐步实现自身运营，以及供应链的碳中和。我们认为商业本质是向善的，商业的繁荣能给人们带来更加便利、更加富足的生活。古今中外，凡是商业发达的时候，人们的生活水准、福祉总是得到改善或者提升，因此我们摒弃了以往先发展再治理的发展模式，将解决社会或环境问题，提升公众福祉作为企业创新方向，积极拓展对用户，对环境，对社会友好型的业务，同时高度重视客户、员工、股东、合作伙伴以及各利益相关方，积极承担企业社会责任，推动商业文明进步，这既是商业向善，也是对企业可持续发展的要求。

# “3060”导向林业产业新境界

夏 青 | 中国碳中和50人论坛成员
中国环境科学研究院原副院长兼总工程师

1992年签署、1994年生效的《联合国气候变化框架公约》，是世界大多数国家对温室气体持续增加影响共同重视的起点，共同“承认地球气候的变化及其不利影响是人类共同关心的问题”。同时也“意识到陆地和海洋生态系统中温室气体汇和库的作用和重要性”。这个时间节点就是林业产业被赋予历史使命的开端。经过1994年至2020年的25年准备，中国于2020年提出“力争2030年前实现碳达峰，2060年前实现碳中和”的目标，这对一个能源以煤为主的国家实在是惊天动地之举。在社会各界共同关注能源革命的同时，林产行业是碳中和理念的最早参与者，该如何持续发力？在“3060”目标实现过程中如何正确定位？

## 一、冬奥会展现林业碳汇价值

2020年，我国共完成人工造林和森林修复677万公顷；截至目前，全国森林面积达2.2亿公顷，森林覆盖率达23.04%，森林蓄积量达175.6亿立方米。每生长出1立方米的蓄积量，平均要吸收1.83吨二氧化碳，释放出1.62吨氧气。单位面积森林吸收固定二氧化碳的能力按每公顷150.47吨计算，2.2亿公顷则可固定二氧化碳331亿吨。欧洲碳汇价格达到每吨50欧元，约等于400元人民币，中国林业碳汇年产值则达1.24万亿元人民币，这是存量资源总量估值。官方的年增长林业碳汇数据为，“十三五”期间，我国平均每年增加的森林碳储量在2亿吨以上，折合碳汇为7亿到8亿吨。随着森林面积的扩大和森林蓄积量的提升，未来5年、10年乃至更长的时期，森林碳汇还将逐步提高，又有年估值1000亿元的说法。各种估值均无验证机会，与林业碳汇价值尚未充分重视和开发利用有关，需要可验证、可复制、可持续的成果。

重视林业碳汇价值并开发利用的最佳案例是北京冬奥会。“北京冬奥组委积极应对气候变化，建立健全低碳管理机制，将低碳理念融入北京冬奥会筹办过程。通过低碳场馆、低碳能源、低碳交通、北京冬奥组委率先行动等措施，最大限度减少碳排放。同时，多渠道实施碳补偿，通过京张两地政府赞助林业碳汇，企业赞助核证自愿碳减排量，全面推行碳普惠，实现北京冬奥会碳中和目标”。值得广泛借鉴的是，碳补偿。

在冬奥会绿色设计“环境正影响”“可持续、向未来”理念指引下，仅治沙覆绿优化生态一个领域就大大提高了京张两地的森林覆盖率。一是风沙源治理，与2015年相比，北京森林覆盖率从41.6%增至44.4%，张家口森林覆盖率从37%增至50%。二是赛区绿化，张家口赛区造林1536万亩，崇礼赛区造林129.13万亩。

正因为有全部赛区森林覆盖率超70%，核心赛区森林覆盖率超80%的碳汇资源保障，才有京张两地为实施冬奥会碳补偿措施贡献110万吨林业碳汇，达冬奥会减碳130万吨目标90%以上的成绩，是零碳冬奥会的保底措施。最终靠绿电、绿馆、绿车、绿雪、绿冰、绿火等一系列低碳高新技术完成了冬奥会减碳任务，保底措施虽未得到显露机会，但林业碳汇的保底作用和补偿价值深入人心，林业碳汇定位碳补偿为“双碳”目标做贡献的前景可期。

## 二、碳达峰推进林业碳汇交易

2015年9月，中美元首气候声明提出：“中国正在大力推进生态文明建设，推动绿色低碳、气候适应型和可持续发展，加快制度创新，强化政策行动。中国到2030年单位国内生产总值二氧化碳排放将比2005年下降60%~65%，森林蓄积量比2005年增加45亿立方米左右。”注意，二氧化碳减排量是单位GDP相对值，森林蓄积量是绝对值。2020年9月，国家主席习近平正式提出2060年实现碳中和目标，随即诞生了“双碳”目标，将2030年碳达峰目标置于碳中和的旗帜下，把曾承诺过的2030年单位GDP碳排放值，作为2060年碳排放绝对值目标的第一峰。所谓第一峰，是碳中和目标的基线峰，为碳中和打好基础，而不是不受碳中和目标约束的任意碳指标高峰值。这个不断减碳的“双碳”目标，英明之处，一是进入与最终目标相联系的碳指标绝对值评价新阶段，不再使用与最终目标无量化关系的相对值；二是从2021年起即进入碳中和目标管理新时期，形成碳中和实施系统的持续运行。在这一方面，林业碳汇早已站在绝对值指标的正确位置上。重要的是尽快纳入碳中和目标管理新体系。

首先，林产碳汇进区域性管理平台。为了实现“3060”目标，全国都须建立区域性碳排放、碳补偿管理平台。实现根据区域内碳排放清单、碳汇能力的测算和评估，确定区域碳排放控制目标以及能源、产业、建筑、生活等重点领域减污降碳协同控制任务量和时间表，完成区域性各类碳排放源的减碳重点任务和重点项目清单。同时基于对区域森林、湿地、海洋、农田、土地利用等各类碳汇现状的测算和评估，完成区域碳达峰碳中和推进路径和实施方案编制与相关碳交易、碳审计、碳核查以及碳信息化平台等配套管理平台设计。在这一重要关口，各地林业机构应主动与地方政府交流，利用刚起步的碳达峰进程积累实力，实现黑色生产力淘汰，绿色新能源替代还都需要时间，这正是林业存量碳汇起补偿作用的时机。

其次，抓住碳交易抓手。碳交易的目的在于用最小费用实现最大碳减排量。在实现碳中和的最初阶段，减排技术投入大、效益低，这直接导致同一减排量在不同国家、不同区域之间存在着不同的成本，形成了价格差，凡降低自身碳排放量成本较高者，均需要买低价碳排放权，区域性或国家管理机构也鼓励这种从低价开始的碳减排促进机制，鼓励优先减排技术和低价碳汇获得利益，这就形成了碳交易市场，森林碳汇则是现今碳交易市场最可靠的卖家。

森林碳汇一靠持续造林，抓增产；二靠扩大经营，抓变现。主要依靠国家和政府已经制定和正在丰富的各项碳交易政策，依靠林产主权单位的交易模式创新、经营管理创新。这种创新，就是实践“绿水青山就是金山银山”，让林产资源为实现“3060”目标出力，通过碳交易补强碳达峰薄弱环节，同时促进林业碳汇变金山银山。

## 三、碳中和为林业定位生态碳汇

随着碳达峰的实现，能源革命的成效更为凸显，林业碳汇的补偿作用会减小，生态作用会增大，这恰恰是森林产业升华至生态碳汇的新高度。

碳中和说法源于森林作用。森林作为陆地生态系统的主体，具有吸收并固定$CO_2$的碳汇功能，最早被认定为缓解全球气候变化的重要手段。“京都议定书”允许工业化国家通过在发展中国家开展项目活动所获得的减排增汇来抵偿其承诺的减限排指标，并设计了当前和未来造林项目。林业活动从碳中和角度，对温室气体减排增汇的作用客观存在。只是，碳中和的新解，更强调化石能源替代和新绿色能源问世，森林碳汇的碳中和作用占比会大大降低。随着碳达峰目标实现，在实现碳中和的过程中，美丽中国建设、生态文明和生态文化建设都会赋予林业更高使命，碳交易只显示了其价值的一部分，生态基础则是更重要的价值。

2020年12月气候雄心峰会，国家主席习近平在“碳达峰”与“碳中和”目标承诺的基础上，提出到2030年我国森林蓄积量将较2005年增加60亿立方米。这意味着未来10年，全国森林蓄积量需增加21.6亿立方米。到2050年，比2020年净增森林面积4700万公顷，森林覆盖率达到并稳定在26%以上。这一系列硬指标表明，林业产业集维系自然资源、保持生态景观、支撑天蓝地绿、保护生物多样性等多项重任于一身。

想到林业，就会想到绿水青山系统的主要保护对象：森林、湿地、荒漠；想到林业，就会想到金山银山系统的重要支撑要素：碳汇、氧气、产品。要把绿水青山变为金山银山，让森林、湿地、荒漠显示绿色价值，从林业碳汇、景观氧境、生态产品获取绿色回报，让人民真正享受生态福祉。特别要让林业从业者率先享受金山银山福祉。

生态优先，碳汇为本，这是林业产业作为新兴产业的正确导向。作为自然规律，是先有森林生态，后有碳汇产出；作为任务评价，是先有国土美丽，后有气候控制；作为人民享受，是先有环境美好，后有生活质量；作为生态价值，是先有自然价值，后有物质价值。二者是一个事物的不同展现，可以随着外界变化和人民需求，展现出人民需要的任何情景，让人民享受林业产业新生态，感受生态惠民、金山银山价值。

伴随“3060”目标逐渐实现，林业产业也在每个关键点体现碳补偿和金山银山价值，最终融生态与碳汇为一体，从正确发力碳交易、碳管理迈出关键第一步。

# “双碳”目标下的新能源产业演变之路

朱共山
中国碳中和50人论坛成员
全球绿色能源理事会主席
协鑫集团董事长

绿色是高质量发展的鲜明底色，低碳和零碳是未来生产生活方式的普遍形态。党的二十大强调，立足我国能源资源禀赋，坚持先立后破，有计划分步骤实施碳达峰行动。完善能源消耗总量和强度调控，重点控制化石能源消费，逐步转向碳排放总量和强度“双控”制度。近年来，在“四个革命，一个合作”能源安全新战略指引下，我国新能源发展成效显著，风电、光伏总装机已经占到电力装机的1/3，风、光、水电及核电一年总发电量大约占到全国发电量的1/3。全球光伏总装机容量进入“太瓦时代”，中国光伏所占比重超过1/3，光伏产业链全部国产化，供应链自主自控，电池转换效率全球领先。风电技术居世界前列，大规模储能、氢能等技术不断突破，充电网络规模全球第一，加氢站规模世界第一。当前，新能源在装机规模、利用水平、技术、装备、产业竞争力迈上新台阶的同时，持续向好的势头不减。有关数据显示，2022年前三季度，我国新增非化石能源发电装机9400万千瓦左右，占新增总装机的82%。

根据国家相关规划，到2025年，我国电能占终端能源消费比重达到30%，非化石能源消费比重达到20%左右。到2030年，风电、太阳能发电总装机容量达到12亿千瓦以上，非化石能源消费比重达到25%左右。“十四五”时期，新能源占比逐步提高，风光储共振效应加大，煤电逐步向基础保障和系统调节性电源转型。与此同时，煤炭依然是我国能源安全稳定供应的“顶梁柱”和“压舱石”。2021—2022年，全球范围内的能源供应形势日趋紧张，警示我国必须在安全的前提下推动能源转型。

立足煤电兜底保供的基础，以新能源为主体的新型电力系统建设将分“三步走”。第一步，以2030年碳达峰为节点，其间允许合理的化石能源需求增长，化石能源与新能源并轨发展；第二步，在2035年左右，化石能源基本不再增长，风光储深度捆绑，智能柔性安全电网作为载体，新型电力系统发挥作用；第三步，以2060年碳中和为节点，化石能源主要作为战略保障，在突发灾难性气候等条件下兜底应急，新能源真正成为新型电力系统的主体，提供60%~80%的用电负荷。源网荷储高度协同，虚拟电厂、跨区域绿电交易、电动汽车参与调峰等成为常态，电力行业按照安全稳妥的原则趋向净零排放。

在此过程中，“风光储氢氨”一体化优势凸显，以大基地为代表的新能源基建成为新一轮投资热点。从平均度电成本来看，光伏发电早已平价上网，陆上风电目前也已平价上网，海上风电正加速迈向平价。预计再过两三年，储能行业将实现商业化、规模化发展，装机规模有望达到3000万千瓦以上，“新能源+储能”的平均度电成本有望维持在低电价水平。在氢能方面，国产替代已进入质子交换膜、储氢瓶用碳纤维等材料环节，预计到2025年，每立方米绿氢的制造成本可降到1元左右。未来的风电、光伏，将会有大比例就地制备绿氢，氢再合成氨，氢氨融合，掺煤燃烧，既提高了新能源利用率，也弥补了风光电间歇性波动的短板。种种迹象表明，风光储氢氨协同发展，将大大加速能源清洁低碳转型的进程，助力实现碳达峰碳中和目标。

大基地建设将为“风光储氢氨”进一步发展提供更广阔的空间。国家提出规划以库布齐、乌兰布和、腾格里、巴丹吉林沙漠为重点，以其他沙漠和戈壁地区为补充，建设总装机约4.55亿千瓦的大型风光基地。第一批涉及内蒙古、青海、甘肃等19个省份，规模总计为97.05GW的大型风电光伏基地已全部开工；第二批主要集中在“三北”地区，规模达455GW的大基地项目正在陆续开工，同时第三批项目审查也在进行中。风光大基地搭配特高压大走廊，在刷新中国电力格局的同时，带来新能源产业布局调整、“风光发电+荒漠化治理”、西电东送促进共同富裕，具有多重维度的战略意义。

在“双碳”目标的引领下，以碳足迹论英雄的时代已经到来，碳资产是企业核心竞争力评价的关键。当前，我国正加快碳达峰碳中和标准体系建设，强化碳排放核算、报告、核查、披露、认证和标识等关键环节的基础数据工作。接下来，碳排放的考核是重中之重，碳过留痕，排放跟踪，谁能在碳指标方面掌握主动，谁就能在绿色低碳发展中赢得未来。中国的二氧化碳排放量全世界第一，现在每年碳排放大约为139亿吨碳，这是一个巨大的数字。我国力争2030年前实现碳达峰，2060年前实现碳中和，任务非常艰巨。要完成碳减排的任务，归根结底主要靠科技，主要靠企业这一市场主体。以协鑫集团自主原创的FBR颗粒硅技术为例，该项技术已经被科技部和国家能源局列入《“十四五”能源领域科技创新规划》先进技术集中攻关重点任务。相比行业传统主流技术综合能耗下降约75%，综合成本下降40%左右，可带动光伏发电全生命周期碳减排85%左右。可有效推动中国光伏走向低价时代、深度减碳时代。按照现有的规划产能，2025年以前，仅FBR一项，协鑫保守估计可实现碳减排6800万吨。此外，在钙钛矿电池领域，协鑫也先人一步，1m × 2m全球最大尺寸钙钛矿组件已下线，效率达18%以上，叠加晶硅之后，可以不断地突破效率的上限，成本低于晶硅70%，寿命超过25年，全球首条100兆瓦量产线正在全面贯通。

特别值得关注的是，农村能源革命与农业科技革命的耦合，将推动新能源成为乡村振兴的新引擎。2022年5月，中共中央办公厅、国务院办公厅印发《乡村建设行动实施方案》，把实施乡村清洁能源建设工程作为重点任务之一。要求在农村地区发展太阳能、风能、水能、地热能、生物质能等清洁能源，在条件适宜地区探索建设多能互补的分布式低碳综合能源网络。《“十四五”可再生能源发展规划》提出，实施“千乡万村驭风行动”“千家万户沐光行动”。新能源融入“三农”经济是助力乡村振兴，实现科技兴农的重要途径。新能源将植入农业种植、农民养殖、乡村交通、农村家庭等多种场景，带来中国5.6亿农民生产生活方式的一场绿色革命。

随着国家多部门开展的“新能源下乡”活动迈向深入，必然带来“充电桩下乡”，充换电基础设施大规模向农村消费市场下沉，独具乡村特色的“风、光、储、氢、充、车”微型零碳循环解决方案呼之欲出。在党的二十大报告“发展新型农村集体经济，发展新型农业经营主体和社会化服务”的指引下，农村或将涌现以“农村能源合作社”为代表的新型市场主体，新能源开发利用与乡村振兴融合发展，村集体可以依法利用存量集体土地，通过作价入股、收益共享等机制参与新能源产业，反向推动新能源产业的发展。

新能源产业的高质量发展，是“科技作为第一能源”不断引领和驱动的结果。产业链、供应链与创新链“三链结合”、跨界融合，是新能源产业高质量发展的关键。放眼未来，新能源的技术革命、场景革命、数字革命等，正以燎原之势，席卷着全世界的每一个角落，能源科技创新进入持续高度活跃期，风电、光伏、储能、氢能、甲醇、氨能等一大批新能源技术加快迭代，推动新能源产业从资源、资本主导向技术主导转变。电力电子、传感物联、全环境仿真平台、第五代移动通信、先进算力算法、工业基础软件、机器人等适配性技术将与新能源技术深度融合，推动新能源产业不断转型升级。“科技+数据+平台+应用”模式，将推动新能源数字化发展，与传统电力、石化、化工、建材、钢铁、建筑、交通等行业协同降碳，创新发展，共同守护蓝天、碧水、净土，助力碳达峰碳中和目标顺利实现。

# 交通领域碳减排的特点及潜在机遇挑战

程 瑞 中国碳中和50人论坛特邀研究员
招商局集团科技创新发展研究院创新研究处副处长

## 一、我国交通领域碳排放的显著特征

实现碳达峰碳中和，是以习近平同志为核心的党中央统筹国内国际两个大局作出的重大战略决策。党的二十大报告指出，“实现碳达峰碳中和是一场广泛而深刻的经济社会系统性变革。立足我国能源资源禀赋，坚持先立后破，有计划分步骤实施碳达峰行动”。

当前，我国碳排放主要来自能源、工业、交通、建筑、农业和土地利用等领域，其中交通运输领域碳排放约占我国全社会总排放的10%，且交通碳排放增速较其他领域相对较快，预计交通运输将成为我国碳排放进入平台期后决定达峰时间的关键领域。

相较于其他领域，交通领域的碳排放有几个显著的特征：一是直接排放占比高。与建筑领域以建造和运行阶段产生的间接排放为主不同，交通领域终端电气化水平仍相对较低，因此其排放主要是化石燃料燃烧产生的直接排放。二是碳排放增速仍较快。据统计，近年来我国交通运输领域碳排放增速长期保持在5%以上，已成为碳排放增长最快的领域之一。同时，欧美等发达国家的碳减排经验也表明，交通领域碳排放一般会滞后于工业和建筑等领域实现达峰。三是以移动源排放为主。与能源、建筑等领域以固定源排放为主不同，交通领域以车辆、船舶、飞机等移动源碳排放为主，碳排放监测、核算及归因难度大，相关数据的可得性及准确度仍有待提高。

## 二、交通领域碳减排面临的主要挑战

一是企业界对交通领域减排路径仍未达成一致。当前，关于交通领域不同细分场景的减碳路径，企业界仍未达成广泛共识。公路领域，我国交通运输碳排放约八成来自公路运输，推进公路运输低碳化是实现交通领域碳达峰的关键。目前，推进乘用车“电气化+快充/换电”模式的确定性较高，但商用车领域则存在纯电动重卡和氢燃料等技术路径的不同选择（一般认为中短途及封闭场景适合选择纯电动重卡，长途运输则选择氢燃料电池重卡较为合适，但目前的实践中两者应用场景均以封闭场景和固定路线为主）；水运领域，内河航运以LNG作为过渡逐步转为电动船舶的路径较为清晰，远洋航运的脱碳路径选择仍存在较大的不确定性。目前，世界知名的海运企业在减碳技术路径的选择上有差异，一种是以马士基为代表，跳过LNG等过渡能源直接转向甲醇双燃料；另一种是以达飞轮船为代表，在零碳燃料技术路径尚未明朗前，仍以LNG动力等过渡能源作为主要技术路线，同时加快生物燃料的技术储备。由于LNG并不能完全避免碳排放，同时存在甲烷逃逸的风险，所以业界一般将LNG作为过渡技术，并普遍认为氢、甲醇和氨等零碳燃料将成为未来远洋船舶减碳的主要技术，但其各有局限，如氢燃料电池的功率密度、续航能力、加注设施等尚无法满足远洋航运需求，氨由于其存在人体毒性和设备腐蚀性，大规模应用仍有待于船舶安全管理规范的制定和技术的提升。目前来看，甲醇在综合安全性、能量密度和储运经济性等船用减碳技术关注点方面，没有明显的短板，因此，马士基等航运巨头选择将甲醇作为当前减碳技术的转型方向。

二是交通领域碳减排有赖于运输结构的优化。推进交通领域减排，不仅需推动运输工具端的单点技术革新，更需要加快我国运输结构和运输模式的优化。近年来，我国交通领域碳排放增速长期高于世界交通碳排放平均增速，关键的原因之一就是公路运输占比偏高，铁路和水路等低碳运输方式潜力尚未充分发挥，公转铁、公转水等多式联运占比仍有待提升。国务院印发的《2030年前碳达峰行动方案》明确提出，要“大力发展以铁路、水路为骨干的多式联运”。当前，推进多式联运仍需应对以下挑战：第一，推动联运硬件基础设施的标准化和共享化。目前多式联运装载单元器具标准不一，跨运输方式的设施设备衔接共享困难。营口港创新应用了一种新型“半高箱”，可适用各种散杂货装箱运输，还实现了双箱堆叠铁路运输，使海铁、海陆、江海等联运门到门全程运输，实现了真正意义上的多式联运。第二，加强区域性货运枢纽及集疏运体系建设。铁路作为低碳集约运输方式的优势尚未充分发挥，制约因素之一就是区域性物流网络的干支线联通不畅。我国自2019年开始，基于“通道+枢纽+网络”的建设思路，分批启动国家物流枢纽的建设，显著提升了全国物流网络干支线的连接效率。后续将加强铁路专用线建设，推进铁路进港口、物流园等，加强多式联运的“最初一公里”和“最后一公里”建设。第三，加强跨环节物流信息数据的共享，推进“一单制”。一方面，不同运输方式对货运的计价方法、包装规格、安全管理等标准不一，难以实现“一单制”；另一方面，跨运输方式的物流数据接口和格式不一致，导致跨环节、跨主体的物流数据信息共享困难。当前，政府部门和行业领军企业都在积极探索成立跨环节、跨主体的物流大数据平台，运用区块链、大数据、物联网等数智化技术，实现跨环节多主体货运数据的实时共享，进而为多式联运“一单制”奠定数据基础。

三是需要加快制定交通碳排放统一规范核算体系及行业标准。科学、规范、统一的碳排放核算清单体系是推进我国交通领域碳达峰工作的重要基础。已有相关研究机构和国际组织提出了适用于不同空间尺度和核算目标的碳排放核算清单体系（例如适用于不同空间尺度的《2006年IPCC国家温室气体清单指南》《省级温室气体清单编制指南（试行）》和《城市温室气体核算工具指南》等）。但是，我国仍缺乏规范统一的交通碳排放核算清单体系。具体表现在：第一，交通领域碳排放的核算方法、空间尺度及统计边界不清晰，针对细分场景的强度考核指标有待完善。目前，交通碳排放的计算主要包括自上而下和自下而上两种计算方法，前者主要用于区域交通领域碳排放总量核算，后者主要用于研究不同运输方式和工具的碳排放情况，有时会同时使用这两种方法进行对比验证。但是，自下而上方法中大量的私人非营运车辆及中小企业营运车辆的碳排放数据难以准确得到。横向维度上，不同组织和城市对过境交通是否纳入本区域的交通碳排放核算规定不同。纵向维度上，不同碳排放核算清单对是否纳入燃料开采制备阶段的上游碳排放规定也不一致。组织模式上，不同核算方法对网络货运等新业态产生的碳排放归因不同。关于碳强度考核指标，尽管IMO等组织提供了CII等碳排放强度指标的参考值，希望通过严格限制远洋航运的碳排放强度来减少航运碳排放，但香港理工大学王帅安等学者的研究表明，在某些场景下CII指标与总量指标减少相悖，针对不同的细分场景，应当确定更加科学适用的碳强度指标。第二，缺乏本地化的权威碳排放因子。准确、全面、科学的碳排放因子是碳排放数据核算的重要基础。值得指出的是，碳排放因子本质上是一种加权的转换系数，需同时考虑空间和时间的差异。即使均为间接排放，也需要考虑不同电网的电力来源和技术差异确定个性化的碳排放因子。时间维度上则需要区分是否包括了燃料开采阶段（油田至油箱）的碳排放。目前，加快建立国家、城市、行业等不同层面的权威碳排放因子库，由相关部门及行业协会牵头形成标准规范，统一推广使用，是规范碳排放数据核算的当务之急。第三，缺乏交通领域的碳排放数据共享机制和平台。如前所述，公路运输碳排放占我国交通碳排放超八成，同时交通领域的碳排放以移动源为主，部分非营运的私家车和物流企业的货运车辆碳排放数据获取难度较大，数智化技术为解决这一问题提供了可行的方法。在乘用车方面，随着乘用车电气化和智能化程度的提升，乘用车已逐步进入软件定义时代，实时监测车用能源消耗和碳排放数据已具备技术基础，可研究将脱敏后的实时碳排放数据上传至云端及国家碳排放大数据平台予以汇总。在货运用车方面，网络货运等模式为货运碳排放统计提供了新的思路。当务之急是需要建立行业和区域层面的交通领域碳排放数据共享机制和行业级碳排放大数据平台，通过汇总不同维度及终端的实时碳排放数据，为我国交通领域碳减排任务的制定、实施及考核提供决策支撑。

## 三、推进交通领域碳达峰过程中的相关产业机遇

推进交通领域碳达峰碳中和，不仅面临着种种挑战，更加蕴藏着重大的机遇，结合交通领域“双碳”工作的主要场景，笔者建议可重点关注以下几个方面：

一是低碳交通基础设施建设及交通能源清洁化替代。公路侧可

重点关注我国乘用车领域的电动化替代机会，当前电动车行业已进入“软件定义汽车”的新阶段，预计电动车行业的集中度将进一步提升，同时电动车产业衍生的换电服务及退役动力电池的二次储能利用及回收等新机会也值得关注。商用车领域可重点关注两条赛道，一种是“纯电动重卡+换电”模式，另一种是氢燃料电池重卡模式。航运侧可重点关注甲醇、氢、氨等船舶用绿色能源发展机遇。尽管多数交通碳排放核算口径并未纳入远洋船舶的碳排放，但是IMO等国际组织对远洋航运的碳减排制定了清晰的路线图，因此世界领先的船公司都已加快部署低碳零碳船舶。目前来看，甲醇将成为短期内确定性较高的低碳船舶技术路线，随着安全管理及技术规范的不断完善，氨能在低碳航运燃料中的渗透率将逐步提升。

二是低碳化催生的多式联运发展机遇。如前所述，运输结构的不合理及公路运输占比较高是我国交通领域碳排放增速较快的原因之一。充分发挥铁路和水路的长距离低成本低排放优势，加快发展多式联运，是助力我国交通领域结构化减排的重要途径。建议重点关注硬件和软件两个维度的产业机遇：第一，联运运输设施的共享机会。近年来驮背运输、公铁两用车、智能空轨系统等设备陆续出现，营口港创新应用的新型集装箱——“半高箱”等可实现海铁、海陆、江海联运的门到门运输。另外，多式联运中的托盘等标准化单元器具的共享服务也将受益于“双碳”迎来新的发展机遇。第二，多式联运信息共享平台发展机会。跨环节、跨主体的货运信息共享不畅是制约多式联运发展的软性壁垒。我国尚未形成跨环节、全覆盖、动态化的多式联运信息共享平台。未来可重点关注国家层面及行业层面的多式联运信息共享平台发展机会，以及平台带来的物流全链路碳足迹核算及优化服务机会。

三是交通领域碳减排衍生的数智化节能降碳机会。公路侧重点关注车联网在路况检测、预报预警、路线优化等方面的作用，通过公路大数据进行道路资源的优化配置，可有效规避交通拥堵，降低汽车出行排放。国务院印发的《2030年前碳达峰行动方案》中明确“发展智能交通，推动不同运输方式合理分工，有效衔接，降低空载率和不合理客货运周转量”。货运侧重点关注网络货运平台的发展机会。受益于“双碳”政策驱动，网络货运平台将迎来进一步发展，通过数智化技术提升车货匹配效率，减少车辆空驶里程，进而有效减少碳排放。物流侧重点关注全链路碳可视和碳足迹优化服务，领先物流企业DHL从2010年起就为客户提供定制化运输路线的碳排放报告和碳核算服务，同时可为客户提供多种个性化碳排放优化服务组合，助力客户构建更加绿色的端到端供应链解决方案。海运侧建议重点关注航运碳排放智能监控平台及绿色船舶数智化解决方案等机会。通过动态监测船舶航行状态和碳排放状况，采取优化船速、调整航线和基于最佳纵倾船舶装载方案等措施，助力远洋船舶高效降碳。例如招商轮船与中船系统院合作开发的SOMS智能船舶运行与维护系统，实际船舶的验证分析结果证实使用该转速优化软件能达到3%的节油效果，为实现绿色航运提供了一种新的解决方案。

## 参考文献

［1］国务院. 国务院关于印发2030年前碳达峰行动方案的通知[EB/OL].（2021–10–26）[2022–11–10]. http://www.gov.cn/zhengce/content/2021–10/26/content_5644984.htm.

［2］招商局集团. 招商局集团碳达峰碳中和行动方案[EB/OL].（2022–07–28）[2022–11–10]. https://www.cmhk.com/main/a/2022/g28/a44454_47263.shtml.

［3］WANG S，PSARAFTIS H N，QI J .Paradox of international maritime organization's carbon intensity indicator [J].Communications in transportation research，2021，1（1）：5.

［4］齐慧.绿色交通驶入“快车道”[J].中国环境监察，2021（4）：20–21.

［5］IMO，2021a. IMO Working group agrees guidelines to support new GHG measures[EB/OL].（2021–07–20）[2022–11–10]. https://www.imo.org/en/MediaCentre/PressBriefings/pages/ISWG–GHG–8.aspx.

［6］IMO，2021b. Comprehensive impact assessment of short–term measure approved by MEPC 75—full report on the impacts on the fleet and on states[EB/OL].（2021–07–20）[2022–11–10]. https://www.imo.org/en/MediaCentre/MeetingSummaries/Pages/default.aspx.

［7］肖南，刘征. 新型“半高箱”投入运营 助推国家物流枢纽承载城市建设[N].营口日报，2019–12–16.

［8］蔡博峰，朱松丽，于胜民，等.《IPCC 2006年国家温室气体清单指南2019修订版》解读[J].环境工程，2019，37（8）：1–11.

［9］MAERSK A P. Moller – Maersk engages in strategic partnerships across the globe to scale green methanol production by 2025[EB/OL].（2022–03–10）[2022–11–10]. https://www.maersk.com.cn/news/articles/2022/03/10/maersk–engages–in–strategic–partnerships–to–scale–green–methanol–production.

［10］CMA–CGM. CMA–CGM and total energies launch port of Marseille Fos' first ship–to–containership LNG bunkering operation[EB/OL].（2022–01–21）[2022–11–10]. https://www.cma–cgm.com/news/4083/cma–cgm–and–totalenergies–launch–port–of–marseille–fos–first–ship–to–containership–lng–bunkering–operation.

# 碳中和背景下保障我国电力供应体系可靠性的建议

朱　磊｜中国碳中和50人论坛特邀研究员
北京航空航天大学经济管理学院教授、应用经济系主任
姚　星｜北京航空航天大学经济管理学院博士、讲师
章　魏｜浙江大学管理学院副教授
郑海涛｜北京航空航天大学经济管理学院教授

自2021年9月中旬以来，受极端天气影响，风力和光伏发电出力受阻，煤电需求激增引发煤炭价格波动，导致全国多地陆续出现限电现象，也引起了人们对煤炭消费双控目标、电力价格机制等多个问题的讨论。这是近十几年来电力供求矛盾的集中爆发，在一定程度上说明我国当前电力供应体系难以应对愈加复杂的内外部环境。在碳中和目标下，未来电力供应将更多地依赖于间歇性、波动性的可再生能源，电力供应体系的可靠性将面临更大的挑战。北京航空航天大学郑海涛教授研究团队自主建立了电力系统中长期可靠性分析模型，模拟分析了电力部门在多维极端气候情景下的碳中和转型路径，据此总结了转型对电力供应可靠性的主要挑战，基于情景模拟我们发现：

（1）风光在碳中和转型中确立主导地位后，供应可靠性风险不可避免，化石能源机组仍需保

留7亿千瓦以上的装机规模作为可靠性电源部署。在电力系统碳中和转型过程中，风力、光伏的发电量占比将超过60%，总装机规模超过40亿千瓦。由于这两类发电技术的发电能力高度受制于天气条件，其间歇性与不确定性将不可避免地影响电力的可靠供应，尤其是在极端天气情景下，会导致严重的电力供给长时间中断问题。根据我们估算，在保障电力系统可靠性的前提下，化石能源发电机组仍需保留7亿千瓦以上的装机规模作为可靠性电源部署，约占目前煤电和气电装机总量的60%。但其将由基荷电源转变为调峰备用电源，煤电年发电小时数将降低至2000小时左右，气电年发电小时数将降低至1000小时以下。

（2）可再生能源的资源荷载逆向分布要求电力系统增加跨区传输规模，系统高度互联会扩大电力可靠性风险范围和幅度。我国主要可再生资源与负荷中心在地理上呈现显著的逆向分布，跨区域输送是解决高比例可再生能源上网的重要举措之一。根据模拟结果，碳中和目标下我国跨区域电力输送量占全社会用电量的比例将从2018年的7%上升到35%以上，这将改变当前以本地发电为主的电力系统格局。东北、西南、西北等区域将成为重要的电力生产基地，而华北、华东、华南、华中等区域的本地电力生产将大幅下降，电力消费主要依赖于跨区传输，因而潜在的电力供应体系可靠性风险将会由局部地区扩展到全国，我们模拟情景中也多次发现极端天气条件下的全国多地区大范围连带停电现象。

（3）转型关键技术中储能需求将大幅增加，负碳技术将与化石电源强绑定，这些技术受制于技术成熟性，使得转型成本难以估计。为了适应波动性可再生能源发电出力的时间特性，储能技术部署规模需要大幅增加。当前静态储能系统成本约为2000元/kWh，以5000次充放电寿命计算，一次充放电力成本仍然高达0.4元/kWh，尚不具备大规模推广能力。同时，在碳中和约束下，为提升电力系统可靠性，负碳技术（例如生物质+CCS技术）将与化石能源发电形成强绑定关系。然而负碳技术由于成本高昂，尚未实现大规模的商业化应用。以CCS技术为例，安装碳捕集装置后将会使得电力供应成本增加0.26~0.4元/kWh。这些技术的成本下降能力将决定电力系统会以多大代价实现碳中和的同时保障可靠性。

（4）电力市场化程度的加强会引发极端天气下的哄抬电价行为，这恰恰是由可靠性电源不足，系统高度互联，以及关键技术不成熟等问题导致的。2015年中央发布的9号文件《关于进一步深化电力体制改革的若干意见》为新一轮电力体制改革引领了方向。习近平总书记也在近期明确提出建设全国统一电力市场体系要健全多层次统一电力市场体系。我们模拟发现，随着未来风电、光伏成为主导能源，电力市场化程度的加强会引发电力生产商在极端天气下的策略性报价行为，即以极高的报价抬高特定时段的电力市场价格。这一现象已在国外成熟的电力市场中多次出现，例如2021年初在美国得克萨斯州停电危机期间，电力市场批发价格提升近200倍，至10000美元/MWh；2021年1月6日，英国电力交易市场的日前交易创下1000.04英镑/MWh的纪录，是正常出清价格的20倍左右。极端电价的出现恰恰是因为可靠性电源不足，系统高度互联，以及关键技术不成熟等问题导致的。

应对上述挑战需要我们在中长期电力规划中对极端天气情景予以更为充分的考量，建议：

（1）在2030年后有计划地保留退役煤电设施并转为调峰备用电源，以应对极端天气情景下的电力可靠性挑战。尽管国际社会对于“去煤”呼声强烈。煤电在碳中和目标下对保障我国电力供应可靠性仍然具有重要意义。在以化石能源为主的电力系统中，极端天气往往对电力需求影响较大而对电力供应体系冲击较小，随着电力供应逐渐由以煤为主转变为以风电、光伏为主，极端天气将对电力供应和需求两方面产生剧烈冲击，且随着电力体系内部跨区互联程度的提升，这一影响往往是大范围的。建议在2030年后有计划地保留一半以上的退役煤电设施并转为调峰备用电源，以应对极端天气情景下的电力可靠性挑战。

（2）风光部署和跨区电力传输规模可以总体过剩，允许一定的弃风弃光比例和全网电力调度能力冗余。大规模长距离跨区电力传输是有效的电力系统碳中和转型措施，但这将颠覆当前以本地自发自用为主的电力系统格局。建议加强整体电力系统在规划与调度方面的统筹协调能力。首先，在西北、西南、东北等地区大规模部署风电、光伏技术，考虑到极端情景，部署规模可以总体过剩，并允许合理的弃风弃光比例；其次，在西北、西南、东北等地区建立大规模电力传输网络，向主要电力消费中心进行电力供应，且电力调度有能力根据全国多区域电力供需情况进行全网调度；最后，构建灵活的跨区域多能互补体系，在源荷两端确保最低限度的可靠性电源及储能装机部署，保证电力高度互联状态下的区域协调冗余，提升极端情景的应急响应能力。

（3）根据区域资源禀赋、经济发展特征分类施策，尽早推进电力系统可靠性关键技术小规模试点示范。关键技术仍需要培育与催熟的窗口期。建议根据区域资源禀赋、经济发展特征分类施策，尽早推进例如储能、氢能、CCS等关键技术小规模试点示范。在可再生资源丰富的地区稳步开发可再生电能资源，探索高比例可再生能源下的电力系统运行方式；在沿海地区有序开展核电部署，发挥其在电力供应中的保障性作用；在主要煤炭资源产区积极推进煤电作为调峰电源的技术改造，尽早开展CCS全产业链的示范工作，催熟零碳化利用化石能源电力的技术路径；在具备开展抽水蓄能部署的地区积极开发抽水蓄能潜力，提高电力供应系统应对波动性与不确定性的响应能力；对于有条件实现高耗能产业转移的地区，论证产业向主要能源产区转移的可行性。

（4）规划先行保障电力市场化改革的顺利实施，引导煤电、气电等转变为电力系统保障性电源。电力市场化改革需要在规划中确保最低限度的可靠性电源装机规模，并保障燃煤发电、天然气发电、储能等可调度电源的合理收益，引导其完成向保障电力系统可靠供应的角色转变。同时需要重视极端天气下的电价波动，必要时可以给出价格波动范围限制，确保电力价格的变动保持在用户可承受的范围内，以合理的成本保障电力供应的可靠性。

# 发挥林业“碳库”作用　积极应对全球气候变化

张　蕾　中国碳中和50人论坛特邀成员
国家林业和草原局农村林业改革发展司原司长
中国林业产业联合会副会长

中国作为遭受气候变化不利影响最为严重的国家之一，长期以来高度重视气候变化问题，主动承担相应责任，积极应对全球气候变化。2022年3月30日，习近平总书记在参加首都义务植树活动时指出，森林是水库、钱库、粮库，现在应该再加上一个“碳库”①。发展林草业，建设国家绿色碳库，是应对全球气候变化，保护修复生态系统，建设人类生命共同体的重要战略举措。

## 一、应对全球气候变化是建立人类命运共同体的责任和义务

由于人类活动，燃烧石化燃料等产生排放的二氧化碳、甲烷等气体，经红外线辐射吸收留住能量，导致全球表面温度升高，加剧温室效应，

① 新华网. 习近平参加首都义务植树活动[EB/OL].（2022-03-30）[2023-02-27]. http://jhsjk.people.cn/article/32388267.

造成全球气候变暖。世界气象组织的报告显示，目前，全球平均气温较工业化前已上升了1.1℃。科学家研究提出，因气候变暖，造成冰川融化，海平面上升，生态系统被破坏，生物多样性丧失，将引发严重的气候、地质灾害，淡水资源减少，粮食短缺，疾病肆虐，经济危机。

科学家预测，如果年平均气温持续增长，仅海平面上升，淹没沿海经济发达集中的大中城市，造成的损失就难以估量；到2050年约30%的现有动植物都会面临灭绝的威胁。全球气候变暖的问题已经成为全世界人民关注的大问题。

中国是负责任的发展中国家。党的十九大提出“坚持人与自然和谐共生”，“积极参与全球环境治理，落实减排承诺”，“为全球生态安全作出贡献”，采取了一系列措施。2021年4月22日，国家主席习近平在北京以视频方式出席“领导人气候峰会”，并发表题为《共同构建人与自然生命共同体》的重要讲话。习近平主席指出，气候变化给人类生存和发展带来严峻挑战。面对全球环境治理前所未有的困难，国际社会要以前所未有的雄心和行动，共商应对气候变化挑战之策，共谋人与自然和谐共生之道，勇于担当，勠力同心，共同构建人与自然生命共同体。

应对全球气候变化更彰显了“绿水青山就是金山银山”理论的重要性。共同构建人与自然生命共同体不仅是各国实现可持续发展的内在要求，也是推动构建人类命运共同体的必然选择。

为应对全球气候变化，习近平主席在《共同构建人与自然生命共同体》的讲话中指出，一是人类应该以自然为根，尊重自然、顺应自然、保护自然。要像保护眼睛一样保护自然和生态环境，推动形成人与自然和谐共生新格局。二是保护生态环境就是保护生产力，改善生态环境就是发展生产力。要摒弃损害甚至破坏生态环境的发展模式，摒弃以牺牲环境换取一时发展的短视做法。大力推进经济、能源、产业结构转型升级，让良好生态环境成为全球经济社会可持续发展的支撑。三是山水林田湖草沙是不可分割的生态系统。要按照生态系统的内在规律，统筹考虑自然生态各要素，从而达到增强生态系统循环能力、维护生态平衡的目标。四是坚持以人为本。要探索保护环境和发展经济、创造就业、消除贫困的协同增效，在绿色转型过程中努力实现社会公平正义，增强各国人民获得感、幸福感、安全感。五是坚持多边主义。要坚持以国际法为基础、以公平正义为要旨、以有效行动为导向，维护以联合国为核心的国际体系，遵循《联合国气候变化框架公约》及其《巴黎协定》的目标和原则。六是坚持共同但有区别的责任原则。要充分肯定发展中国家应对气候变化所做的贡献，照顾其特殊困难和关切。发达国家应该展现更大雄心和行动，同时切实为发展中国家提供资金、技术、能力建设等方面的支持。习近平主席提出的6个坚持，必将成为引领全球生态文明建设，应对气候变化的根本遵循。

## 二、要建立双重机制实现碳达峰和碳中和

应对全球气候变化，各国都在采取行动。许多国家已经制定了碳达峰碳中和的时间表。减少碳排放，既是应对全球，也是应对我们自己。我国承诺到2030年单位国内生产总值二氧化碳排放将比2005年下降65%以上。据专家预测，我国到2030年达到二氧化碳排放峰值120亿吨，年均增速仅为2%左右。既要保持发展不减，又要实现“双碳”目标，中国还要作出巨大努力，不懈奋斗。

习近平主席强调，中国将生态文明理念和生态文明建设纳入中国特色社会主义总体布局，坚持走生态优先、绿色低碳的发展道路。中

国宣布力争2030年前实现碳达峰，2060年前实现碳中和，是基于推动构建人类命运共同体和实现可持续发展作出的重大战略决策。①

解决碳排放的根本，在于绿色能源、新材料、新工艺的发展和利用，在于生产生活方式的改变，在于科技创新。建立政策机制，是实现“双碳”目标的重要保障。在具体实践中，应当建立激励和高额代价双重机制，对主动减排增汇的，建立激励机制；对排放多的，建立高额代价机制，利用碳交易市场，促进双重机制的建立，从而形成内生动力和制度。

高额代价机制：对利用化石能源生产，碳排放多的企业，应当限定碳排放额度，不足的到市场购买。可以分年实施。同时，超额度的，增加碳排放税收，提高成本代价。

主动减排的激励机制：一是对利用化石能源的生产行为，加大规范，刺激提高效率；二是对减少使用化石能源的企业，应当给予税收优惠，财政金融支持优惠，允许出售排放额度，激励生产者的积极作为；三是对利用化石能源的生活行为，也应当建立阶梯式消费价格，引导低碳消费，“零排放”消费；四是对利用清洁能源的企业，应当不断推进和鼓励，予以支持。

## 三、应当充分发挥林业在应对气候变化中不可替代的碳库作用

中国人口众多、气候条件复杂、生态环境整体脆弱，是全球气候变化敏感区之一，也是受气候变化负面影响最严重的地区之一。发挥林草业的碳库作用，是我国实现碳中和不可替代的手段。植树造林，增加林木蓄积量，是应对全球气候变化最经济，最符合绿色发展理念，

① 人民网. 习近平出席领导人气候峰会并发表重要讲话[EB/OL].（2021-04-23）[2023-02-27]. http://jhsjk.people.cn/article/32085672.

我们国家最有条件，也是最需要的，不可替代的重要举措。

据专家数据，每增加一立方米木材蓄积，通过光合作用，就可以吸收1.83吨二氧化碳，排放1.63吨氧气。我们有2.2亿公顷森林，3亿多公顷草原，但是我们的林地蓄积量很低。全国平均每公顷林地只有90多立方米蓄积，人工林更低，只有50多立方米/每公顷。而世界许多林业发达国家每公顷达到200多立方米，多的每公顷达到600多立方米。现有2.2亿公顷林地，只有175亿立方米蓄积。如果增加一倍的蓄积量，实现每公顷180立方米蓄积量，就可以净吸收320亿吨二氧化碳，同时，可以增加285亿吨氧气。既可以抵消碳排放，又可以净化空气，为人民健康带来生态福祉。我们广袤的草原上成片的灌木林同样可以起到这样的作用。青海的北山森林，只有11万亩林地，蓄积量达到500多万立方米。全国实现蓄积量增加的空间很大。

2018年4月，国家林业和草原局印发《国家储备林建设规划（2018—2035年）》（以下简称《规划》）。《规划》提出，到2020年，规划建设国家储备林700万公顷，继续划定一批国家储备林。到2035年，规划建设国家储备林2000万公顷，年平均蓄积净增2亿立方米，年均增加乡土珍稀树种和大径材蓄积6300万立方米。按照《规划》实施，年平均增加2亿立方米蓄积量，就是年平均增加碳储3.6亿吨，到2035年，增加50亿吨碳储。这对我国提出的力争2030年前实现碳达峰，2060年前实现碳中和目标，积极应对全球气候变化，具有重大支撑作用。

大力发展林草业，增加碳汇，这是贯彻习近平总书记“以自然为根，尊重自然、顺应自然、保护自然”的思想，充分利用自然力，实现林草业碳库作用的具体体现。

基于林草业独特的作用，建议国家应当强化对林草业应对气候变化的支持力度。

**（一）加大对林业的投入，不断扩大造林绿化面积，恢复森林、湿地、草原生态系统**

要按照《国务院办公厅关于科学绿化的指导意见》（国办发〔2021〕19号）的要求，推动国土绿化高质量发展。特别是对全国70%的中幼林，强化抚育力度，尽快提高现有林蓄积量，提高山区、沙区灌木林质量。当务之急是要改善林草业作业主要靠人扛肩背双手挖坑的原始状态，增加适合山区林区沙区作业的机械化智能化劳动工具，提高劳动效率。

**（二）加大对生态建设主体的支持**

对正在建设的国家公园、80多个重点国有林区、4297个国有林场和治沙场、2750个自然保护区、近2000处湿地自然保护区和湿地公园、10多万个林业专业合作社和农民家庭林场保护森林，增加森林蓄积，保护和修复森林、草原、湿地生态系统，防治沙漠化等给予财政、金融支持。

**（三）碳交易与林业增汇挂钩**

国家开展碳交易，到2021年6月，试点省市碳市场累计配额成交量4.8亿吨二氧化碳当量，成交额约114亿元，平均价是40元一吨。建议国家允许碳排放大户与林业挂钩，企业委托林业主体造林种草，增加绿地、湿地增汇，可以抵消碳排放额度。

**（四）建立生态金融、绿色金融**

进一步推进国有林和集体林改革，完善林权权利人林权抵押贷款政策，支持林业企业、2亿多户农民保护发展森林和草地，发展经济林、林下经济、生态旅游、森林康养，带动农村绿色产业发展，实现不砍树、少砍树能致富；带动城市居民乡村消费，让人们享受生态福利，把增加碳汇变成农民的自觉行动。这也是实施乡村振兴战略、发展大健康产业的重要举措。

**（五）鼓励全民发展林草业**

从城市到乡村，建立社区台账，用造林绿化、种花种草、领养领护，抵消生活消费排放，让老百姓想种树、要种树、要绿化的愿望成为现实，落到实处。

应对全球气候变化，任重道远，践行“绿水青山就是金山银山”理念，我们必将走出一条符合中国国情的道路！

# 鹏飞集团：打造全球领先的清洁能源智慧企业

郑　鹏｜山西鹏飞集团有限公司董事局主席兼总裁

从一个初期投入只有2.5万元的土焦小作坊开始，不断拓展产业版图，一跃成为集煤、焦、化、氢氨、高纯氢及5G智能、公铁联运、文旅服务等板块协同发展的综合性企业，山西鹏飞集团（以下简称“鹏飞集团”）的数智化、循环化、绿色化发展之路，正是其主动推进能源转型、扎实践行“双碳”目标的有力证明。以绿色发展为主线，集团锚定打造全球领先的清洁能源智慧企业的战略愿景，致力于探索传统能源和新能源行业未来，国家级绿色工厂、山西省级智慧工厂等荣誉称号实至名归。

## 一、构建现代清洁型煤化工企业

问：作为山西省内唯一同时拥有两家“绿色工厂”的焦化企业，鹏飞集团在绿色低碳发展方面开展了哪些工作？

郑鹏：2018年2月、2020年9月，鹏飞甲醇厂、鹏飞焦化厂先后被工业和信息化部评定为“绿色工厂”，这是对集团节能、环保、降碳工作的肯定。事实上，我们长期坚持生产生态共融、坚持和谐发展，在节能环保方面花了大量精力，近年来已投入30余亿元，对生产系统及环境保护系统的全方位升级改造，创建环保A级管控企业和超低排放企业。

例如，在环保技改方面，鹏飞焦化干熄焦发电项目、新禹焦化干熄焦发电项目，分别于2020年8月、2022年1月建成投运。项目共计减少干熄焦用水265万吨、节约1865万元，在山西孝义这样典型的水资源匮乏地区，节水意义重大。项目同时利用余热发电5.64亿度，降低能耗35万吨标准煤，相当于减少烟尘排放7万吨、二氧化硫排放3000吨。

问：当前，行业越来越强调全产业链、全流程的绿色低碳发展。对此，鹏飞集团是怎么做的？

郑鹏：集团坚持从源头、过程管控到末端治理全方位发力，以实现减污降碳协同增效。秉承“看到的就是产品、闻到的就是利润”的资源利用理念，我们不仅仅在生产环节发力，还很关注废物再利用等后处理环节，通过全产业布局，力争将焦化废物吃干榨尽。

根据《山西省焦化行业超低排放改造实施方案》要求，集团实现了焦炭全干熄、废渣循环利用、化产尾气回收利用、除尘系统改造、焦炉烟囱烟气治理。投资2500余万元，对装煤、推焦、拦焦车、输焦通廊等除尘系统彻底改造，焦化生产过程所产生的煤粉、焦灰、焦油渣、除尘灰、再生渣等固体废物，与入炉煤配合炼焦综合利用。投资1200余万元，对化产区域挥发性有机物系统进行更新，收集区域内塔、槽、釜、罐等设备连续或间歇排放的有毒有害气体，进而完成化工生产尾气资源化利用。

目前，这些超低排放改造已通过吕梁市生态环境局评审。从整个大系统产业链角度看，废弃物转入新的工艺流程，在经济循环中实现资源高效而持久的利用。过去让人头疼的污染物，如今创造了“金山银山”，一系列提标改造，也让厂区及周边环境质量得到大幅改善。由此，真正构建起闭合式、全循环、全产业链条的现代清洁型煤化工企业。

## 二、依托氢能产业主动绿色转型

问：在做优做强传统产业的同时，鹏飞集团正在依托氢能产业主动谋转型。具体如何发挥优势、推进布局？

郑鹏：贯彻山西省委省政府“煤焦化氢”一体化高效循环发展战略，落实吕梁市委市政府“一体两翼、三港四链”氢能产业发展战略要求，集团立足当地资源和应用场景优势，向绿色发展转型，发力打造国内领先、规模最大的氢能产业基地，建设千亿元级的氢能产业。

发展氢能产业，集团具备四大优势。一是资源丰富，焦化产能1876万吨，产生可利用的副产焦炉煤气约37.5亿标准立方米，全部用于制氢，可年产氢气20万吨。二是制氢成本低，利用焦炉富氢尾气制氢，成本仅8元/公斤。三是应用场景大，吕梁全市的煤、焦、铝、冶、电等产业带动大宗物料运输产业，重卡保有量达到6.5万辆。四是营商环境优，省、市、县三级政府对氢能产业的推动力度非常大，给予政策、资金、土地等多方支持。

结合自身实际，集团正在规划建设20万吨焦炉尾气制氢、5吉瓦风光发电、10万吨光伏发电制氢、10万吨液体储氢及液氢充装站、8万吨有机液体储氢装置、50座加氢综合能源站、30万辆/年氢能重卡、3万辆/年氢能装载机及配套电堆、动力系统、供氢系统等。项目拟投资780亿元，全部建成后，预计将实现年产值1800亿元，可安排就业3.5万人。

问：氢能产业可否与传统焦化业务相结合呢？

郑鹏：焦化项目副产焦炉煤气，其中含60%的氢气、20%的甲烷，不仅是制取氢气的最佳原料，而且制氢工艺成熟、成本低。二者有机结合，可有力推动氢能产业进一步发展。利用国内一流制氢工艺，并引进国际领先的高纯氢提纯装备，我们的一期2万吨/年焦炉尾气制氢项目已于2022年7月6日投产。

此外，焦炉煤气制氢过程中分离出来的一氧化碳、二氧化碳，可用于制备甲醇，从而减少二氧化碳排放。高纯氢用于交通、发电等领域，能够有效减少燃油、燃气产生的二氧化碳排放。在氢气制取和应用过程中，节余的碳减排指标反哺于炼焦过程的碳排放，实现产业链内的碳中和。这些都是氢能与焦化产业深度融合的应用案例，因此应持续推进绿色发展，让减碳不减产成为现实。

## 三、降低氢能产业链成本是关键

问：氢能产业发展势头正劲，其间有没有较为集中的短板值得注意?

郑鹏：目前，全国各地氢能产业发展多处于示范阶段，产业链成本过高、市场竞争力严重不足，这是影响可持续发展的重要因素。

比如在制氢方面，工业富氢尾气制氢虽具备成本优势，但受限于区域资源限制，多数地区采用的电解制氢成本在40元/公斤左右，大约是工业富氢尾气制氢的4倍。在储运方面，高压储氢、液体储运氢等技术均有较大进步，但因储氢密度、安全性和储氢成本之间的平衡关系尚未解决，实现大规模商业化应用尚有不小距离。在氢能加注方面，考虑到氢气损耗及设备折旧、电费、人工等多项费用，现有加注成本依然偏高，约达到10元/公斤。在氢燃料汽车发展方面，各地目前主要还是依靠政府补贴。以氢能重卡为例，关键氢燃料动力系统成本在5000元/千瓦左右，加上供氢系统约25万元/套、锂电池组约2500元/千瓦时，一辆49吨的重卡整车售价高达150余万元，应用端生命周期的购置成本、运营成本和处置成本亟待降低。

另有氢能产业发展创新能力不强导致的技术瓶颈。例如在山西，尽管氢能资源优势突出，但是支撑产业链发展的关键技术却存在诸多短板，包括电解水制氢、氢燃料电池、加氢站、涉氢储罐和材料、氢燃料电池汽车等多项技术。打破关键环节技术壁垒，做足核心技术储备，整个行业还有很长的路要走。在此背后，专业人才匮乏、研发水平薄弱、平台不成体系、原始创新欠缺，均是发展路上的“拦路虎”。

问：针对上述问题，您有哪些好的建议？

郑鹏：氢能产业链成本过高，严重制约市场化推广，较长一段时期内，离不开政府优惠政策引导、奖补资金扶持，以此来稳步培育发展。对于产业自身来说，降低全产业链成本是逐步实现市场化自主推广的重要途径。

具体包括，加强燃料电池系统及核心材料质子膜、催化剂、膜电极等制造技术升级，通过国产化降低成本；推进加氢储运装备制造技术升级，在实现轻量化的同时降低成本；开发氢能汽车先进制造技术，降低氢能汽车制造成本；推广弃风弃电可再生能源发电制氢，降低制氢成本；研究超高压储运、液体储运、有机液体储运等解决方案，降低运输成本。

（文/朱妍）

# 附录　中国碳中和 50 人论坛成员名录

**论坛主席团：**

杜祥琬（论坛主席）
中国工程院院士
国家气候变化专家委员会顾问
应用核物理、强激光技术和能源战略专家
中国工程院原副院长
国家能源咨询专家委员会副主任
中国工程物理研究院研究员
博士生导师

白重恩（论坛联席主席）
中华全国工商业联合会副主席
清华大学经济管理学院院长
清华大学经济管理学院弗里曼讲席教授
美国加州大学圣地亚哥校区数学博士
哈佛大学经济学博士

傅成玉（论坛联席主席）
高级经济师
中国石油化工集团公司原董事长、党组书记

干　勇（论坛联席主席）
国家新材料产业发展专家咨询委员会主任
中国工程院院士
中国工程院原副院长
中国科协先进材料学会联合体主席

贾　康（论坛联席主席）
华夏新供给经济学研究院创始院长
财政部原财政科学研究所所长

金　涌（论坛联席主席）
中国工程院院士
清华大学化学工程系教授

| | |
|---|---|
| 井贤栋（论坛联席主席） | 蚂蚁集团执行董事长兼CEO |
| 刘燕华（论坛联席主席） | 国家气候变化专家委员会主任<br>科技部原副部长、党组成员 |
| 石定寰（论坛联席主席） | 原国务院参事<br>中国可再生能源学会第七、八届理事长<br>世界绿色设计组织主席 |
| 谭介辉（论坛联席主席） | 现任人民日报社《新安全》杂志社社长兼总编辑，曾任人民日报社中国能源汽车传播集团党委书记、董事长、总编辑兼中国能源报总编辑 |
| 王金南（论坛联席主席） | 农工党十七届中央副主席<br>北京市政协副主席<br>中国工程院院士<br>生态环境部环境规划院院长<br>国家气候变化专家委员会委员 |
| 肖　松（论坛联席主席） | 西门子全球执行副总裁<br>西门子大中华区总裁兼首席执行官 |
| 张　波（论坛联席主席） | 山东魏桥创业集团有限公司董事长<br>执行董事、董事会主席 |
| 章新胜（论坛联席主席） | 世界自然保护联盟IUCN总裁兼理事会主席<br>教育部原副部长 |

**论坛成员（专家委员会委员）：**

| | |
|---|---|
| 陈昌盛 | 国务院发展研究中心宏观经济研究部部长 |
| 胡　涛 | 湖石环境与发展研究所（LISD)所长<br>环境保护部政策研究中心学术委员会原主任 |
| 刘　健 | 联合国环境署科学司司长 |
| 毛基业 | 中国人民大学商学院院长 |

| | |
|---|---|
| 马　骏 | 国金融学会绿色金融专业委员会主任<br>北京绿色金融与可持续发展研究院院长<br>G20可持续金融研究小组共同主席 |
| 彭文生 | 中金公司首席经济学家 |
| 潘家华 | 国家气候变化专家委员会副主任<br>中国社会科学院学部委员<br>北京工业大学生态文明研究院院长 |
| 彭苏萍 | 中国工程院院士、主席团成员<br>中国矿业大学（北京）教授<br>中国电池工业协会氢能与燃料电池分会理事长<br>中国能源研究会燃料电池专业委员会主任委员<br>中国城市燃气氢能发展创新联盟战略指导委员会主席<br>山东省氢能专家委员会主任委员 |
| 秦大河 | 中国科学院学术委员会主任<br>中国科学院院士<br>国家气象局原局长 |
| 钱小军 | 清华大学绿色经济与可持续发展研究中心主任<br>清华大学苏世民书院副院长 |
| 唐丁丁 | 原环境保护部国际合作司司长<br>亚洲基施投资投资银行高级环境顾问 |
| 沈满洪 | 浙江农林大学党委书记<br>经济学博士、教授、博士生导师 |
| 夏　青 | 中国环境科学研究院原副院长兼总工程师 |
| 徐建中 | 中国科学院院士 |
| 徐锭明 | 国务院原参事<br>国家发展改革委能源局原局长<br>国家能源专家咨询委员会副主任<br>国家气候变化专家委员会委员 |
| 徐　林 | 中美绿色基金董事长 |

| | |
|---|---|
| 于贵瑞 | 中国科学院院士<br>中国科学院特聘研究员<br>中国科学院大学资源与环境学院生态学系主任 |
| 姚余栋 | 大成基金副总经理兼首席经济学家<br>人民银行金融研究所原所长 |
| 张　偲 | 中国工程院院士<br>中科院南海所研究员<br>南方海洋科学与工程广东省实验室主任 |
| 周大地 | 国家发改委能源所原所长<br>国家气候变化专家委员会委员 |
| 赵天寿 | 中国科学院院士<br>南方科技大学讲席教授<br>碳中和能源研究院院长 |

**论坛成员（企业责任委员会）：**

| | |
|---|---|
| 丁立国 | 德龙集团董事长<br>新天钢集团董事长 |
| Eva Serrano | Inditex集团大中华区原总裁 |
| 高纪凡 | 天合光能股份有限公司董事长 |
| 李　山 | 全国政协委员<br>瑞士信贷集团董事 |
| 李振国 | 隆基股份总裁 |
| 刘小奇 | 国家能源集团国华能源投资有限公司董事长<br>氢能科技公司党委书记、董事长 |
| 刘明辉 | 中国燃气集团董事长 |
| 田　明 | 朗诗集团董事长 |
| 熊　焰 | 国富资本董事长<br>北京金融资产交易所原董事长兼总裁 |

姚锦丽　山西美锦能源股份有限公司董事、副总裁
山西美锦氢能科技有限公司董事长

张国祥　瀚华金融集团董事长
富民银行董事长

朱共山　协鑫集团董事局主席、执行董事兼首席执行官

赵　平　中国煤炭地质总局原党委书记、原局长

**论坛成员（合作行动委员会）：**

杜少中　中华环保联合会副主席
中国传媒大学媒介与公共事务研究院资深实践教授

李怒云　中国绿色碳汇基金会执行副理事长兼秘书长
国家林业局气候办原常务副主任

李瑞农　中国环境报社社长

毛增余　中国经济出版社总经理总编辑
中国石化出版社总经理总编辑
《国资报告》杂志社社长

马　军　公众环境研究中心主任
生态环境部特邀观察员

童书盟　华软资本集团合伙人
阿拉善SEE第六届副会长

袁　桅　清华大学教育基金会秘书长

尹　稚　清华大学建筑学院教授、博士生导师
清华同衡规划设计研究院创始人

周立红　欧盟中国商会创会会长
中国银行卢森堡有限公司原董事长

曾少军　全国工商联新能源商会专业副会长兼秘书长
中国新能源产业研究院执行院长

| | |
|---|---|
| 张　立 | 中国碳中和50人论坛创始秘书长<br>北京师范大学生态学教授<br>绿普惠碳中和促进中心主任<br>碳中和国际研究院执行院长 |

**论坛特邀研究员：**

| | |
|---|---|
| 柴麒敏 | 国家气候战略中心战略规划部主任 |
| 曹　静 | 清华大学经济系副教授 |
| 陈　彬 | 自然资源部第三海洋研究所研究员、副所长 |
| 陈　懿 | 广西大学中国东盟金融合作学院常务副院长 |
| 蔡恒进 | 武汉大学计算机学院教授/中国工业与<br>应用数学学会区块链专委会委员 |
| 程　瑞 | 招商局集团总部发展研究中心/科技创新研究院<br>科技创新研究处副处长 |
| 蔡　峻 | 杭州国际城市学研究中心党组成员、研究四处处长 |
| 邓茂芝 | 中碳投资产公司董事长/零碳未来研究院院长 |
| 杜永波 | 华兴资本集团董事总经理 |
| 冯俏彬 | 国务院发展研究中心宏观经济研究部副部长 |
| 冯士芬 | 中国科学院研究生院教授/中科院等离子体所原所长助理 |
| 高尔基 | 财新智库执行总裁 |
| 郭雁珩 | 水利水电规划设计总院可再生能源信息管理中心主任 |
| 何　刚 | 《财经》杂志主编 |
| 何继江 | 清华大学社科学院能源转型与社会发展研究中心常务副主任 |
| 胡山鹰 | 清华大学化工系生态研究中心主任/中国生态经济学会<br>工业生态经济专业委员会、副主任委员 |
| 胡月东 | 中国环境科学研究院环境工程原负责人/ISO管理体系<br>认证中心技委会原主任 |
| 黄剑辉 | 中国民生银行研究院院长/华夏新供给经济学<br>研究院首席经济学家 |

| | |
|---|---|
| 靳国良 | 国家发展改革委国际合作中心碳中和课题组组长/中交所（北京）科技公司总裁 |
| 李　菁 | 安永合伙人/气候变化与可持续发展合伙人 |
| 李纪珍 | 清华大学经济管理学院副院长、教授 |
| 李振华 | 蚂蚁集团研究院院长 |
| 郦金梁 | 清华大学国际合作与交流处处长/清华大学产业创新与金融研究院院长 |
| 刘青松 | 中证金融研究院原院长 |
| 刘兴华 | 中国科学院中国经济政策研究中心主任 |
| 吕学都 | 亚洲开发银行气候变化首席专家 |
| 梅德文 | 北京绿色交易所总经理 |
| 马铭锋 | 粤港澳大湾区科技创新产业投资基金董事总经理/国家重点研发计划课题负责人 |
| 毛　涛 | 工业和信息化部国际经济技术合作中心能源资源环境研究所所长/应用经济学博士后 |
| 秦　炎 | 路孚特公司首席碳分析师/牛津能源研究所研究员 |
| 齐　晔 | 清华大学公管学院教授/香港科技大学公管研究院院长 |
| 石敏俊 | 浙江大学文科领军人才/浙江大学城市发展与低碳战略研究中心主任 |
| 唐人虎 | 北京中创碳投科技有限公司总经理/国家发改委CCER项目及CDM项目审核理事会专家 |
| 王广宇 | 华夏新供给经济学研究院理事长/华软资本管理集团股份有限公司董事长 |
| 王　伟 | 国际金融论坛副秘书长 |
| 吴宏杰 | 中国产业发展研究院副秘书长、碳中和技术中心主任 |
| 吴必轩 | 海华永泰（北京）律师事务所高级合伙人/中国世贸研究会贸易救济专业委员会常务委员 |

| | |
|---|---|
| 王元丰 | 北京交通大学碳中和科技与战略中心主任/中国发展战略学研究会副理事长 |
| 王　康 | 国网英大碳资产公司副总经理 |
| 新　望 | 中制智库理事长兼研究院院长 |
| 姚　铃 | 商务部研究院欧洲研究所所长 |
| 俞振华 | 中关村储能产业技术联盟常务副理事长 |
| 于法稳 | 中国社会科学院生态环境经济研究中心主任/中国生态经济学学会副理事长兼秘书长 |
| 朱　磊 | 北京航空航天大学经管学院教授/应用经济系系主任 |
| 张建宇 | “一带一路”绿色发展国际研究院执行院长 |
| 张书嘉 | 清华同衡规划院副院长/北京城士科技有限公司总经理 |
| 郑大勇 | 清华大学海峡研究院新能源发展研究中心主任 |
| 赵英朋 | 清华大学创新领军工程博士 |
| 张阿玲 | 清华大学能源环境经济研究院教授、博士生导师 |

**论坛特邀成员（企业责任委员会）**

| | |
|---|---|
| 郭　强 | 乐农道农业科技有限公司董事长、中国钾盐协会原副秘书长、中国农资流通协会专家组成员 |
| 康　泰 | Lululemon 政府事务总经理 |
| 路广兆 | 华软实业集团总裁、浩丰科技（300419）副董事长 |
| 王　阳 | 能链智电创始人&CEO |

**论坛特邀成员（合作行动委员会）**

| | |
|---|---|
| 林敏宇 | 信利律师事务所合伙人/深圳分所所长 |
| 张　蕾 | 中国林业产业联合会副会长/国家林业局农村林业改革发展司原司长 |